畜禽环境卫生与控制技术

◎ 窦永芳 王 源 鲍玉林 主编

中国农业科学技术出版社

图书在版编目（CIP）数据

畜禽环境卫生与控制技术 / 窦永芳，王源，鲍玉林主编 . -- 北京：中国农业科学技术出版社，2025.01.
ISBN 978-7-5116-7135-6

Ⅰ . S851.2

中国国家版本馆 CIP 数据核字第 2024GU3822 号

责任编辑　任玉晶　刁　毓
责任校对　马广洋
责任印制　姜义伟　王思文

出 版 者	中国农业科学技术出版社
	北京市中关村南大街 12 号　　邮编：100081
电　　话	（010）82106641（编辑室）（010）82106624（发行部）
	（010）82109709（读者服务部）
网　　址	https://castp.caas.cn
经 销 者	各地新华书店
印 刷 者	中煤（北京）印务有限公司
开　　本	185 mm×260 mm　1/16
印　　张	23.25
字　　数	521 千字
版　　次	2025 年 1 月第 1 版　2025 年 1 月第 1 次印刷
定　　价	58.00 元

◆◆◆◆ 版权所有·侵权必究 ◆◆◆◆

编审人员

主　编：窦永芳（青海农牧科技职业学院）

　　　　王　源（青海农牧科技职业学院）

　　　　鲍玉林（青海农牧科技职业学院）

副主编：达富兰（青海农牧科技职业学院）

　　　　金鑫燕（青海畜牧兽医科学院）

　　　　蔡文慧（湟源县发展和改革局）

参　编：薛万朝（湟源县畜牧兽医站）

　　　　李春业（湟源县畜牧兽医站）

　　　　童燕华（青海农牧科技职业学院）

　　　　汪正英（青海农牧科技职业学院）

　　　　吕　飞（青海农牧科技职业学院）

　　　　魏　斌（湟源县畜牧兽医站）

　　　　祁娟民（海东市平安区兽医站）

审　稿：韩学平（青海农牧科技职业学院）

前 言

党的二十大报告指出,实施科教兴国战略,强化现代化建设人才支撑。为认真贯彻落实党的二十大精神和《国家职业教育改革实施方案》,优化职业教育类型定位,切实做到专业设置与产业需求、课程内容与职业标准、教学过程与生产过程的无缝对接,本教材采用"项目—任务式"体例编写,以畜禽生产过程和相关岗位任务为主线,以岗位能力需求为导向,坚持适度、够用、实用原则,将内容序化为"环境与畜禽生产""畜禽场规划设计""畜禽场设施设备配置""畜禽舍环境调控""畜禽场污染防治""畜禽场环境管理""动物福利保护"共7个项目38个任务。

在编写时,全书严格按照"任务导入""任务工单""任务准备""任务筹划""任务实施""任务检测""任务评价"的教学组织架构。"任务导入"插入了启发学生思维、培养分析能力的教学案例,"任务工单"罗列了具体的任务和应掌握的知识,"任务准备"提供了较为全面的专业知识和畜牧兽医行业标准技术规范等,"任务筹划"交代了应该如何一步一步完成指定任务,"任务实施"安排学生填写具体实施的任务细节,"任务检测"提炼了相关知识点以二维码形式测验并评分,"任务评价"教师从不同维度对任务完成情况给学生评分;尽可能开展"教、学、做"一体化教学,以体现"教学内容职业化、能力训练岗位化、教学环境企业化"特色。

本教材由青海农牧科技职业学院窦永芳、王源、鲍玉林任主编。本教材项目一的任务一至任务七由窦永芳编写,项目二的任务一至任务五由蔡文慧编写、任务六至任务八由王源编写,项目三和项目七由达富兰、薛万朝编写,项目四由汪正英、窦永芳编写,项目五的任务一由鲍玉林编写、任务二由魏斌编写、任务三由祁娟民编写、任务四由李春业编写,项目六由童燕华编写,全书由窦永芳统稿。青海农牧科技职业学院韩学平教授对书稿进行审核,对书稿提出了许多宝贵意见和建议,提高了本教材的质量。在编写过程中,本教材也参阅了许多专家的研究成果和著作文献,还得到了陈林文桑、才周、仁青夸卓、曲杰多杰等众多学生的大力帮助,在此一并深表谢意。

本书采用活页装订，文字精练，图文并茂，编写形式新颖、职教特色明显。可作为教师和学生开展"校企合作、工学结合"人才培养模式的特色教材，又可作为行业技术人员的培训教材，还可作为广大畜牧兽医工作者的参考用书。

由于编者初次尝试活页式教材的编写工作，时间仓促，水平有限，书中错误和不妥之处在所难免，敬请同行专家批评指正。

编　者

2024 年 9 月

目 录

项目一　环境与畜禽生产　　1

任务一　畜禽环境认识 …………………………………………… 2
任务二　畜禽体热调节 …………………………………………… 9
任务三　太阳辐射与畜禽生产 …………………………………… 17
任务四　空气温度与畜禽生产 …………………………………… 26
任务五　空气湿度与畜禽生产 …………………………………… 36
任务六　气流、气压与畜禽生产 ………………………………… 44
任务七　气象因素综合作用 ……………………………………… 52

项目二　畜禽场规划设计　　60

任务一　畜禽场场址选择 ………………………………………… 61
任务二　畜禽场规划布局 ………………………………………… 69
任务三　畜禽场工艺设计 ………………………………………… 81
任务四　建筑构造类型认识 ……………………………………… 97
任务五　畜禽场设计图绘制 ……………………………………… 108
任务六　牛羊场舍规划设计 ……………………………………… 116
任务七　猪场猪舍规划设计 ……………………………………… 125
任务八　禽场禽舍规划设计 ……………………………………… 132

项目三　畜禽场设施设备配置　　142

任务一　饲养设备配置 …………………………………………… 143
任务二　饲喂及饮水设施设备 …………………………………… 155
任务三　清污设备配置 …………………………………………… 169
任务四　环境调控设备配置 ……………………………………… 177

项目四　畜禽舍环境调控　　189

　　任务一　畜禽舍光照调控 …………………………… 190
　　任务二　畜禽舍温度调控 …………………………… 199
　　任务三　畜禽舍湿度的调控 ………………………… 207
　　任务四　畜禽舍通风换气调控 ……………………… 215
　　任务五　畜禽舍空气质量调控 ……………………… 227
　　任务六　畜禽舍饲养密度与垫料调控 ……………… 235

项目五　畜禽场污染防治　　243

　　任务一　用水污染防治 ……………………………… 244
　　任务二　土壤污染防治 ……………………………… 260
　　任务三　饲料污染防治 ……………………………… 271
　　任务四　噪声污染防治 ……………………………… 284

项目六　畜禽场环境管理　　291

　　任务一　畜禽场废弃物利用 ………………………… 292
　　任务二　畜禽场粪污处理 …………………………… 297
　　任务三　环境卫生监测 ……………………………… 308
　　任务四　蚊虫鼠害控制 ……………………………… 316
　　任务五　畜禽场环境消杀 …………………………… 322
　　任务六　畜禽场环境绿化 …………………………… 330

项目七　动物福利保护　　337

　　任务一　应激监测预防 ……………………………… 338
　　任务二　动物行为认识 ……………………………… 348
　　任务三　动物福利管理 ……………………………… 356

参考文献　　363

项目一　环境与畜禽生产

项目导读

本项目主要介绍畜禽所处环境、畜禽的体热调节,以及太阳辐射、气温、气湿、气流、气压等温热因素及综合作用对畜禽的影响等内容。通过学习,重点掌握畜禽体热平衡过程,掌握各温热因素与畜禽之间相互作用和影响的基本规律,为畜禽场控制温热环境以促进畜禽的健康和提升生产力提供理论基础。

知识目标

熟悉畜禽所处环境的特点,掌握畜禽的体热调节过程;厘清太阳辐射、气温、气湿、气流、气压等温热因素及综合作用对畜禽的影响规律。

技能目标

能够根据实际情况减少或消除环境应激因子;能够科学、灵活地应用太阳辐射、气温、气湿、气流、气压等温热因素及其综合作用对畜禽的影响规律,使温热环境更利于畜禽生产。

素质目标

根据畜禽所处环境特点,做到科学调控环境应激因子如环境骤变、温度过高过低、光照过强过弱、气流过大过强、运输、惊吓、打斗、外伤、疫苗注射、断奶、突然换料等,尽量保证畜禽的福利要求,使其处于舒适区,实现稳产高产和可持续发展。将环境保护知识纳入畜禽生产教学内容,加深学生对新时代我国社会主要矛盾的理解,引导学生尊重自然、顺应自然、保护自然,践行"绿水青山就是金山银山"的环境保护理念,建立学生的家国大情怀和生物安全观,根植和传承"人与自然和谐共生,保护生态人人有责"的生态基因。

任务一　畜禽环境认识

任务导入

吉祥养猪场位于重庆市荣昌区，当地属亚热带季风湿润气候，年均降水量 1 000 mm 左右，全年气温 17.8 ℃左右，平均日照时间长，夏季温湿度较高，天气较为闷热。该猪场远离居民区，交通较为便利，水源电源充足。由于地理条件的限制，猪场修建在一个山坳处，地势较低。场内有种猪舍、育肥舍、保育舍等；种猪舍建立在上风口处，育肥舍和保育舍建立在下风口处。生产区门口设有一个消毒室，在接近生产区处建立了一个粪池，场内绿化少，生产区内蚊虫遍地。

猪舍房顶采用单层石棉瓦，屋檐高约 2.5 m，周边植被较为丰富，多为竹林。猪场多采用人工饲养管理模式，年出栏肥猪可达 1 000 头。由于水源充足，饲养员常采用水枪冲洗清粪，夏季还采用冲洗法给猪体降温。

请以吉祥养猪场为背景，撰写一份调查报告，内容包括：养猪场存在哪些问题？这些问题的持续存在会给猪场带来哪些后果？解决猪场问题可采取哪些措施？修建养猪场时，在场址选择、猪场规划设计、温度与光照等环境因素的控制、粪便和污水的处理等方面应注意哪些问题？

任务工单

班级：_____　姓名：_____　学号：_____

任务名称	畜禽场调查
任务描述	根据实际情况，填写本任务的内容、目的、流程和方法。 任务内容：以吉祥养猪场为例，结合专业知识，撰写一份调查报告。 任务目的：通过本次任务学习，明白畜禽所处的环境特点，熟悉环境与畜禽的关系，理解畜禽对环境的适应和应激，建立为畜禽健康养殖创造最佳条件的意识。 任务流程：查阅资料信息，分组调查研究，小组讨论分析，拟定调查报告。 任务方法：查阅资料、分析原因、提出措施。
获取信息	要完成任务，需要掌握相关的知识。请收集资料，回答以下问题。 1. 畜禽所处环境特点。

（续表）

获取信息	2. 环境与畜禽的关系。 3. 何为环境因素的二重性？ 4. 如何理解畜禽对环境的适应和应激？
制订计划	
任务实施	按照预先制订的工作计划，完成本任务，并记录任务实施过程。 | 序号	完成的任务	遇到的问题	解决办法 | |---|---|---|---| | | | | | | | | | | | | | | | | | | | |

任务准备

一、知识准备

畜禽生产的过程就是通过畜禽机体将饲料变成产品的过程。其生产效果的好坏既取决于畜禽本身的健康状况、遗传潜力和生产性能，又取决于所采食饲料的质量、饲养管理技术和畜禽所处的环境条件。畜禽生产成败的关键在于投入产出比，品种、饲料、环境及防疫共同决定了畜禽的生产水平，其中遗传因素决定10%～20%，营养因素决定40%～50%，环境因素决定30%～40%。大量事实证明，环境条件的改善可使饲养效果和畜禽生产力水平显著提高。

（一）畜禽环境特点

在畜禽生产中人们常提到环境，究竟什么是环境呢？广义的畜禽环境是指遗传因素以外的一切影响畜禽生存、繁殖、生产和健康的因素，包括内部环境和外界环境。通常所说的环境多指畜禽所处的外部环境。

内部环境是指畜禽机体内部一切与生存有关的物理的、化学的和生物的因素，即机体的器官、组织乃至单个细胞生存的条件。

外部环境是指对畜禽的生长和生产具有直接或间接影响的各种外界因素的总和，包括空气、土壤、水体、饲料、人和其他生物在内的自然环境因素与社会环境因素。

（1）自然环境因素

包括物理因素、化学因素和生物因素。

①物理因素。主要有太阳辐射、气温、气湿、气流、气压、光照、噪声等，其中前五个因素都与畜禽热调节有关，直接影响畜禽的体热平衡，称为温热环境因素。适宜的气候是人畜生存的必要条件，畜禽生活的环境与畜禽的健康和生产力有着密切的关系。随着工业和农业生产的发展，环境中的某些物理因素可能发生改变，甚至会给周边带来一定的影响。比如温度的变化、噪声的发生等都会影响畜禽的正常生活。在现代畜牧业中，物理因素对畜禽的影响非常大，是人工创造和控制的主要环境因素。

②化学因素。主要包括空气中的氧气、二氧化碳、有害气体、微粒以及水体和土壤中的化学物质。空气中的化学因素有外界大气中的成分，也有畜禽舍自身产生的气体成分。一般正常大气成分以外增加的化学成分对畜禽都有一定的危害，应该尽量避免。水体中的有害化学因素是水体污染造成的，如水体的富营养化就是大量有机物污染造成的。土壤中的化学因素有的对饲料生产和畜禽生产是有利的，缺乏时可能引起畜禽的疾病；而有的因素则是有害的，如重金属污染。

③生物因素。包括环境中的细菌、真菌、病毒、寄生虫、昆虫、老鼠等，它们广泛存在于空气中的微粒、污染的水体、污染的土壤、畜禽舍及设施设备、饲料及粪便中，与畜禽疫病的发生发展关系密切。生物因素主要通过饲料加工、饲养管理、环境保护等环节对畜禽产生影响。生态系统中的各种生物都是相互依存和相互制约的。例如，绿色植物利用阳光进行光合作用时，从空气、土壤和水体中吸收养分，而畜禽则采食绿色植物获得营养物质和能量。生物之间这种物质和能量的传递，称为食物链。微生物和寄生虫都是食物链中的环节。在生态系统中，人畜直接地或通过食物链间接地与环境因素发生着密切的联系。

（2）社会环境因素

包括畜禽群体、畜禽场布局、建筑设施设备、饲养管理条件、选育方法、风俗习惯、经济力量、消费水平、相关法令政策等。畜禽的群体影响畜禽的行为和应激；而合理的饲养管理措施对畜禽的健康和生产力都将产生良好的影响。

外部环境因素是异常复杂的、也是不断变化的，它们以各种各样的方式，由不同的途径，单独或综合地对畜禽机体产生影响，并通过机体的内在规律，引起各种各样的反应。

（二）环境与畜禽的关系

环境是畜禽赖以生存的条件和基础。畜禽不断地与外界进行着物质和能量的交换，接受外界环境的刺激，增强体质和提高生产力。同时，外界环境对畜禽也存在各种有害的影响。当畜禽的生理调节机能与有害的环境因素保持平衡状态时，机体产生适应性反应；当外界环境因素刺激机体的强度和时间增加，超出畜禽机体的适应能力时，畜禽呈现病理状态。例如，在一定的温度范围内，畜禽的热调节机能使得机体保持体热平衡；当外界温度过低，超出了畜禽的调节能力时，畜禽表现为应激反应，进一步出现感冒、冻伤等症状，进而导致体温下降，热平衡破坏，甚至出现死亡。所以，畜禽的环境控制非常重要。现代畜牧业的效益主要是由动物遗传、饲料营养、外界环境、疾病防治和经营管理五个环节决定的，畜禽环境就是畜牧业生产的影响因素之一。良好的外界环境有利于畜禽遗传潜力的发挥，创造和控制适当的环境条件，是畜牧业能够健康发展的手段之一。除了遗传疾病外，畜禽疾病都是由于环境因素造成的，并随着环境因素的恶化而导致疾病的进一步发展，甚至发生畜禽的死亡。

畜禽对环境也会产生不利影响，主要表现为环境污染和生态平衡的破坏。由于现代畜牧业的主要模式为高密度集约化的规模养殖，大量的牧场粪便和污水源源不断地产生并进入环境中，如果处理不及时或方法不对，就会造成环境污染。牧场环境被破坏后，一方面对畜禽的生长和生产产生不利的影响；另一方面对生态系统中的其他生物（包括人类）也会产生不利的影响。

当前，人们对环境重要性的认识越来越深刻，环境保护工作已经成为经济社会可持续发展的重要保证。通过研究畜禽与外界环境因素相互作用和影响的基本规律，并依据这些规律制订利用、保护、改善和控制畜禽场与畜禽舍环境的技术措施，可以为畜禽创造良好的生存和生产环境，保持畜禽的健康，提高生产力，增加经济效益。同时对畜禽生产中产生的粪、尿、污水、恶臭、药物残留及噪声等畜产公害进行控制和处理，以保护人类的生存环境。

（三）环境因素的二重性

无论外界环境怎样复杂，对畜禽的作用总体都可概括为"有利"与"有害"两个方面。有利方面表现在：一是外界环境是畜禽生存必不可少的条件，畜禽与外界环境经常进行着物质和能量交换；二是畜禽依赖外界环境生长、繁殖和生产各种产品；三是畜禽接受外界环境的适宜刺激，可增强体质和提高生产力。有害方面表现在：外界环境中存在的某些有害因素，可能对畜禽产生不良影响，成为致病和降低生产力的因素。例如，在正常天气条件下，适度的太阳辐射，具有促进新陈代谢，加速血液循环，增进健康和调节钙、磷代谢等作用，故在畜牧生产中常利用日光来预防和治疗某些疾病；但在炎热的气候条件下，强烈的太阳辐射长时间作用于畜禽机体，就有可能引起皮肤晒伤、热平衡被破坏，甚至发生热射病而死亡。其他如空气、水、土壤、饲料、畜禽舍等，都是畜禽不可缺少的外界环境及物质条件，但是它们一旦被某些有害物质如病原体、毒物、有害气体、放射性物质所污染，尤其污染物超过一定的浓度后，就有可能使畜禽直接或间接地引起毒害或疾病。研究畜禽环境卫生，就是要充分利用有利因素，消除有害因素，以保证畜禽健康，提高生产水平。

(四)畜禽对环境的适应与应激

1. 适应

当环境因素在一定范围内变化,畜禽通过神经和体液进行调节,以保持机体的相对稳定,称此为适应。因环境变化的刺激强度和时间不同,其适应过程也随之变化。就环境温度而言,当环境温度降低,畜禽在行为学方面发生变化(畜体呈现蜷缩、扎堆等);如低温继续刺激或有所加强,畜禽在生理学方面发生变化(呈现颤抖、呼吸变慢且深等);长时间的低温环境,畜禽在形态学方面发生变化(皮肤变厚、皮下脂肪增加等);低温环境超过畜禽的适应限度时,会导致机能障碍、体温下降、冻昏、冻死。

2. 应激

畜禽受到环境因素刺激后,可产生相应的特异性反应;有些刺激不仅使畜禽产生特异性反应,甚至会产生非特异性反应。我们将机体对各种非常刺激所产生的全身非特异性应答反应(非特异表现)的总和,称为应激。

动物受到强烈的应激源刺激后,通过代谢调节使机体的生命活动恢复到一个新的相对稳定的正常功能状态。

应激诊断通过临床症状和行为表现的观察,结合氟烷检测、血液中有关指标(激素、酶、白细胞及其他有关成分)的含量变化进行确定。因畜禽的品种、年龄、性别、生产阶段、营养水平等的不同,应激敏感程度亦不同。

低强度、长时间造成的应激,畜禽表现为精神委顿,行动缓慢,体重减轻,免疫力下降,繁殖障碍等;高强度、短时间造成的应激,畜禽表现为食欲下降,惊慌不安,眼睛睁大,心率快,呼吸急促,肌肉颤抖,体温升高,皮肤出现红斑或发绀,可致休克或死亡。

因此,现代集约化经营的畜牧业,为保证动物遗传潜力的正常发挥,人类所创造和控制的环境条件必须严格要求,才能保障畜禽健康和高效生产。

思政导学

通过引出"动物福利"的概念,提示学生:虽然畜禽的养殖和生产是为了给人类提供畜产品,但是在畜禽的生长过程中,人们仍然要给予畜禽合理的尊重,为它们提供必要的舒适的生长空间和环境,减小它们的心理压力,树立人与自然和谐统一、敬畏珍惜生命的人文意识;同时结合周边畜禽养殖场对环境的影响,提示学生要保护"山青、水绿、天蓝"的生态环境,爱护祖国的大好河山。

二、人员准备

人员分组,每组 6 人,明确职责分工。

任务角色	任务内容
组长:	任务:
组员 1:	任务:

（续表）

任务角色	任务内容
组员2:	任务:
组员3:	任务:
组员4:	任务:
组员5:	任务:

 任务 筹划

（一）内容筹划

畜禽环境特点，环境与畜禽的关系，环境因素的二重性，畜禽对环境的适应和应激。

（二）流程筹划

①学习畜禽所处环境特点，了解外部环境及其因素。
②通过学习环境与畜禽的关系，清楚环境的重要性。
③结合环境因素的二重性，充分利用有利因素，消除有害因素。
④依据畜禽的生物学特性，能够为其创造最佳的养殖环境。

 任务 实施

步骤一：

步骤二：

步骤三：

步骤四：

 任务 检测

请扫码答题

工作任务完成过程评价

班级：_____ 组别：_____ 姓名：_____

项目	评分标准	自我评价	小组评价	教师评价
畜禽场调查（35分）	畜禽所处环境特点分析（10分）			
	环境与畜禽的关系梳理（10分）			
	畜禽对环境的适应与应激表现（15分）			
任务完成过程（40分）	能够根据工作任务分析并制订工作思路（10分）			
	查找资料、认真思考、积极动手动脑（10分）			
	团队协作良好，交流合作默契，互帮互助（10分）			
	小组分工明确，通过小组讨论与再学习较好地完成方案（10分）			
撰写报告（15分）	能很好地展示实践成果（5分）			
	整体的效果（很好10分，较好7～9分，一般为3～6分，较差为0～2分）			
思政素养表现（10分）	通过了解畜禽养殖场对环境的影响，树立保护"山青、水绿、天蓝"的生态环境理念（5分）			
	通过了解"动物福利"一词，明白：虽然畜禽的养殖和生产是为了提供人类畜产品；但是在畜禽的生长过程中，人们仍然要给予畜禽合理的尊重，为它们提供必要的舒适的生长空间和环境，减小它们的心理压力，树立人与自然和谐统一、敬畏珍惜生命的人文意识（5分）			
合计				
自我评价与总结				
教师点评				

任务二 畜禽体热调节

任务导入

王工程师养了一条白色博美犬当宠物,取名朵朵。到了夏季,烈日炎炎,王工程师和朵朵都感到酷热难当。看到朵朵身上厚厚的毛和伸出来长长的舌头,王工程师决定带朵朵到宠物美容院去剪掉它身上所有的毛。到了美容院,美容师告诉王工程师,可以不给朵朵剪毛。原因是:朵朵身上基本没有汗腺,夏季主要依靠唾液蒸发散热;高温季节用其他方法比剪毛防暑降温更有效果;同时剪毛也影响朵朵的外形美观,给朵朵带来心理负担。最后,美容师告诉了王工程师一些给朵朵防暑降温的方式方法。王工程师回去采用这些方法后,朵朵又回到了活泼可爱的状态。想一想,宠物美容师的建议是否科学合理?

请你结合该案例,制订一个宠物犬的防暑指导册,内容涵盖:宠物犬在夏季热应激时有哪些行为表现?在夏季有哪些方式方法可以给宠物犬防暑降温?

任务工单

班级:_____ 姓名:_____ 学号:_____

任务名称	制订防暑指导册
任务描述	根据实际情况,填写本任务的内容、目的、流程和方法。 任务内容:以王工程师的博美犬为例,结合专业知识,简单制订一份防暑指导册。 任务目的:通过本次任务学习,明白畜禽产热和散热的主要途径,了解机体热平衡的控制方法;把握内在规律,从而有效解决生产中的实际问题。 任务流程:查阅资料信息,分组调查研究,小组讨论分析,拟订防暑指导。 任务方法:查阅资料、给出建议。
获取信息	要完成任务,需要掌握相关的知识。请收集资料,回答以下问题。 1. 何为温热环境? 2. 畜禽产热和散热的途径。

（续表）

获取信息	3. 畜禽体热平衡的控制。 4. 防暑指导册的制订。
制订计划	
任务实施	按照预先制订的工作计划，完成本任务，并记录任务实施过程。 | 序号	完成的任务	遇到的问题	解决办法
---	---	---	---

任务 准备

一、知识准备

（一）温热环境

温热环境是指由太阳辐射、气温、气湿、气流等因素综合而成的空气环境，是畜禽极为重要的外界环境因素，它直接影响畜禽的热调节，从而影响畜禽的健康和生产力。其中气温对畜禽维持体温恒定最为重要，是影响畜禽热调节的主要因素。

空气的温热环境与气象、天气、气候和小气候密切相关。地球外层存在大约1 000 km以上的大气层，其中最靠近地球表面的一层密度最大，集中了空气总量的95%，称为对流层。"气象"就是对流层发生的冷、热、干、湿、风、云、雨、雪、霜、雾、雷、电等各种物理现象。决定气象的因素，如气温、气湿、气流、降水等，称为气象因素。气象因素在一定时间和空间内的变化，决定了某一区域的阴、晴、风、雨状态，称为"天气"。某一地区多年所特有的天气情况，称为"气候"。而"小气候"则是由不同地表性质以及生物（人类）的活动所形成的小范围内的特殊气候，如牧场、温室、畜禽舍等。

畜禽舍的小气候除与所处的地势、地形、场区规划、建筑物布局等有关外，绿化程度亦起很大的作用。畜禽舍中小气候的形成除受舍外气象因素的影响外，与舍内的畜禽种类、饲养密度、垫草使用、外围护结构的保温隔热性能、通风换气、排水防潮以及日常的饲养管理措施等因素有关。

（二）体热平衡

1. 体热平衡的概念

体热平衡是恒温动物为维持体温恒定而保持产热和散热的动态平衡。恒定的体温是畜禽保持正常生产代谢的基础和前提。畜禽体温来源于机体产热，其热量不断与外界环境之间进行热交换。当产热量与散热量相等时，畜禽体温恒定；当产热量大于散热量时，体温升高，机体热平衡被破坏；当产热量小于散热量时，体温降低，热平衡也被破坏。

畜禽机体与环境进行热交换时，可能从环境失热，也可能从环境得热，这取决于畜禽机体温度与环境温度之差值。

2. 体温、皮温

动物体由于与环境之间不断产生热交换，不仅各部位温度不一，而且从内向外逐渐降低。恒温动物的深部温度则始终保持恒定。因此，体温一般是指动物机体深部的温度，是衡量恒温动物唯一可靠的指标。要测量深部的温度比较困难，而且深部的温度也不完全相同。由于直肠温度能代表体温，又易测量，故兽医临床常以直肠温度表示体温，测量时应视畜禽的种类不同，将温度表的感应部分伸入直肠不同的深度。例如，成年牛、马等大家畜为15 cm，羊、猪为10 cm，小家畜和家禽为5 cm。伸入过浅，温度较低，则不能代表机体深部的温度。

皮温是指皮肤表面的温度。外界温度一般较体温低，且体温主要由皮肤发散，所以越向身体外部，温度越低。皮肤和被毛介于身体和外界之间，它们受身体和外界温热条件的双重影响，故常随外界条件的变化而变化。外界温度高时，皮温也较高；外界温度低时，皮温也较低。另外，身体各部位的皮温也不相同。凡距离身体中心较远，被毛保温性能较差，散热面积较大，血管分布较少和皮下脂肪较厚的部位，皮温较低，受外界的影响也较大。所以，四肢下部、耳部和尾部在低温时，皮温显著下降。

3. 产热

动物的产热来自体内营养物质的氧化。动物不断地进行能量代谢，则不断地产生热量。通常用产热量来衡量动物体内能量代谢强度——代谢率。体温来自产热，动物在适宜环境下的产热量主要取决于基础代谢、热增耗、肌肉活动和生产过程等。

（1）基础代谢产热

基础代谢产热是动物在适温（20 ℃左右）、绝食空腹（消化道中无养分可吸收）、不活动状态下维持生命活动的产热量。动物体在基础代谢状态时，体内所有器官、组织和细胞的代谢均处于最低水平，这是维持生命活动所需的最低产热量。大量研究表明，动物基础代谢产热量虽然随体型增大，绝对值增加，但若按每千克体重计算，体型越小的动物产热量反而越高。例如，体重441 kg的马，2 kg的鸡，其基础代谢总产热量分别为 20 849 kJ、594 kJ，每千克体重产热量分别为 47.28 kJ、297.0 kJ，若按照平均体表面积计算其产热量，则两种动物产热量分别是 3 966 kJ/m²、3 946 kJ/m²。由此可见，动物基础代谢产热量与其单位体表面积成正比。

此外，动物种类、品种、年龄、个体、营养水平、神经和内分泌状态等的差异，对基础代谢也有一定影响。

（2）热增耗

动物采食饲料后，还没有消化、吸收，但体内已经产生一定的热量，称为热增耗或增生热。热增耗的大小不仅与采食量成正比，也与畜禽种类和饲料类型有关。采食粗饲料的热增耗大于精饲料。另外，反刍动物瘤胃微生物的发酵也可以产生额外的热增耗。

热增耗在冬季可以用于维持体温，在夏季却增加动物的散热负担。因此，在炎热高温的环境中，为缓和动物的高温应激，可以适当减少粗饲料在日粮中比例。

（3）肌肉活动产热

动物因起卧、站立、步行、运动、觅食、争斗和劳役等肌肉活动，都可增加热量。除马属动物外，各种动物站立时的能量消耗较躺卧时的增加 15%。体重 450 kg 的牛每步行 1.6 km，产热量增加 1 381 kJ。

（4）生产过程产热

生产过程产热是指畜禽因生产产品（包括生殖、生长、产乳、产毛、产蛋、劳役等）而增加的产热量。因畜禽采食饲料的营养物质转化为畜产品的过程中都有一定的能量消耗，并在环境中释放出来，构成生产过程产热。因此，生产性能越高的畜禽，其生产过程产热量越大，对其热应激的预防也就越重要。在生产实际中，高产畜禽冬季不怕冷，夏季很怕热。这是畜禽饲养管理季节性操作规程的制订基础，也是畜禽舍设计必须考虑的内容。

4. 散热

动物体内无论产热多少，必须及时排出体外，才能维持体温恒定。散热主要是通过皮肤进行的，其次还通过呼吸道、消化道和排泄系统等进行。

（1）蒸发散热

蒸发散热是指通过水的汽化吸热和水汽分子的运动而散热的过程，主要通过皮肤和呼吸道进行。

①皮肤蒸发散热。包括隐汗蒸发散热和显汗蒸发散热。隐汗蒸发散热，又称渗透蒸发散热，即皮肤组织水分通过上皮向外渗透，在皮肤表面蒸发带走热量的过程。研究证明，人的隐汗蒸发量是呼吸蒸发量的 2 倍，每天高达 600～800 mL。另一种皮肤蒸发散热方式为显汗蒸发散热，即机体通过其汗腺分泌，使汗液在皮肤的表面蒸发带走热量的过程。出汗时，皮肤表面可见水分的存在。除马属动物外，畜禽的皮肤汗腺不发达或根本没有，故显汗蒸发散热较少。畜禽的皮肤蒸发散热主要靠隐汗蒸发方式进行。

②呼吸道蒸发散热。动物呼吸道黏膜呈潮湿状态，水汽压大，温度高。畜禽呼吸时通过水分蒸发和通过加热吸入气体而散热。呼吸道蒸发散热主要在上呼吸道进

行，特别是高温时畜禽进行的快而浅的呼吸（热性喘息），对缓和热应激很有效。

（2）非蒸发散热

非蒸发散热即除畜禽蒸发散热以外的散热方式，包括辐射、对流、传导三种散热方式。非蒸发散热散出的热量，动物可以感知，也可以用测温仪直接测量出来，所以称之为可感热。而蒸发散热散出的热量，使水由液态转化为气态，环境的温度并未因此而升降，所以称之为非可感热或潜热。

①辐射散热。当温度高于绝对零度时（−273 ℃），任何物体都可以向周围环境辐射能量，畜禽也不例外。在一定的环境条件下，畜禽向外界辐射能量，而周围环境的物体也向它辐射能量。所以，畜禽的实际散热量取决于畜禽体温与环境温度之差。只有当环境温度低于体表温度时，畜体体表才能以红外线长波辐射发散体热，这个过程称为辐射散热。物体表面放射或吸收辐射能的能力，称为发射率。黑体能够吸收全部外来的辐射能，而一个完全的反射体则可完全反射外来的辐射能。发射率的大小介于完全反射的 0 到完全吸收的 1 之间。畜禽的皮毛颜色不同，对辐射热的反射率也有差异。浅色的皮毛有利于畜禽对辐射热的反射，深色毛则有利于畜禽对辐射热的吸收。

②对流散热。对流散热就是当气温低于畜体体表温度时，通过空气运动带走体表热量的过程。对流散热不仅发生在畜禽的体表，也可发生在畜禽的呼吸道表面。对流散热是空气运动的结果，它可以是在外力（风扇）作用下产生的，称为强制对流，也可以因空气受热、密度发生变化而引起，称为自由对流。对流散热量的大小与动物体型大小、形态、气流方向、风速大小、空气温度与皮温之差等因素有关。

③传导散热。传导散热就是畜体将热量直接传给与其直接接触的低温物体的过程。传导散热量的大小与直接接触物体间的温差、接触物体的传导系数有关。如猪躺卧在低温地面，就会发生传导散热。畜禽与空气接触时，由于空气的传导系数小，所以畜禽主要以对流方式散热。

（三）体热调节

体热调节就是动物为达到热平衡，保持体温恒定而通过中枢神经系统对产热和散热所进行的调节。可以用下列公式表示畜禽的热平衡：

$$M = H_e \pm H_R \pm H_c \pm H_v \pm F$$

式中：M——畜禽产热量；

H_e——蒸发散热量；

H_R——辐射散热量；

H_c——传导散热量；

H_v——对流散热量；

F——畜禽从饲料或饮水中得到或失去的热量。

等式成立时，表示畜禽的产热量等于畜禽从环境中得到和失去的热量总和，畜禽保持体热平衡，畜禽体温恒定；当等式不成立时，或者畜禽体内蓄热，体热平衡被破坏，畜禽体温上升；或者畜禽体内热量散失过多，体热平衡被破坏，畜禽体温下降。

畜禽通过中枢神经系统和激素内分泌系统共同作用进行体热调节。畜禽通过外周感受器接受温度刺激，并通过中枢感受器，发出热调节指令，以适应环境的变化。这种热调节是通过物理调节和化学调节两种方式来进行的。

1. 物理调节

在炎热或寒冷的环境中，产热和散热不平衡时，动物首先通过增加或减少散热来维持体温，称为散热调节或物理调节。主要有以下两种方式。

（1）外周血液循环的改变

当气温升高时，将引起皮肤血管扩张，大量的血液流向皮肤，把较多的热从机体深部带到体表，导致皮肤温度升高，增加了皮温与环境温度之差，从而增加了非蒸发散热量。同时，由于皮肤血管扩张，血液循环总量增加，血液含水量升高，血液水分很容易渗透到组织和汗腺中，以供皮肤和呼吸道蒸发所需的水分。当气温较低时，皮肤血管收缩，外周血流量减少，使皮温下降，缩小了皮温与气温之差，汗腺也停止活动，非蒸发与蒸发散热量都显著减少。

（2）畜体姿态的改变

可使体表与空气相接触的面积发生一定程度的改变。高温时，畜禽喜欢在凉爽的环境活动，此时畜体舒展、四处分散，体表面积较大，喘息或躺卧，从而增加散热量；低温时，畜禽喜欢在温暖的环境活动，此时畜体蜷缩、扎堆群集，体表面积缩小，所以散热量也减小。畜禽的身体在热或冷的环境中伸展或蜷缩，是调节体热的本能表现。

2. 化学调节

在较严重的热或冷的应激下，散热调节已不足以维持体温恒定时，则必须减少或增加体内营养物质的氧化，以减少或增加热的产生，这种调节称为产热调节或化学调节。

（1）采食量的改变

畜禽在高温的刺激下，一方面增加热的散发，另一方面还要减少热的产生。首先表现为采食量减少或拒食，其次表现为生产力下降；当气温过低时，采食量增加，以增加产热量。

（2）行为的改变

高温时，肌肉松弛，嗜睡懒动，热喘息增多，活动量减少。低温时，肌肉紧张度提高，甚至颤抖，活动量增加。

（3）内分泌的改变

在高温的应激下，甲状腺分泌减少，代谢率下降，产热量降低；动物在受到寒冷刺激时，甲状腺分泌增加，代谢率上升，产热量增加。

思政导学

各种动物体热调节的能力不同，所能适应的环境温度也不相同。为保证健康高效地生产，养殖畜禽所处的生产环境建议相对适宜，这样只用快捷经济的物理调节就能实现体热平衡，无须启用复杂浪费的化学调节和补充调节，进而从根本上实现了经济效益、生态效益及社会效益的多赢。

二、人员准备

人员分组，每组 6 人，明确职责分工。

任务角色	任务内容
组长：	任务：
组员 1：	任务：
组员 2：	任务：
组员 3：	任务：
组员 4：	任务：
组员 5：	任务：

 任务 筹划

（一）内容筹划

温热环境，畜禽产热和散热的途径，畜禽体热平衡的控制，防暑指导册的制订。

（二）流程筹划

①科学认识畜禽所处的温热环境。

②通过学习畜禽的产热、散热机制，明白产热和散热的主要途径。

③根据畜禽所处环境实际，了解畜禽体热平衡的控制方式。

④按照任务中的要求，制订宠物犬的防暑指导册。

 任务 实施

步骤一：

步骤二：

步骤三：

步骤四：

任务 检测

请扫码答题

任务评价

工作任务完成过程评价

班级：_____ 组别：_____ 姓名：_____

项目	评分标准	自我评价	小组评价	教师评价
宠物犬的防暑降温（35分）	犬的体热调节（10分）			
	犬的行为特征和饮食特点（15分）			
	犬的防暑降温（10分）			
任务完成过程（40分）	能够根据工作任务分析并制订工作思路（10分）			
	查找资料、认真思考、积极动手动脑（10分）			
	团队协作良好，交流合作默契，互帮互助（10分）			
	小组分工明确，通过小组讨论与再学习较好地完成任务（10分）			
手册制订（15分）	能很好地展示实践成果（5分）			
	整体的效果（很好10分，较好7～9，一般为3～6分，较差为0～2分）			
思政素养表现（10分）	通过学习宠物犬的体热调节，培养学生爱宠知宠懂宠的职业素养（5分）			
	培养学生解决生产实际问题的能力，增强学生服务"三农"的理想信念（5分）			
合计				
自我评价与总结				
教师点评				

任务三　太阳辐射与畜禽生产

任务导入

科学家发现，由于人类在生产生活中广泛使用氯氟碳化合物，使高层大气中飘浮着这类化合物分子，在紫外线的高能辐射作用下，氯氟碳化合物被分解，放出氯原子，氯原子能迅速"吞噬"臭氧分子，而氯原子在和臭氧分子作用后，又能迅速恢复原状，重新"攻击"另外的臭氧分子，1个氯原子可以和10万个臭氧分子发生连锁反应。就这样，臭氧分子被大量而迅速地吞噬掉。

1987年9月，由联合国草拟了一个国际协定《蒙特利尔议定书》，该议定书明确规定，氯氟碳化合物（包括氟利昂）生产国从1989年7月开始，要将产量冻结在1986年的水平，到1998年，要削减50%。有27个国家共同签署了这个协定。1992年初，各国政府尤其是一些发达国家政府纷纷表态，计划在三至五年内禁止使用含氯氟碳化合物的制冷剂以及其他危害臭氧层的物质，并正在千方百计地设法生产其替代品。2010年，我国发布了对氟利昂制冷剂的规定，凡是带有氟利昂制冷剂的产品全部禁止销售。所以，现在很多厂家陆续转型推出无氟电冰箱。这种电冰箱大多采用了R134a制冷剂或R600a制冷剂来替代R12氟利昂制冷剂。思考一下，臭氧层与人类生活和畜禽生产有何关联？如果人类继续广泛使用碳氟化合物，会产生什么后果？

同时，简单设计一份调研问卷，调查你家乡及身边人对太阳辐射的作用及其利用的掌握情况，内容包含：畜禽生产对大气层成分的影响和对太阳辐射的影响。

任务工单

班级：_____　　姓名：_____　　学号：_____

任务名称	制订调研问卷
任务描述	根据实际情况，填写本任务的内容、目的、流程和方法。 任务内容：以无氟冰箱为背景，结合专业知识，简单制订一份调研问卷。 任务目的：通过本次任务学习，明白臭氧层对太阳辐射的影响，了解太阳辐射能及吸收机制，知道太阳辐射的主要作用，把握内在规律，从而有效利用太阳辐射能解决畜禽生产实际问题。 任务流程：查阅资料信息，分组调查研究，小组讨论分析，制订调研问卷。 任务方法：查阅资料、给出建议。

（续表）

获取信息	要完成任务，需要掌握相关的知识。请收集资料，回答以下问题。 1. 太阳辐射及强度表示。 2. 太阳辐射能及吸收机制。 3. 太阳辐射对畜禽的影响。 4. 调研问卷的制订。
制订计划	
任务实施	按照预先制订的工作计划，完成本任务，并记录任务实施过程。 | 序号	完成的任务	遇到的问题	解决办法
---	---	---	---

任务准备

一、知识准备

光照是畜禽舍环境中的一个非常重要的因素，是畜禽生存生产不可或缺的外界条件，光照对畜禽的影响因畜禽种类不同而不同，畜禽舍光照调控的目的是确保畜禽的光照要求，保证舍内光照符合畜禽的生理需求。

（一）太阳辐射及其强度

太阳辐射是地球表面热能的主要来源，是产生各种复杂天气现象的根本原因，太阳辐射对畜禽的健康和生产性能有着非常重要的影响。太阳是一个巨大的热核反应器，在氢核聚变的过程中，产生的辐射能以 3.5×10^{25} kJ/s 的速度向宇宙释放，称为太阳辐射能。大约有 22 亿分之一的能量到达地球大气外层。太阳辐射通过大气层时，大约有 34% 因反射和散射而返回宇宙空间，有 19% 被大气层吸收，有 24% 以直射辐射的形式到达地面，另 23% 以散射辐射的形式到达地面（图 1-1）。

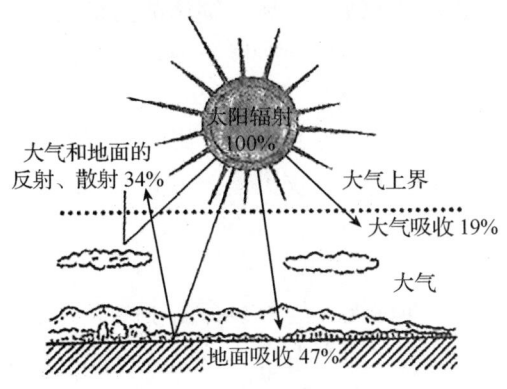

图 1-1 太阳辐射热

太阳辐射能的强弱，用太阳辐射强度来表示，即单位时间内太阳垂直投射到单位面积上的辐射能，单位为 J/（$cm^2 \cdot min$）。因此，地面的太阳辐射强度，除与太阳高度角和海拔有关外，还受大气状况的影响。太阳高度角是指太阳光线与地表水平面之间的夹角。太阳高度角大时，太阳辐射到达地面所需经过的大气层比较薄，被反射、散射和被云雾、水汽等吸收的部分减少，地面得到的辐射量就比较多；太阳高度角小时，太阳辐射通过的大气层厚度增大，地面得到的辐射量就比较少。太阳高度角的大小取决于地理纬度、季节和一天的不同时间。在同一时间，低纬度地区太阳高度角大，高纬度地区太阳高度角小；在同一地点，夏季太阳高度角大，冬季太阳高度角小，中午太阳高度角大，早晨和傍晚太阳高度角小。太阳辐射强度最高值均出现在当地时间的正午。海拔越高，大气的透明度越好，灰尘、二氧化碳等的含量越少，太阳辐射强度越大。

到达地面的太阳辐射能，一部分被地面吸收，转变为热能，另一部分反射回大气。地面的反射率取决于地表的物理状态：雪的反射率最大，可达 80%～90%，其他如黄沙为 34.6%，绿草地为 25.7%，枯草地为 19%，黑湿土壤为 7%。

（二）太阳辐射光谱

太阳辐射是一种电磁波，其光谱组成按人类的视觉反应，分为紫外线、可见光和红外线等三个光谱区（表 1-1）。

表 1-1 太阳辐射的光谱

单位：nm

种类	紫外线	紫光	蓝光	青光	绿光
波长	4～400	400～430	430～470	470～500	500～560
种类	黄光	橙光	红光	红外线	
波长	560～590	590～620	620～760	>760	

（三）太阳辐射的一般作用

太阳光线照射到畜禽机体后，只有被机体吸收的部分，才会对机体起作用。光线被畜禽机体吸收的程度，与光线对机体的穿透能力成反比。光线被畜禽体吸收强烈时，进入的深度不大就被吸收殆尽，所以不能进入深层。各种光线对机体的穿透能力的大小为：短波红外线＞红、橙、黄光线＞绿、青、蓝、紫光线＞长波紫外线＞长波红外线＞短波紫外线。由此可见，畜禽体组织对紫外线的吸收最为强烈，对可见光的吸收很差，对短波红外线的吸收更差。因此紫外线引起的光生物学效应是最明显的。

1. 光热效应

太阳光波的长波部分，如红光或红外线，由于单个光子的能量较低，被组织吸收后，光能主要是转变为热能，即产生光热效应，可使组织温度升高，加速组织内的各种物理化学过程，提高组织甚至全身的代谢水平。

2. 光化学效应

太阳光波的短波部分，尤其是紫外线，被组织吸收后，除部分转化为热能外，还可使分子或原子中的电子吸收能量后处于激发态而不稳定，引起光化学效应，产生具有刺激神经感应器而引起局部及全身反应的生物活性物质（如乙酰胆碱、组织胺等）。

3. 光电效应

太阳光波中的短波可见光和紫外线，由于单个光子的能量较大，可导致物质分子或原子中的电子被激活逸出轨道，形成光电子或阳离子，产生光电效应。

（四）紫外线的生物学作用与应用

太阳辐射光谱中紫外线的波长范围为 4～400 nm，但能到达地球表面的紫外线的波长在 290～400 nm，短于 290 nm 的紫外线被臭氧层吸收，人工紫外线灯才能产生短于 290 nm 的紫外线。波长 275～320 nm 紫外线，在太阳高度角小于 35°或地理纬度大于 32°的地区，一般不能到达地面。紫外线对畜禽的作用，与波长有关，根据其对机体的影响，将紫外线分为三段。

A 段：波长 320～400 nm，生物学作用较弱，有色素沉着作用。

B 段：波长 275～320 nm，生物学作用很强，有红斑作用和抗佝偻作用。

C 段：波长 200～275 nm，不能到达地面，生物学作用非常强烈，对细胞有巨大的杀伤力。

（五）红外线的生物学作用与应用

红外线的作用主要为光热效应，又称热射线。红外线照射畜禽体表，一部分反射，另一部分被皮肤吸收，机体吸收红外线的部位主要是皮肤和皮下组织。红外线穿透组织的深度可达 8 cm，能直接作用于皮肤的血管、淋巴管、神经末梢和其他皮下组织。

红外线对畜禽机体的作用

（六）可见光的生物学作用与应用

太阳辐射中动物产生光感和色感的部分为可见光，它通过视网膜，作用于中枢神经系统。可见光的生物学效应，与光的波长、光照强度及光周期等有关。

1. 波长（光色）

可见光的波长对畜禽的影响不大。家禽对光色比较敏感，尤其是鸡，鸡在红光下比较安静，啄癖极少，成熟期略迟，产蛋量稍有增加，蛋的受精率较低；在蓝光、绿光或黄光下，鸡增重较快，成熟较早，产蛋较少，蛋重略大，公鸡交配能力增强。

2. 光照强度

不同的光照强度对畜禽所产生的生物学效应存在一定的差异，同一强度的光对于不同动物的生物学效应也不相同。处于肥育期的畜禽，过强的光照会引起精神兴奋，休息时间减少，甲状腺分泌增加，代谢率提高，从而降低了增重速度和饲料利用率。因此，任何畜禽在肥育期，应减少光照强度，控制光照时间，便于开展饲养管理工作，满足畜禽的基本活动，如正常采食和饮水等。

鸡对可见光十分敏感，对雏鸡来说，0.1～1.0 lx 的光照强度，增重效果较好，进一步增大光照强度并无好处。产蛋鸡在 0.1～2.0 lx 下即可正常产蛋，1 lx 使产蛋量达到很高水平，超过 5 lx，提高产蛋量效果并不明显。当光照强度较低时，鸡群保持安静，生产性能与饲料利用率比较高；光照强度过大时，容易引起啄羽、啄趾、啄肛和神经质；若突然增强光照，易引起母鸡泄殖腔外翻，会引起重大损失，因此，无论对肉鸡或蛋鸡、小鸡或成鸡，光照强度均不可过高，肉鸡或雏鸡均应以 5 lx 为宜，蛋鸡或种鸡一般以 10 lx 为宜。

其他畜禽对光照强度的反应阈较高。在 5～10 lx 的光照环境中，公猪和母猪生殖器官的发育较正常光照下差，仔猪生长缓慢，成活率降低，犊牛的代谢机能减弱。因此，处于生长期的幼畜和繁殖用的种畜，光照强度应较高，公、母猪舍、仔猪舍的照度应控制在 50～100 lx。肥育畜禽应给予较低的照度，肥育猪舍、肉牛舍以 30～50 lx 较好。

3. 光周期对畜禽的影响

光照时间和光照强度随春夏秋冬的交替而呈周期性变化，称为光周期。在诸多环境因素中，光照是影响畜禽生理节律的最主要因素。光照的周期性变化，在其他环境因素的协同作用下，对畜禽生理节律产生强烈的影响。

（1）对生长肥育和饲料利用率的影响

采用短周期间歇光照，可刺激肉用仔鸡消化系统发育，增加采食量，降低活动时间，提高增重和饲料转化率。采用间歇光照，可提高肉鸭日增重，降低腹脂率和皮脂率；每日光照时间从 8 h 延长到 15 h，3~6 月龄牛的胸围增加 31.8%，平均日增重增加 10.2%。种用畜禽光照时数应适当长一些，以利活动，增强体质；育肥畜禽应适当短一些，以减小活动，加速肥育。据测定，育肥猪的光照强度从 5 lx 提高到 40~50 lx，日增重提高 5% 左右。建议生长育肥猪的光照强度一般在 40~50 lx。光照时间对生长育肥猪影响不大，建议不超过 10 h/d。

（2）对繁殖性能的影响

在自然界，许多畜禽的繁殖都具有明显的季节性。马、驴、野猪、野猫、野兔、仓鼠和一般食肉、食虫兽及所有的鸟类，在春夏季日照逐渐延长的情况下发情、配种，称为长日照动物；绵羊、山羊、鹿和一般的野生反刍动物等，在秋冬季日照时间缩短的情况下发情、交配，称为短日照动物。有些动物由于人类的长期驯化，其繁殖的季节性消失，如牛、猪、兔常年发情配种繁殖，对光周期不敏感。

一般而言，延长光照有利于长日照动物繁殖活动。长光照可提高公畜的性欲，增加射精量和精子密度，增强精子活力。将公鸡光照时间从 12 h/d 延长到 16 h/d，射精量、精子浓度和成活率分别增加 14.3%、51.81% 和 4.3%，畸形率和死精率分别下降 41.9% 和 11.1%。缩短光照可提高短日照公畜的繁殖力，如将绵羊光照时间从 13 h/d 缩短到 8 h/d，公羊精子活力和正常顶体增加 16.6% 和 27%，用此精液配种，母羊妊娠率和产羔率分别比自然光照组增加 35% 和 150%。在夏季开始时，将母羊光照时间缩短为 8 h/d，可使繁殖季节提前 27~45 d。据测定，小公猪从 20 周龄开始延长光照，26 周龄时有 73% 的公猪能采出精液，而自然光照的小公猪只有 26% 能采出精液。延长光照时间到 15 h/d，种公猪的性欲活动显著增加；在 8~10 h/d 的光照条件下，光照强度从 8~10 lx 提高到 100~150 lx，公猪射精量、精子浓度都显著增加。建议公猪的光照时间为 8~10 h/d，光照强度为 100~150 lx。光照强度从 6~8 lx 增加到 70~100 lx，母猪产仔数增加 4.5%~8.5%，初生窝重及断乳窝重分别提高 4.5%~16.7% 和 5.1%~12.2%。因此，母猪的适宜光照时间为 12~17 h/d，光照强度为 60~100 lx。

（3）对产奶量的影响

哺乳动物的产奶量，一般都是春季逐渐增多，5—6 月达到高峰，7 月大幅跌落，10 月又慢慢回升。这与牧草生长规律、光照时间和温度变化有直接关系。据试验，延长光照时间有利于提高产乳量，16~18 h/d 光照的奶牛比 8~9 h/d 和 24 h/d 光照的奶牛，产乳量高 7%。

（4）对产蛋性能影响

处于产蛋期的母鸡，需要较长的日照。特别在昼短夜长的冬季，日照时间满足不了母鸡产蛋的生理需要，会引起母鸡过早停产。实验证明，光照低于 10 h/d，鸡不能正常产蛋；光照低于 8 h/d，鸡产蛋停止；光照高于 17 h/d，对生产无益。延长光照时间，会促进育成母鸡性早熟，开产日龄较早，一个产蛋期中的平均蛋重下降；反之，性成熟较晚，开产较迟，有利于鸡的生长发育，会提高成年后的产蛋率，增加蛋重。如 12 月至翌年 1 月孵化出的鸡比 6—7 月孵出的鸡开产日龄早 24 d。

产蛋鸡最佳光照时间为 14～16 h/d，突然增加或减少光照时间，会扰乱内分泌系统机能，导致产蛋率下降。

（5）对产毛的影响

羊毛一般夏季生长快、冬季慢，大多数动物皮毛的成熟，都是在短日照的秋冬季发生。猪、马、牛、羊、兔和禽类，都有季节性换毛的现象，也是由光照周期性变化引起的。在自然界，鸡在日照时间逐渐缩短的秋季开始换毛，牛在日照时间不断延长的春季脱去绒毛，换上粗毛。养鸡场对成年母鸡实行 16～17 h/d 的恒定光照制度，鸡的羽毛因光周期不变一直不能换羽。因此，生产上可用调节光照等措施，使鸡强制换羽，控制产蛋周期。

（6）对健康的影响

连续光照会使肉用仔鸡关节变形（外翻和内翻）、脊椎强直和膝关节增大，发病率增加。将光照时间从 23 h/d 减少到 16 h/d，肉用仔鸡死亡率从 6.2% 降低到 1.6%。猪对光刺激的反应域值较高，当光照强度由 10 lx 增加到 60 lx 再增加到 100 lx 时，仔猪的发病率下降了 24.8%～28.6%，成活率提高了 19.7%～31.0%。

畜禽对光照具有规律的反应，是它们长期生活在一定的条件下形成的遗传性，这种特性表现在发情、繁殖及其他方面，如脱毛、换羽等。近年来，随着人类对畜禽的培育程度越来越高，畜禽对光的反应逐渐减弱。马、驴、牛、羊、犬、猫等动物的被毛在每年的一定季节脱换，最主要的原因是光周期的变化，也与气温有关。

思政导学

动物的生存离不开阳光。试想，如果天上有十个太阳会怎样呢？远古的时候，天空中有十个太阳，大地出现了严重灾难，炎热烤焦了森林，烘干了大地，晒干了禾苗草木。后羿看到人们生活在火难中，心中十分不忍，便暗下决心射掉那多余的九个太阳，帮助人们脱离苦海。于是后羿爬过了九十九座高山，迈过了九十九条大河，穿过了九十九个峡谷，来到了东海边，登上了一座大山，山脚下就是茫茫的大海。后羿拉开了万斤力弓弩，搭上千斤重利箭，瞄准天上火辣辣的太阳，一箭箭射出去，最后剩下一个太阳。从此，这个太阳每天从东方的海边升起，晚上从西边山上落下，温暖着人间，保持万物生存，人们安居乐业。后羿的精神是什么呢？是帮助人民，牺牲自己，探索自然，征服自然。

二、人员准备

人员分组，每组 6 人，明确职责分工。

任务角色	任务内容
组长：	任务：
组员 1：	任务：
组员 2：	任务：

（续表）

任务角色	任务内容
组员3：	任务：
组员4：	任务：
组员5：	任务：

 任务筹划

（一）内容筹划

太阳辐射及强度表示；太阳辐射能及吸收机制；太阳辐射对畜禽的影响；调研问卷的制订。

（二）流程筹划

①正确认识太阳辐射及强度表示方法。

②通过学习太阳辐射能及吸收机制，了解畜禽生产中的生理现象。

③明白太阳辐射对畜禽的影响。

④按照任务中的要求，制订调研问卷。

 任务实施

步骤一：

步骤二：

步骤三：

步骤四：

 任务检测

请扫码答题

任务评价

工作任务完成过程评价

班级：_____　　　组别：_____　　　姓名：_____

项目	评分标准	自我评价	小组评价	教师评价
太阳辐射与畜禽生产（35分）	太阳辐射及强度表示（10分）			
	太阳辐射的主要作用（15分）			
	太阳辐射对畜禽的影响（10分）			
任务完成过程（40分）	能够根据工作任务分析并制订工作思路（10分）			
	查找资料、认真思考、积极动手动脑（10分）			
	团队协作良好，交流合作默契，互帮互助（10分）			
	小组分工明确，通过小组讨论与再学习较好地完成任务（10分）			
问卷制订（15分）	能很好地展示实践成果（5分）			
	整体的效果（很好10分，较好7～9分，一般为3～6分，较差为0～2分）			
思政素养表现（10分）	通过学习太阳辐射对畜禽的影响，培养学生合理利用太阳辐射的职业素养（5分）			
	培养学生解决生产实际问题的能力，增强学生服务"三农"的理想信念（5分）			
合计				
自我评价与总结				
教师点评				

任务四　空气温度与畜禽生产

任务导入

大三学生蒋某被分配到某养鸡场雏鸡舍实习,这是她第一次接触养鸡生产实际。师傅有事外出前告诉她,育雏期内雏鸡如果过于喧闹,说明鸡只不舒服,最常见的原因是温度不太适宜。平时要注意观察,并根据需要采取相应的措施。师傅走后,蒋某发现有的雏鸡堆挤在育雏伞下,有的堆挤在墙边或鸡舍支柱周围。雏鸡排泄的粪便较稀且出现糊肛现象。蒋某想起师傅的话,赶忙换上大功率的红外线灯泡。一会儿,雏鸡散开俯卧在地上,伸出头颈张嘴喘气,并寻求舍内较凉爽、贼风较大的地方,特别是远离热源沿墙边的地方。有的雏鸡则拥挤在饮水器周围,使全身湿透,饮水量增加。蒋某急忙给师傅电话联系,在师傅的指导下换上合适的红外线灯泡,雏鸡终于安静下来了。想一想,雏鸡的异常行为反映出什么问题?如果不及时处理会有什么后果?

请你结合该案例,制订一个育雏方案,内容涵盖:提高雏鸡舍内温度可以采取哪些办法?育雏管理有哪些注意事项?

任务工单

班级:_____　姓名:_____　学号:_____

任务名称	制订育雏方案
任务描述	根据实际情况,填写本任务的内容、目的、流程和方法。 任务内容:以雏鸡舍实习为例,结合专业知识,简单制订一份育雏方案。 任务目的:通过本次任务学习,明白畜禽舍温度的来源、畜禽的等热区与临界温度;进一步了解畜禽的适宜温度,知道气温对畜禽的影响,从而切实有效地调控生产中的温度不适问题。 任务流程:查阅资料信息,分组调查研究,小组讨论分析,制订育雏方案。 任务方法:查阅资料、给出建议。
获取信息	要完成任务,需要掌握相关的知识。请收集资料,回答以下问题。 1. 大气温度、畜禽舍温度的来源及变化规律。

（续表）

获取信息	2. 畜禽的等热区与临界温度。 3. 畜禽的适宜温度。 4. 气温对畜禽的影响。
制订计划	
任务实施	按照预先制订的工作计划，完成本任务，并记录任务实施过程。 | 序号	完成的任务	遇到的问题	解决办法 | |---|---|---|---| | | | | | | | | | | | | | | | | | | | |

任务 准备

一、知识准备

（一）气温的来源与变化规律

1. 气温的来源

外界自然环境的气温来源于太阳辐射。太阳辐射经过大气层的减弱后到达地面，一部分被地面反射回大气，其余的被地面吸收，使地面增热，地面再通过辐射、传导和对流将热量传递给空气，这部分热量是引起气温变化的主要原因。太阳辐射被大气直接吸收并对空气增热作用很小，正常情况下，只能使气温升高 $0.015 \sim 0.02$ ℃/h。

2. 气温的变化规律

由于太阳辐射强度随当地纬度、季节和每天不同时间的变化而变化，某地区的气温也随季节和时间发生周期性的变化。

（1）气温的日变化

一天当中，通常凌晨日出之前气温最低，日出后气温逐渐回升，下午14:00左右达到最高值，以后气温逐渐下降到次日日出前为止。在气象学中，将一天中的气温最高值与最低值之差称为气温日较差。气温日较差的大小与纬度、季节、地势、地形、天气和植被等因素有关。我国气温日较差差异较大，但总的趋势是从东南向西北递增。东南沿海一带在8℃以下，秦岭与淮河以北达10℃以上，西北内陆地区在15～25℃。

（2）气温的年变化

我国一年当中，一般1月气温最低，7月气温最高。在气象学中，最热月份与最冷月份的平均温度之差，称为气温年较差。气温年较差的大小与地理纬度、与海洋的距离、海拔的高低、降水量等因素有关。在我国，1月南北气温相差很大，平均纬度每向北递增1°，气温下降1.5℃；而7月则南北普遍炎热，南起广州，北至北京北部，日平均气温均达28℃左右。夏季温度与纬度的关系很小，而与地势高低和与海洋的距离关系较大。

除了上述的气温周期性变化外，还有非周期性变化，是由大规模的空气水平运动引起的。例如，当春季气温回升后，常因北方冷空气的入侵，又使气温突然下降。在秋末冬初气温下降后，若从南方流来暖空气，又会出现气温陡增的现象。

（二）畜禽舍内温度的来源与分布

1. 畜禽舍内温度的来源

畜禽舍空气中的热量来源于畜体散热和外界的传入。畜禽舍内的畜禽，通过蒸发散热和非蒸发散热两种方式，将体热散发到畜禽舍空气中，使畜禽舍空气中的热量增加，温度升高。其散热量的大小，与畜禽个体散热量和饲养密度有关。夏季，外界大气热量通过辐射、传导和对流作用，使畜禽舍内温度升高，其升高的幅度与畜禽舍内外温差及外围护结构的保温隔热性能呈正相关。冬季，畜禽舍空气也可对舍外大气失热，使畜禽舍内温度下降。如果畜禽舍在冬季温度过低，也可以通过人工取暖的方式加热舍内空气，使之达到畜禽正常生产所需要的温度。

2. 畜禽舍内温度的分布规律

畜禽舍气温受畜禽舍封闭程度以及饲养密度影响。开放舍和半开放舍，舍内气温与外界差异不大，只是让畜禽避免了寒风和太阳辐射的直接侵袭。封闭式畜禽舍，舍内气温受饲养密度和畜禽舍保温性能，以及人工调节气温程度的影响，可以通过保温隔热等人工办法，让舍内气温控制在一个合理的范围内。在封闭畜禽舍内的不同位置，也存在气温的差异。一般来说，畜禽舍水平面上的中央位和垂直面上的中上部位气温较其他部位高，畜禽舍跨度越大，空间高度越大，这种差异越显著。了解舍内空气温度的分布状况，对于安置畜禽、设置通风管等具有重要的意义。例如，在笼养的育雏室中，应设法将发育较差、体质较弱的雏鸡安置在上层；初生仔猪怕冷，可安置在畜禽舍中央。

（三）畜禽的等热区和临界温度

1. 等热区、临界温度的概念

（1）等热区、临界温度

恒温动物主要依靠物理调节维持体温正常时的环境温度范围称为等热区。在这个温度范围内，畜禽不需动用化学调节，因而产热量处于最低水平。将等热区的下限温度称为临界温度，当低于这个温度，畜体散热量会增多，通过物理调节无法使动物保持体温正常，必须提高自身代谢水平（化学调节）以增加产热量。等热区的上限又称"过高温度"，高于这个温度时机体散热受阻，物理调节不能维持体温恒定，体温升高，代谢率可提高。由此可见临界温度和过高温度之间的环境温度范围，也就是等热区（图1-2）。等热区是畜禽生产实际中最经济的环境温度范围，也是能够保证畜禽健康的环境温度范围。

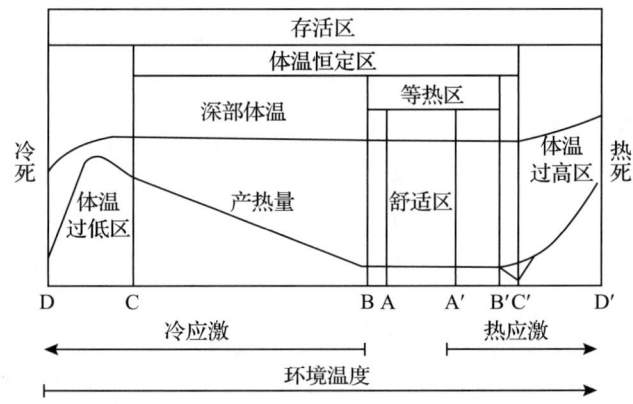

A—舒适区下限温度；A′—舒适区上限温度；B—临界温度；B′—过高温度；
C—体温开始下降的温度；C′—体温开始上升的温度；D—生存温度下限；D′—生存温度上限

图1-2 等热区与临界温度

（2）舒适区

在等热区范围内，有一个气温范围，动物机体代谢产热等于散热，畜禽不需要进行任何调节即可维持体温恒定，这时的环境温度称为舒适区。舒适区以上开始受热应激，表现为皮肤血管扩张，皮肤温度升高，呼吸加快和出汗等热调节过程；舒适区以下开始受冷应激，表现为皮肤血管收缩，被毛竖立和肢体蜷缩等。舒适区从理论上讲是畜禽的最佳生活环境温度。超过舒适区范围，畜禽开始进行物理调节，以确保其体温恒定；超过等热区范围，畜禽开始进行化学调节，以期维持体温恒定。

2. 影响等热区和临界温度的主要因素

（1）畜禽种类

动物种类不同，体型大小不同，每单位体重的体表面积不同，散热也不同。凡体型较大、每单位体重表面积较小的畜禽，均较耐低温而不耐热，其等热区较宽，临界温度较低。在完全饥饿状态下测定的临界温度：猪21 ℃，鸡28 ℃，阉牛18 ℃。在完全饥饿状态下测定的等热区：鸡28～32 ℃，绵羊21～25 ℃，山羊

20～28 ℃，犬 20～26 ℃。

（2）年龄和体重

临界温度随年龄和体重的增大而下降，等热区随年龄和体重的增大而增宽。幼龄畜禽的等热区较窄，临界温度较高；成年、壮年动物等热区较宽，临界温度较低。例如，体重 1～2 kg 哺乳仔猪的临界温度为 29 ℃，体重 6～8 kg 下降为 25 ℃，体重 20 kg 为 21 ℃，60 kg 和 100 kg 分别为 20 ℃和 18 ℃。

（3）皮毛状态

被毛浓密或皮下脂肪发达的畜禽，保温性能好，等热区较宽，临界温度较低。例如，饲喂维持日粮的绵羊，被毛长 1～2 mm（刚剪毛时）的临界温度为 32 ℃，被毛长 18 mm 的为 20 ℃，120 mm 的为 -4 ℃。

（4）营养水平

营养水平越高，则体增热越多，畜禽耐寒而临界温度低，等热区宽。例如，采食高水平日粮的绵羊，其临界温度为 25.5 ℃；而采食维持日粮的绵羊，其临界温度则为 32 ℃。

（5）生产力水平

畜禽的生产包括生长、肥育、妊娠、泌乳、劳役等方面。凡生产力高的畜禽其代谢强度大，体内分泌合成的营养物质多，因此产热多，故临界温度较低。例如，日产乳 9.5 kg 的乳牛，临界温度为 -6 ℃；而日产乳 19 kg 时，则下降到 -18 ℃。

（6）管理制度

管理制度不同，畜禽的临界温度不同。例如，地面保温性能好或有垫草、群养，可以减少畜禽的散热量，降低畜禽的临界温度值，增加畜禽的等热区范围。

（7）动物的适应性

生活在寒冷地区的畜禽，由于长期处于低温环境，其代谢率高，等热区较宽，临界温度较低。而炎热地区的畜禽恰好相反。

（8）其他气象条件

除了气温外，其他气象因素也可以影响畜禽的体热平衡，从而影响畜禽的等热区和临界温度。例如，在无风、没有太阳辐射、湿度适宜的条件测定的临界温度，与有风、有太阳辐射、潮湿的条件下测定的临界温度可以相差数倍。

3. 等热区和临界温度对生产实践的指导意义

由于影响等热区和临界温度的因素很复杂，对于不同种类、年龄、体重、生产力、被毛状态的畜禽应分别采用不同饲养管理措施。因此，等热区和临界温度是制订饲养管理方案和设计畜禽舍的重要依据。

各种畜禽在等热区内，代谢率最低，产热量最少，饲料利用率、生产性能、抗病力均较高，饲养成本最低，经营畜牧业最为有利。因此，等热区和临界温度为畜禽舍内环境温度调控提供参考。

在某些地区，如果单纯追求畜禽舍温度应达到等热区，可能会引起较高的投资或运营成本。有时略微放宽这一范围，可能对生产性能影响并不太大，而投资和生产成本下降较多。因此，生产中常常会选用略宽于等热区的生产适宜温度范围更切合实际。

（四）畜禽的适宜温度

受自然条件和人为因素所限，畜禽场很难将环境温度准确控制在等热区范围内；一般根据畜禽种类、地区条件、动物品种和年龄阶段等对空气温度的要求而定，各种畜禽生产环境界限和适宜温度范围各异（表1-2至表1-5）。

表1-2 奶牛舍内最适温度、最低温度和最高温度

单位：℃

牛舍类别	最适温度	最低温度	最高温度
成母牛舍	9～17	2～6	25～27
产房	15	10～12	25～27
哺乳犊牛舍	12～15	3～6	25～27
犊牛舍	10～18	4	25～27

表1-3 肉牛的适宜温度范围及生产环境温度

单位：℃

种类	适宜温度范围	生产环境温度	
		低温	高温
犊牛	13～25	≥5	≤30～32
肥育牛	4～20	≥-10	≤32
肥育阉牛	10～20	≥-10	≤30

表1-4 猪舍内空气温度和相对湿度

猪舍类别	空气温度/℃			相对湿度/%		
	舒适范围	高临界	低临界	舒适范围	高临界	低临界
种公猪舍	15～20	25	13	60～70	85	50
空怀妊娠母猪舍	15～20	27	13	60～70	85	50
哺乳母猪舍	18～22	27	16	60～70	80	50
哺乳仔猪保温箱	28～32	35	27	60～70	80	50
保育猪舍	20～25	28	16	60～70	80	50
生长育肥猪舍	15～23	27	13	65～75	85	50

表1-5 羊、鸡生产中较为可行的温度范围

单位：℃

畜禽名称	畜禽类别	生产中较为可行的温度范围	最适温度
羊	母绵羊	5～30	13
	初生羔羊	24～27	
	哺乳羔羊	10～25	10～15
鸡	蛋用母鸡	10～24	13～20
	肉用仔鸡	21～27	24

（五）气温对畜禽的影响

当气温高于最高温度或低于临界温度时，对畜禽的生理功能和生产性能都有不良影响，其影响程度取决于温度的高低和持续时间的长短。温度越高或越低，持续时间越长，则影响越大。

1. 气温与畜体的热调节

（1）高温时的热调节

①增加散热。当气温升高，但与体温仍有一定差距时，畜禽提高非蒸发散热量，维持体温恒定；当气温接近或等于皮肤温度时，非蒸发散热完全失效，全部代谢产热需依靠蒸发散热；如果气温高于皮肤温度，机体还以对流、辐射和传导的方式从环境得热，体温升高，机能障碍，出现"热射病"，最后衰竭死亡。

②减少产热。首先表现为采食量减少或拒食，生产力下降，肌肉松弛，嗜睡懒动，继而内分泌机能开始活动，最明显的是甲状腺分泌减少。

（2）低温时的热调节

与高温相反，随着气温的下降，皮肤血管收缩，减少皮肤的血液流量，皮温下降，使皮温与气温之差减少，汗腺停止活动，呼吸变深，频率下降，非蒸发和蒸发散热量都显著减少。同时，肢体蜷缩，群集，以减少散热面积，竖毛肌收缩，被毛逆立，以增加被毛内空气缓冲层的厚度。气温下降到临界温度以下，表现为肌肉紧张度提高，颤抖，活动量和采食量增大。

2. 气温对畜禽生产力的影响

（1）气温对生长肥育的影响

畜禽都有最佳的生长、肥育环境温度，一般此时饲料利用率较高，生产成本较低。

鸡的适宜生长温度随日龄增加而下降，0～3 d 为 34～35 ℃，以后每周下降 2～3 ℃，到 18 d 为 26.7 ℃，32 日龄降到 18.9 ℃。生长鸡小范围的适当低温和变化，对生产不仅无害，反而使生长加快，死亡率下降，但饲料利用率会略下降。肉仔鸡从 4 周龄起，18 ℃生长最快，24 ℃饲料利用率最好，考虑到两者兼顾，以 21 ℃最为适合。

猪生长、肥育的适宜温度范围为 12～20 ℃，当气温超过 30 ℃，或低于 10 ℃时，增重率明显下降。牛的生长肥育温度以 10 ℃左右最佳。

（2）气温对繁殖的影响

畜禽的繁殖活动，除了受光照影响外，气温也是影响繁殖的一个重要因素。气温过高对许多畜禽的繁殖都有不良的影响。

①对种公畜的影响。正常条件下，公畜的阴囊有很强的热调节能力，使阴囊的温度低于体温 3～5 ℃。一般持续高温环境会引起精液品质下降，高温影响后 7～9 周才能使精液品质恢复正常水平。高温还会抑制畜禽的性欲。正因如此，盛夏之后，秋天配种效果常常很差。低温由于可促进新陈代谢，一般有益无害。

②对种母畜的影响。首先，高温能使母畜的发情受到抑制，表现为发情不明显或不发情。其次，高温还会影响受精卵和胚胎的存活率。高温对母畜生殖的不

良作用主要在配种前后，特别是在配种后胚胎附植于子宫前的若干天内，是引起胚胎死亡的关键时期。受精卵在输卵管内对高温很敏感，且在附植前容易受高温刺激而死亡。高温对母畜受胎率和胚胎死亡率影响的关键时期为：绵羊在配种后 3 d 内，牛在配种后 4～6 d，猪在配种后 8 d 内，受胎后 11～20 d 及妊娠 100 d 以后。

妊娠期处于高温季节的母畜，一般仔畜初生重较轻、体型较小，生活力较低，死亡率高。引起这一现象的原因是：在高温条件下，母体外周血液循环增加，为利于散热，而使子宫供血不足，胎儿发育受阻；高温母畜采食量减少，导致营养不良，胎儿初生重和生活力下降。

（3）气温对产蛋的影响

在一般的饲养管理条件下，各种家禽产蛋的适宜温度为 13～23 ℃，下限温度为 7～8 ℃，上限温度为 29 ℃，气温持续在 29 ℃以上，鸡的产蛋量下降，蛋重降低，蛋壳变薄。温度低于 7 ℃，产蛋量下降，饲料消耗增加，饲料利用率下降。

（4）气温对产奶量和奶品质的影响

①产奶量。牛的体型较大，其临界温度较低，特别是高产奶牛，可低达 -12 ℃。故一定程度的低温对牛的生产性能影响较小，而高温则影响较大。中国荷斯坦牛耐寒不耐热，采食量大，生产性能高，热增耗大，生产产热多；高温对其生产性能影响尤为突出。据统计，牛舍温度从 10 ℃逐渐升高到 41 ℃，其产乳量从 21 ℃开始明显下降，41 ℃时仅剩 15%；高产奶牛由于产热量大，则更为严重。

②奶质。气温升高，乳脂率下降。气温从 10 ℃上升到 29.4 ℃，乳脂率下降 0.3%。如果温度继续上升，产奶量将急剧下降，乳脂率却又异常地上升。一年中的不同季节，乳脂率的变化也较大，夏季最低，冬季最高。

3. 气温对畜禽健康的影响

（1）**免疫**

高温对鸡体液免疫和细胞免疫都有不良影响，结果因鸡受到热应激的持续时间而有差异，时间越长，恢复期也越长。由此可见，夏季出现免疫失败有时并不是疫苗质量问题，而是热应激的结果。此外，初生仔畜从初乳中获得免疫球蛋白而产生的被动免疫，在冷热应激时其水平有所下降，会降低幼畜的抵抗力。

（2）**直接致病作用**

气温引起的直接致病作用为非传染性，主要是冻伤、热痉挛、热辐射和日射病。放牧畜禽，低温可以导致羔羊肠痉挛。环境控制不良的畜禽舍，低温也会成为感冒、支气管炎、肺炎、肾炎等疾病的诱因。

（3）**间接致病作用**

适宜的温度和湿度适宜各种病原微生物和寄生虫的生存和繁殖，因而这时成为许多流行病与寄生虫病的高发季节。炎热的夏季可以使口蹄疫病毒失活，但低温有利于流感、牛痘和新城疫病毒的生存。这些疾病的流行趋势，虽然不是由气温直接导致，但是都与气温变化有关，所以应该在饲养管理中高度重视。

思政导学

全球科学家发出气候变暖预警，预计将频繁出现极端天气，不利于动物生产。特朗普称气候可能自行逆转，美国退出了巴黎协定。"中国现在致力于向世界提供国际公共产品，在应对气候变化方面发挥关键作用，深入参与全球环境治理。当今世界需要中国这样负责任的国家在全球生态环境议题中发挥引领作用。"联合国副秘书长如是说。

二、人员准备

人员分组，每组6人，明确职责分工。

任务角色	任务内容
组长：	任务：
组员1：	任务：
组员2：	任务：
组员3：	任务：
组员4：	任务：
组员5：	任务：

 任务筹划

（一）内容筹划

大气温度、畜禽舍温度的来源及变化规律，畜禽的等热区、临界温度与适宜温度，气温对畜禽的影响，制订育雏方案。

（二）流程筹划

①掌握大气温度、畜禽舍温度的来源及变化规律。
②根据畜禽的等热区与临界温度，清楚它们在生产中的适宜温度。
③通过学习气温对畜禽的影响，了解高、低温下畜禽的生产情况。
④按照任务中的要求，制订育雏方案。

 任务实施

步骤一：

步骤二：

步骤三：

步骤四：

任务检测

请扫码答题

任务评价

工作任务完成过程评价

班级：_____ 组别：_____ 姓名：_____

项目	评分标准	自我评价	小组评价	教师评价
空气温度与畜禽生产（35分）	大气温度、畜禽舍温度的来源及变化（10分）			
	畜禽的等热区、临界温度与适宜温度（15分）			
	气温对畜禽的影响（10分）			
任务完成过程（40分）	能够根据工作任务分析并制订工作思路（10分）			
	查找资料、认真思考、积极动手动脑（10分）			
	团队协作良好，交流合作默契，互帮互助（10分）			
	小组分工明确，通过小组讨论与再学习较好地完成任务（10分）			
方案制订（15分）	能很好地展示实践成果（5分）			
	整体的效果（很好10分，较好7~9分，一般为3~6分，较差为0~2分）			
思政素养表现（10分）	根据畜禽的等热区与临界温度，学会科学控制生产适宜温度，进而保证动物福利（5分）			
	培养学生解决生产实际问题的能力，增强学生服务"三农"的理想信念（5分）			
合计				

（续表）

自我评价与总结	
教师点评	

任务五　空气湿度与畜禽生产

任务导入

2023年9月下旬，福州某鸡场接到气象部门通知，最近一段时间，北方冷空气将南下，强大的冷气团将带来低温环境，清晨最低温度甚至不足15 ℃。从20日起，近5天来日温差都超过7 ℃，5天的温差数据分别是：8.1 ℃、7 ℃、8.7 ℃、7.5 ℃、7.1 ℃。2023年10月，最低湿度40%左右，个别天数最低湿度只有20%左右。气象观测人士说，这种低湿度是很少见的。想一想，该气象环境因素对鸡场有什么不利影响？

请你结合该案例，制订一个应急预案，内容涵盖：应对不良气候影响的措施，鸡场管理中的注意事项等。

任务工单

班级：_____　　姓名：_____　　学号：_____

任务名称	制订应急预案
任务描述	根据实际情况，填写本任务的内容、目的、流程和方法。 任务内容：以上述任务为例，结合专业知识，简单制订一个应急预案。 任务目的：通过本次任务学习，明白空气湿度、畜禽舍湿度的来源及变化规律，掌握湿度的表示方法，清楚气湿对畜禽的影响，从而学会灵活调控生产中的湿度不适问题。 任务流程：查阅资料信息，分组调查研究，小组讨论分析，制订应急预案。 任务方法：查阅资料、给出建议。

（续表）

获取信息	要完成任务，需要掌握相关的知识。请收集资料，回答以下问题。 1. 空气湿度的表示方法。 2. 空气湿度、畜禽舍湿度的来源及变化规律。 3. 气湿对畜禽的影响。 4. 畜禽舍的适宜湿度标准。
制订计划	
任务实施	按照预先制订的工作计划，完成本任务，并记录任务实施过程。 | 序号	完成的任务	遇到的问题	解决办法 | |---|---|---|---| | | | | | | | | | | | | | | | | | | | |

任务准备

一、知识准备

（一）空气湿度的表示方法

空气在任何状态下都含有水汽。表示空气中含有水汽多少的物理量称为空气湿度，简称气湿。空气湿度通常用下列几个指标表示。

1. 水汽压

空气是由含水汽在内的多种气体组成的。每一种气体都有一定的分压。

大气压是由各种气体分压的综合作用形成的。由水汽所产生的那部分压强称为水汽压。水汽压不容易被测得，一般都是通过间接计算得出来的。水汽压的单位用"Pa"表示。

在特定温度条件下，一定体积空气中能容纳水汽分子的数量有一个最大值，超过这个最大值，多余的水汽就会凝结为液体或固体。该值随空气温度的升高而增大。当大气中水汽达到最大值时，称为饱和空气，这时的水汽压称为饱和水汽压（表1-6）。

表1-6 在不同温度下的饱和水汽压

温度/℃	-10	-5	0	5	10	15	20	25	30	35	40
饱和水汽压/Pa	287	421	609	868	1 219	1 689	2 315	3 136	4 201	5 570	7 316

2. **绝对湿度**

绝对湿度指单位体积的空气中所含的水汽质量，单位为 g/m^3。它直接表示空气中水汽的绝对含量。

3. **相对湿度**

相对湿度即空气中实际水汽压与同温度下饱和水汽压之比，以百分率来表示。相对湿度说明水汽在空气中的饱和程度，是一个常用的指标。

相对湿度 = 空气中实际水汽压 / 同温度下的饱和水汽压 × 100%

4. **饱和差**

饱和差指一定的温度下饱和水汽压与同温度下的实际水汽压之差。饱和差越大，表示空气越干燥，饱和差越小，则表示空气越潮湿。

5. **露点**

空气中水汽含量不变，且气压一定时，因气温下降，使空气达到饱和，这时的温度称"露点"。空气中水汽含量越多，则露点越高，否则反之。

（二）气湿的来源与变化

1. **气湿的来源**

大气中的水汽来源于水面、地表及植物叶面蒸发；畜禽舍内水汽的来源通常为畜禽机体蒸发的水汽（70%～75%），舍内水面及潮湿的地板、垫料等蒸发的水汽（20%～25%），外界进入舍内的水汽（10%～15%）。畜禽舍内空气湿度通常高于外界空气湿度，密闭式畜禽舍水汽含量常比外界大气中高出很多。在夏季，舍内外空气交换较充分，湿度相差不大。

2. **气湿的变化**

大气中的水汽主要来源于地面的蒸发，其蒸发量受气温的影响比较大。所以在一年中绝对湿度在7月最大，在一天14点以后最大。相对湿度则刚好相反，一般最大值在冬季和清晨，相对湿度达到饱和值便出现雾、霜、露。在我国，相对湿度还受到季风的影响，有的地方相对湿度最大值会出现在夏季。

在标准状态下，干燥空气与水汽的密度比为1∶0.623，水汽的密度较空气小。在封闭式畜禽舍的上部和下部的湿度均较高。因为下部由畜体和地面水分的不断蒸发，较轻暖的水汽又很快上升，而聚集在畜禽舍上部。舍内温度低于露点时，空气中的水汽会在墙壁、窗户、顶棚、地面等物体上凝结，并渗入进去，使建筑物和用具变潮；温度升高后，这些水分又从物体中蒸发出来，使空气湿度升高。畜禽舍温度低时，易使舍内潮湿，舍内潮湿也会影响畜禽舍保温。

（三）气湿对畜禽的影响

1. 气湿对热调节的影响

空气湿度对畜禽的影响与环境温度有着密切的关系。在舒适区内，空气湿度对畜体的热调节没有影响；但也应控制空气湿度。例如，湿度过低会在舍内形成过多的灰尘，易引起呼吸道疾病；湿度过高会使病原体易于繁殖，使畜禽易患疥癣、湿疹等皮肤病，也会降低畜禽舍和舍内机械设备的寿命。所以，一般要求畜禽舍内的相对湿度以50%~80%为宜。但在高温或低温时，气湿对畜禽的热调节有密切关系，主要影响畜体的散热过程。

（1）气湿对蒸发散热的影响

在高温时，畜体主要依靠蒸发散热，而蒸发散热量和畜体蒸发面（皮肤和呼吸道）的水汽压与空气水汽压之差成正比。畜体蒸发面的水汽压决定于蒸发面的温度和潮湿程度，皮温越高，越潮湿（如出汗），则水汽压越大，越有利于蒸发散热。如果空气的水汽压升高，畜体蒸发面水汽压与空气水汽压之差减小，则蒸发散热量亦减少，因而在高温、高湿的环境中，畜体的散热更为困难，加剧了畜禽的热应激。

（2）气湿对非蒸发散热的影响

畜禽在低温环境中，主要通过辐射、传导和对流等方式散热，并力图减少热量散失，以保持热平衡。由于潮湿空气的导热性和热容量比干燥空气大，潮湿空气又善于吸收畜体的长波辐射热，而且，在高湿环境中，畜禽的被毛和皮肤都能吸收空气中水分，提高了被毛和皮肤的导热系数，降低了体表的阻热作用，所以在低温高湿的环境中较在低温低湿环境中，非蒸发散热量显著增加，使机体感到更冷。对这一点，幼龄畜禽更为敏感。例如，冬季饲养在湿度较高舍内的仔猪，体重偏低，且易引起下痢、肠炎等疾病。

由此可知，高湿是影响动物体散热的主要因素之一，寒冷时使其增强，炎热时使其受抑制，这就破坏了动物的体热代谢。而相对湿度较低则可缓和畜禽的应激。

（3）气湿与热平衡

在低温环境中，动物机体可提高代谢率以维持热平衡，一般湿度高低对体温没有影响，但在高温时，同时高湿会抑制蒸发散热，可引起体温更进一步上升，易使畜禽患热射病。

据试验，在1.1~4.4 ℃的低温中，相对湿度在47%~91%的范围内，牛的体温都正常；但在23.9~37.8 ℃的高温中，温度升高，泌乳黑白花牛在高湿环境中，气温26.7 ℃以上，体温迅速上升，采食量和体重明显下降（表1-7）。

在35 ℃的高温中，相对湿度自57%升高到78%，公羊的体温升高0.6 ℃，睾丸温度升高1.2 ℃。可见湿度升高，显著抑制了阴囊皮肤的蒸发散热。

气温在29.4 ℃以下，相对湿度对母鸡的体温没有影响。在32.2 ℃，相对湿度超过55%时，体温开始上升。在38 ℃中经7 h，如果相对湿度超过75%，体温升到

47.8 ℃，与气温 43.1 ℃，相对湿度 55% 时相同，已濒临死亡。

表 1-7　湿度对泌乳黑白花牛热平衡和饲料消耗的影响

温度 /℃	相对湿度 /%	体温变化 /℃	总消化养分消耗量变化 /（kg/d）
26.7	30	+0.1	-0.24
26.7	80	+0.6	-0.67
32.2	20	+0.5	-0.56
32.2	40	+1.3	-1.86

2. 气湿对畜禽生产力的影响

（1）生殖

据试验，在 7—8 月平均最高气温超过 35 ℃ 时，牛的繁殖率与相对湿度为明显的负相关，到 9 月和 10 月，气温下降至 35 ℃ 以下时，高湿对繁殖率的影响很小。

（2）生长和肥育

适宜温度下 30～100 kg 体重的猪，相对湿度从 45% 上升到 95%，对其增重和饲料消耗均无影响。但在高温时，气湿的这一变化，可能导致平均日增重下降 6%～8%。犊牛在低温中，相对湿度从 75% 升高到 95%，增重和饲料利用率均显著下降，分别为 14.4% 和 11.1%。过低的气湿，对雏鸡羽毛生长不利。

（3）产奶量和奶的组成

气温在 23.9 ℃ 以下，湿度的高低对牛的产奶量、奶的组成、饲料和水的消耗以及体重等均无影响。但若在此温度以上，相对湿度升高时，荷兰牛、娟姗牛等的产奶量和采食量都下降，当温度下降到 18.3 ℃ 时，采食量又迅速恢复。

产奶量下降的同时，乳脂率也降低，在气温 26.7 ℃、相对湿度 80%，或气温 32.2 ℃、相对湿度 50% 时，非脂固形物的含量均显著下降。但温度对乳糖含量的影响很小。

（4）产蛋量

冬季相对湿度在 85% 以上，对产蛋有不良的影响。产蛋鸡所需的适宜温度与湿度呈负相关。在温度适宜时，相对湿度在 60%～70% 为宜。

3. 气湿对畜禽健康的影响

（1）高湿

在高湿的环境下，机体的抵抗力减弱，发病率增加，易引起传染病的蔓延。气湿高适合病原性真菌、细菌和寄生虫的生长繁殖，从而使畜禽易患螨病、湿疹等皮肤病，高湿还适合秃毛癣菌丝的生长繁殖，在畜群中发生和蔓延。

高温、高湿还易造成饲料、垫料的霉败，可使雏鸡群暴发霉菌毒素中毒。高湿还有利于球虫病传播。在低温高湿的条件下，畜禽易患各种呼吸道疾病、感冒性疾患，神经炎、风湿病、关节炎等也多在低温高湿的条件下发生。

（2）低湿

干热的空气能加快畜禽皮肤和裸露黏膜（眼、口、唇、鼻黏膜等）的水分蒸发，造成局部干裂，从而减弱皮肤和黏膜对微生物的防卫能力。相对湿度在40%以下时，也易发生呼吸道疾病。湿度过低，是家禽羽毛生长不良的原因之一，而且容易发生啄癖。

对动物的生理机能来说，50%～70%的相对湿度是比较适宜的。牛舍用水量大，可放宽到85%。

（四）畜禽舍的适宜湿度标准

畜禽舍内湿度过低，空气变得干燥，会产生过多的灰尘，易引起呼吸道疾病；湿度过高会使病原体易于繁殖，使畜禽易患疥癣、湿疹等皮肤病，同时会降低畜禽舍和舍内机械设备的寿命。根据畜禽的生理机能，一般情况下，50%～70%的相对湿度是比较适宜的，最高不超过75%，牛舍用水量大，可放宽到85%；相对湿度低于40%时为低湿环境，高于85%时为高湿环境。不管是高湿环境还是低湿环境，对畜禽健康均有不良影响。

思政导学

保持适宜的湿度环境对畜禽健康至关重要。合理的湿度控制不仅可以减少疾病的发生，还能提高畜禽的生产性能和经济效益。因此，养殖者应充分认识到湿度控制的重要性，根据畜禽的生长需要和环境条件，制订合理的湿度调节方案，确保畜禽的健康生产和人类的食品安全。特别是当出现极端天气或突发事件导致湿度异常时，强调应采取紧急措施进行处理，确保畜禽免受损害。同时，重点培养学生观察、分析、解决生产实际问题的能力，树立学生保护关爱动物、珍惜生命的意识，带头践行人与自然和谐发展的生态理念。

二、人员准备

人员分组，每组6人，明确职责分工。

任务角色	任务内容
组长：	任务：
组员1：	任务：
组员2：	任务：
组员3：	任务：
组员4：	任务：
组员5：	任务：

任务筹划

（一）内容筹划

空气湿度的表示方法，大气湿度、畜禽舍湿度的来源及变化规律，气湿对畜禽的影响，畜禽舍的适宜湿度标准。

（二）流程筹划

①掌握空气湿度的表示方法。

②了解空气湿度、畜禽舍湿度的来源及变化规律。

③熟悉气湿对畜禽影响的主要机制、表现形式。

④按照畜禽的实际需要，能够灵活调控生产中的湿度不适问题。

任务实施

步骤一：

步骤二：

步骤三：

步骤四：

任务检测

请扫码答题

任务评价

工作任务完成过程评价

班级：＿＿＿＿＿＿＿＿＿＿　组别：＿＿＿＿＿＿＿＿＿＿　姓名：＿＿＿＿＿＿＿＿＿＿

项目	评分标准	自我评价	小组评价	教师评价
空气湿度与畜禽生产（35分）	空气湿度的表示方法（10分）			
	空气湿度、畜禽舍湿度的来源及变化（15分）			
	气湿对畜禽的影响（10分）			

（续表）

项目	评分标准	自我评价	小组评价	教师评价
任务完成过程（40分）	能够根据工作任务分析并制订工作思路（10分）			
	查找资料、认真思考、积极动手动脑（10分）			
	团队协作良好，交流合作默契，互帮互助（10分）			
	小组分工明确，通过小组讨论与再学习较好地完成任务（10分）			
预案制订（15分）	能很好地展示实践成果（5分）			
	整体的效果（很好10分，较好7~9分，一般为3~6分，较差为0~2分）			
思政素养表现（10分）	根据气湿的来源和变化规律，清楚湿度控制的主要措施，学会科学保持畜禽舍生产的适宜湿度，进而保证动物福利（5分）			
	培养学生解决生产实际问题的能力，树立学生保护动物、尊重生命的素养和意识（5分）			
合计				

自我评价与总结	
教师点评	

任务六　气流、气压与畜禽生产

任务 导入

恒祥养牛场地处青海省西宁市湟源县波航乡石乃湾村，当地全年气温较低、年平均气温为 3 ℃，日温差较大，平均温度日较差达 16.5 ℃，四季盛行偏西北风，风多且强，历年平均风速为 1.8 m/s，风速最大的 3 月平均为 2.9 m/s，最小的 8 月为 1.2 m/s，春季最大风速为 2.9 m/s，年平均大风日数为 25 d。想一想，该气象环境因素对牛有什么不利影响？

请你结合该地区特点，制订一个牛场布局设计及饲养管理方案，内容涵盖：应对不良气候影响的措施，牛场管理中的注意事项等。

任务 工单

班级：_____　　　姓名：_____　　　学号：_____

任务名称	制订牛场设计及管理方案
任务描述	根据实际情况，填写本任务的内容、目的、流程和方法。 任务内容：以上述案例为例，结合专业知识，简单制订一份牛场设计及管理方案。 任务目的：通过本次任务学习，掌握气流的产生过程和流动规律，了解畜禽舍气流的标准，熟悉气流、气压对畜禽健康生产的影响，能够灵活解决生产中的气流气压引起的各类问题。 任务流程：查阅资料信息，分组调查研究，小组讨论分析，制订牛场设计及管理方案。 任务方法：查阅资料、给出建议。
获取信息	要完成任务，需要掌握相关的知识。请收集资料，回答以下问题。 1. 气流的产生和变动。 2. 气流对畜禽的影响。

（续表）

获取信息	3. 畜禽舍内气流标准。 4. 气压对畜禽的影响。
制订计划	
任务实施	按照预先制订的工作计划，完成本任务，并记录任务实施过程。 | 序号	完成的任务	遇到的问题	解决办法
---	---	---	---

任务 准备

一、知识准备

（一）气流的产生和变动

1. 气流的产生及描述

（1）气流的产生

气流俗称为风，指空气经常处于流动状态。空气流动的主要原因是两个相邻地区的温度差异造成的气压差。气温高的地区，气压较低；气温低的地区，气压较高。高压地区的空气向低压地区流动，这种空气的水平移动称为风。

（2）气流的描述

气流的状态通常用"风速"和"风向"来表示。

风速是指单位时间内，空气水平移动的距离，单位是 m/s。风速的大小与两地区气压差成正比，与两地的距离成反比。

风向是指风吹来的方向，常以 8 个或 16 个方位来表示。我国大部分处于亚洲东南季风区。夏季，大陆气温高、气压低，而海洋气温低、气压高，故在夏季盛行东南风，同时带来潮湿空气，较为多雨；冬季，大陆气温低、气压高，海洋气温高、气压低，故多西北风。此外，西南地区还受季风的影响，夏季吹西北风，冬季吹东北风。西北风较干燥，东北风多雨雪。

（3）风向频率及风向频率图

风向是经常发生变化的，如果长期观察风向，就可以找出某种风向的频率。风向频率是指某风向在一定时间内出现的次数占各风向在该时间内出现总次数的百分比。在实际应用中，常用一种特殊的图形表示各种风向的频率情况，这种图形称为"风向频率图"（图 1-3）。

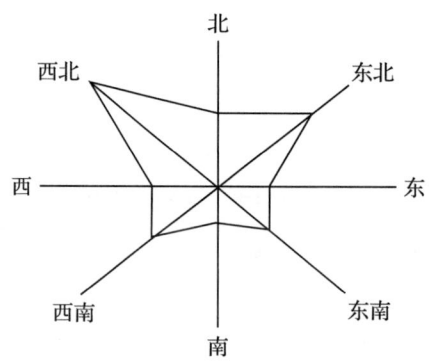

图 1-3 某地冬季风向频率图

风向频率图即将某一地区、某一时期内（全年、全季、全月）全部风向次数的百分比，按罗盘方位绘出的几何图形。它的做法是在 8 条或 16 条中心交叉的直线上，按罗盘方位，把一定时期内各种风向的次数用比例尺以绝对数或百分率画在直线上，然后把各点用直线连接起来。如此得出的几何图形，就是风向频率图。

风向频率图一般表明某一地区一定时间内的主导风向，为选择畜禽场场址、畜禽场功能分区规划、畜禽舍朝向及畜禽舍门窗设计等提供参考依据。

2. 畜禽舍内气流的产生与变动

畜禽舍内外，由于温度高低和风力大小的不同，使畜禽舍内外的空气通过门、窗、缝隙等通气口进行自然交换，发生空气的内外流动。在畜禽舍内因畜禽的散热和蒸发，使温暖而潮湿的空气上升，周围较冷的空气来补充而形成舍内的对流。舍内空气流动的速度和方向，主要取决于畜禽舍结构的严密程度和畜禽舍的通风方式，尤其是机械通风。此外，舍内围栏的材料和结构、笼具的配置等对气流的方向和速度有一定影响。机械通风时，叠层笼养鸡舍因笼具遮挡可导致风速下降 5%～10%。

3. 气压

包围在地球表面的大气层，以其本身的质量对地球表面产生一定的压力，这种压力称为气压。通常将纬度 45° 的海平面上，温度为 0 ℃时的大气压力作为标准气压，1个标准气压具有 1.01×10^5 Pa 的压力，相当于 1 cm^2 表面上承受 1 033.32 g 的质量。

气压的大小决定于空气密度和地势的高低。由于空气的密度和大气层的厚度随地势升高而降低，一般每上升 10.5 m，气压下降 133.32 Pa。

气压的变化亦受地面温度改变的影响。当地面温度增高时，引起附近的空气膨胀，密度减少，导致气压下降。在一昼夜中气压变动范围 66.66～266.64 Pa，这种变化是在气温的变化下产生的。同一地区气压的年变化不显著。

（二）气流对畜禽的影响

1. 对热调节的影响

（1）高温

高温时气流有利于畜禽对流散热和蒸发散热，缓和高温对畜禽的影响。如气温为 32.7 ℃时，风速由 1.1 m/s 增加到 1.6 m/s，鸡只的产蛋率提高 18.5%；气温为 21.1～35.0 ℃时，气流由 0.1 m/s 增至 2.5 m/s，可使小鸡增重 38%。因此，高温时加大气流速度对畜禽体的热调节有利。

（2）低温

低温时气流促进畜禽的对流散热，能耗增多，降低畜禽对饲料的利用率，甚至使生产性能下降。研究表明，仔猪在低于临界温度（如 18 ℃）时，风速由 0 m/s 增加到 0.5 m/s，生长率和饲料利用率下降 15% 和 25%。气温为 2.4 ℃的鸡舍，气流由 0.25 m/s 增加到 0.5 m/s，产蛋率由 77% 下降到 65%，平均蛋重由 65 g 降为 62 g。因此，低温时加大气流不利于畜体的热调节。

2. 对生产性能的影响

（1）生长和肥育

气流对畜禽肥育性能的影响，取决于气温，即在低温环境中增大风速，畜禽要增加物质能量代谢，增加产热量即增加维持代谢而降低生产性能。例如，仔猪在低于下限临界温度 18 ℃的气温中，风速由 0 m/s 增加到 0.5 m/s，生长率和饲料利用率分别下降 15% 和 25%。在高温环境中增大气流会提高采食量和生产性能。例如，在 31 ℃高温中，加大风速提高牛的采食量和生长率，也能显著提高牛的体重和饲料利用率（表 1-8）。在高温环境中，增加气流速度，可提高畜禽生长和肥育速度。

表 1-8 高温时风速对牛增重的影响

项目	季节及气象条件			
	夏季		夏季	
	平均气温 32.4 ℃，相对湿度 40%		平均气温 31.3 ℃，相对湿度 36%	
平均风速 /（m/s）	0.28	1.58	0.28	1.56
平均日增重 /kg	0.64	1.06	0.85	1.09
平均日耗料 /kg	7.81	9.73	8.35	8.72

（2）产蛋性能

在低温环境中，增加气流速度，可使蛋鸡产蛋率下降（表1-9）；在高温环境中，增加气流，可提高产蛋率。

表1-9 低温时风速对蛋鸡生产性能的影响

平均气温/℃	风速/（m/s）	采食量/（g/d）	产蛋率/%	平均蛋重/g	日平均产蛋重/（g/d）	料蛋比
0.24	0.25	121	76.7	64.5	49.4	2.46∶1
	0.50	115	64.8	61.7	40.1	2.87∶1
12.4	0.25	111	79.7	64.6	51.5	2.16∶1
	0.50	120	76.5	65.5	50.1	2.40∶1

（3）产奶量

在适宜温度条件下，风速对奶牛产奶量无显著影响。例如，气温在26.7 ℃以下、相对湿度为65%时，风速为2.0～4.5 m/s，对欧洲牛及印度牛的产乳量、饲料消耗和体重都没有影响；但在高温环境中，增大风速，可减小高温对奶牛产奶量的影响。例如，与适宜温度相比较，在29.4 ℃高温环境中，当风速为0.2 m/s时，产奶量下降10%；但当风速增大到2.2～4.5 m/s，奶牛产乳量可恢复到原来水平。

3. 对畜禽健康的影响

气流对畜禽健康的影响主要出现在寒冷环境中。应注意两方面的问题，即对舍饲畜禽应注意严防贼风；对放牧畜禽应注意严寒中的避风，特别是夜间。

贼风是在畜禽舍保温条件较好，舍内外温差较大时，通过墙体、门、窗的缝隙，侵入的一股低温、高湿、高风速的气流。这股气流比周围舍温低，湿度可接近或达到饱和，风速比周围舍内气流大得多，易引起畜禽关节炎、神经炎、肌肉炎等疾病，甚至引起冻伤。故民谚中有"不怕狂风一片，只怕贼风一线"的说法。防止"贼风"通常采用堵塞屋顶、天棚、门窗上的一切缝隙，避免在畜床部位设置漏缝地板，注意进气口的设置，防止冷风直接吹袭畜禽体。低温潮湿的气流促使畜禽体大量散热，使热增耗增多，导致畜禽机体免疫力下降，对疾病的抵抗力降低，容易诱发各种疾病，如鸡新城疫、仔猪下痢、感冒甚至肺炎，增加幼畜禽的死亡率。

（三）舍内气流标准

一般来讲，冬季畜禽体周围的气流速度以0.1～0.2 m/s为宜，最高不超过0.25 m/s。在密闭性较好的畜禽舍，气流速度不难控制在0.2 m/s以下，但封闭不良的畜禽舍，有时可达0.5 m/s以上。值得注意的是，严寒地区为了追求保暖，冬季常将门窗密闭，甚至将通风口也封闭起来，因而舍内空气停滞、污浊，反而给人和畜禽带来不良影响。畜禽舍内的气流速度，能反映畜禽舍的换气程度。例如气流速度为 0.01～0.05 m/s，说明畜禽舍的通风换气不良；相反，大于 0.4 m/s，则说明舍内有风，对保温不利。在炎热的夏季，应当尽量加大气流或用风扇加强通风，风速一般要求不低于 1 m/s，机械通风的畜禽舍风速不应超过 4 m/s。

（四）气压对畜禽的影响

引起天气变化的气压改变，对畜禽没有直接影响。只有在高海拔或低海拔地区，气压垂直分布发生显著差异时，才对畜禽的健康和生产力有明显的影响。

随着海拔的升高，空气的压力及组成空气的每一种气体成分都逐渐降低，其中主要是氧的分压降低，氧的绝对量减少。对于尚未适应的畜禽，就会因组织缺氧和气压的机械作用，产生一系列的症状，即高山病。一般从海拔 3 000 m 开始表现出来，在 5 000 m 左右较为明显。

高山病的表现：缺氧时，大脑皮层工作能力降低，畜禽出现全身软弱无力，运动机能障碍、嗜睡等；出现代偿性反应，呼吸次数和呼吸量增多，发生喘息；心脏机能亢进，脉搏增加，血管扩张，毛细血管渗透性增加，鼻腔和呼吸道黏膜破裂出血；食欲减退，消化不良，肠道内气体膨胀、腹痛。

在海拔 3 000 m 以上的山区或高原地区，进行季节放牧或引种时，需要通过逐渐过渡，促使畜禽对缺氧环境的逐渐适应。

思政导学

"不怕狂风一片，只怕贼风一线"。畜禽生产中切忌产生贼风，要注意堵好畜禽舍屋顶、天棚、门、窗等处的一切缝隙；寒冷季节应注意对漏缝地板进行防护。所以，养殖人员在生产中一定要认真观察畜禽动向，对出现的缝隙漏洞要及时修补，进而确保畜禽的健康生产。

二、人员准备

人员分组，每组 6 人，明确职责分工。

任务角色	任务内容
组长：	任务：
组员 1：	任务：
组员 2：	任务：
组员 3：	任务：
组员 4：	任务：
组员 5：	任务：

任务 筹划

（一）内容筹划

气流的产生和变动，气流对畜禽的影响，舍内气流标准，气压对畜禽的影响。

（二）流程筹划

①掌握气流的产生和变动。

②了解气流对畜禽的影响。

③熟悉气压对畜禽的影响。

④按照舍内气流标准和畜禽实际需要，能够灵活解决生产中的气流不适问题。

 任务 实施

步骤一：

步骤二：

步骤三：

步骤四：

任务 检测

请扫码答题

任务评价

工作任务完成过程评价

班级：_____　　组别：_____　　姓名：_____

项目	评分标准	自我评价	小组评价	教师评价
气流、气压与畜禽生产（35分）	气流的产生和流动（10分）			
	气流、气压对畜禽的影响（15分）			
	畜禽舍内标准气压（10分）			
任务完成过程（40分）	能够根据工作任务分析并制订工作思路（10分）			
	查找资料、认真思考、积极动手动脑（10分）			
	团队协作良好，交流合作默契，互帮互助（10分）			
	小组分工明确，通过小组讨论与再学习较好地完成任务（10分）			
方案制订（15分）	能很好地展示实践成果（5分）			
	整体的效果（很好10分，较好7～9分，一般为3～6分，较差为0～2分）			
思政素养表现（10分）	根据气流的产生和流动规律，学会科学设计畜舍、有效调控舍内气流，同时保证畜禽舍内的标准气压，使畜禽能够健康生产（5分）			
	培养学生解决生产实际问题的能力，树立学生保护动物、尊重生命的素养和意识（5分）			
合计				
自我评价与总结				
教师点评				

任务七　气象因素综合作用

夏季 A、B 两头公牛连续测定 30 d，其平均体温变化如下。

单位：℃

牛号	日出前		14 时	
	气温	体温	气温	体温
A	26.7	38.6	36.3	39.52
B	26.7	38.9	36.3	39.65

请你结合任务内容，试比较两头牛的耐热性。

班级：_____　姓名：_____　学号：_____

任务名称	牛耐热性的比较
任务描述	根据实际情况，填写本任务的内容、目的、流程和方法。 任务内容：以上述案例为例，结合专业知识，简单计算并比较两头牛的耐热性大小。 任务目的：通过本次任务学习，掌握气温、气湿和气流之间的关系，了解主要气象因素综合评价指标，熟悉主要气象因素对畜禽的综合影响，利用畜禽对温热环境适应性的评定，科学分析生产中的疑难问题。 任务流程：查阅资料信息，分组调查研究，小组讨论分析，比较牛耐热性。 任务方法：查阅资料、给出建议。
获取信息	要完成任务，需要掌握相关的知识。请收集资料，回答以下问题。 1. 气温、气湿和气流之间的关系。 2. 主要气象因素综合评价指标。

(续表)

获取信息	3. 主要气象因素对畜禽的综合影响。 4. 畜禽对温热环境适应性的评定。
制订计划	
任务实施	按照预先制订的工作计划，完成本任务，并记录任务实施过程。 | 序号	完成的任务	遇到的问题	解决办法
---	---	---	---

任务准备

一、知识准备

（一）气温、气湿和气流之间的关系

在自然条件下，气象诸因素对畜禽健康和生产力的作用是综合的。各因素之间既相辅相成又相互制约。在气象诸因素中，气温、气湿和气流是三个主要因素，其中任何一个因素的作用，都会受到其他两个因素的影响。例如，高温、高湿而无风，是最炎热的天气；低温、高湿、风速大，是最寒冷的天气。如果是高温、低湿而有风或者是低温、低湿而无风，则后面的两个因素对前面的一个因素产生制约作用，使高温或低温的作用显著减弱。所以在评定气象因素对畜禽的影响时，应该综合考虑。当某一因素发生变化时，为了保持畜禽的健康和生产力，就必须调整其他因素。例如，当气温升高时，就必须加强通风或降低湿度，必要时两者同时进行。至于太阳辐射，低温时，无论湿度和风速如何，都对畜禽减少辐射散热有利。高温时，无论湿度和风速如何，都对畜禽辐射散热不利。

在气象诸因素中，气温是核心因素，因为它对当时空气物理环境条件起决定性作用。所以，在阐述某种气象因素的作用时，都要以当时的气温为前提，没有这一前提，就不易说明该因素的作用。

（二）主要气象因素综合评价指标

单一评定某因素对畜禽的热调节、生产力或健康的影响，是不科学的。必须对几个温热因素进行综合评定。

1. 有效温度（ET）

亦称实感温度。在人类卫生学中，它是根据气温、气湿、气流三个主要温热因素对人综合作用时，以人的主观感觉为基础而制订的一个指标。当风速为零时，相对湿度为100%时，有效温度为17.8 ℃；如果相对湿度为80%，风速为1 m/s，则有效温度为23.5 ℃。在这两个环境条件下，人有同样的舒适感，如表1-10所示。

表1-10 在不同湿度和风速下穿着正常的人的有效温度

单位：℃

相对湿度 /%	气流速度 /（m/s）				
	0	0.25	0.5	1.00	2.00
100	17.8	19.6	21.0	22.6	25.3
90	18.3	20.1	21.4	23.1	25.7
80	18.9	20.6	21.9	23.5	26.6
70	19.5	21.1	22.4	23.9	26.6
60	20.1	21.7	22.9	24.4	27.0
50	20.7	22.4	23.5	25.0	27.4
40	21.4	23.0	24.1	25.3	27.8
30	22.3	23.6	24.7	26.0	28.2

同样，当风速为0，相对湿度为100%，温度为17.8 ℃，这时的温热感觉与相对湿度70%，风速0.5 m/s，温度为22.4 ℃时的温热感觉也相同，可见，它们的有效温度都是17.8 ℃。

有效温度在一定程度上能反映气温、气湿、气流三个气象因素的综合作用，并且用一个数字表示出来，故使用方便，也便于对不同综合气象条件进行互相比较，当需要对畜禽舍内气象条件进行改善时，可灵活地运用其中任何一个因素加以调整。

2. 温湿度指标（THI）

又称不适指标。它是气温和气湿两者相结合来评价炎热程度的一个指标。原为美国气象局推荐用于测定人类在夏季某种天气条件下感到不舒适的一种简易方法。后来才普遍用于畜禽，特别是牛。计算公式为：

$$THI = 0.4(T_d + T_w) + 15$$

或
$$THI = T_d - (0.55 - 0.55\,RH)(T_d - 58)$$

或
$$THI = 0.55T_d + 0.2T_{dp} + 17.5$$

式中：THI——温湿度指标；

T_d——干球温度（°F [1]）；

T_w——湿球温度（°F）；

RH——相对湿度（%），式中相对湿度以小数计算；

T_{dp}——露点（°F）。

THI 数字越大表示热应激越严重。据美国实验，当 THI 为 70 时，有 10% 的人感到不舒服；到 75 时，有 50% 的人感到不舒服；到 79 时，则所有的人都感到不舒服；到 86 时，华盛顿国家机关停止办公。

据监测，THI 超过 69，欧洲牛乳牛即受到热压，表现为体温升高、采食量、生产力和代谢率下降；THI 在 69~76 时，奶牛经过一段时间的适应，产奶量会逐渐恢复正常。根据 THI 可用下面的公式估计荷兰牛产奶量的下降数量。

$$MDec = -2.370 - 1.736 \times NL + 0.02474 \times NL \times THI$$

式中：MDec——产奶量下降数量（kg）；

NL——正常的产奶量（kg）。

3. 风冷却指标

这是估计寒冷季节气温与风速结合时影响程度的一种指标。主要估计裸露皮肤的对流散热量。即当温度不变，改变风速，空气使皮肤的散热量发生改变，这种散热能力称为风冷却力 [W/(m²·K)]。风冷却力的计算公式如下：

$$H = (\sqrt{100V} + 10.45 - V)(33 - T) \times 1.163$$

式中：H——风冷却力 [W/(m²·K)]；

V——风速（m/s）；

T——气温（℃）；

33——无风时的皮温（℃）。

风冷却力（H）对于评定畜禽生产中温热环境状况不够直观，但可按下式折算为无风时的冷却温度，即：

无风时的冷却温度（℃）= 33 - H/25.66 或

无风时的冷却温度（°F）= 9/5（33 - H/25.66）+ 32

例如，在 -15 ℃，风速为 6.71 m/s 时的散热量为 1 654.95 W/(m²·K)，则无风时的冷却温度（℃）= 33 - 1 654.95/25.66 = -31.5 ℃。

在畜牧业生产中，欧洲牛在冷却温度为 -6.8 ℃ 以下时出现冷应激。

（三）主要气象因素对畜禽的综合影响

1. 高温、高湿、无风（湿热的空气环境）

在畜禽舍较密闭和通风不良的夏季，以及运输畜禽的车厢和船舱等小气候环境表现为高温、高湿和无风。在这种环境中，机体散热受阻，易出现热射病，也适于

---

[1] 华氏温度是由德国人华伦海特制定的温度标记，符号 F，单位°F。华氏温度 = 摄氏温度 ×1.8+32。

寄生虫的繁殖。

2. 低温、高湿、有风（湿冷的风）

如雨后的放牧地和畜禽舍保温不良、通风不合理时，易出现低温、高湿、大风，这时机体散热显著增加，机体感到过冷，常引发生感冒或风湿性疾患，并由于被迫提高产热使饲料消耗增大。

3. 低温、高湿、无风（湿冷的空气环境）

这种气候常发生于畜禽舍保温或通风不良时。此时空气呆滞而潮湿污浊，机体处于湿冷的环境，散失热量大，热代谢失调，常引起感冒或幼畜的非细菌性腹泻。

4. 低温、低湿、有风（干冷的风）

在这种环境下，机体主要受风的影响较大。干冷的风吹向畜体皮肤毛层的缓冲空气层，使皮温显著降低，其后果与湿冷的空气环境所引起的状况相似。特别对老、弱、病、幼等抵抗力较差的畜禽，由于低温的强烈刺激，破坏了机体的热平衡，使体况更加恶化，甚至引起疾病和死亡。

5. 高温、低湿、有风（干热的风）

这种气候主要发生在内陆的夏季，畜禽机体的水分蒸发量加大，促进了热的散发，也减慢了体内热的产生，当气温接近体温时，机体散热完全由水分蒸发完成。

（四）畜禽对温热环境适应性的评定

1. 畜禽耐热力指数（NTY）

衡量畜禽的耐热性能，除了可以用耐热系数来计算外，也可以用畜禽的耐热力指数来计算。所谓畜禽的耐热力指数就是用环境温度在 30 ℃以上时畜禽体温升高幅度来评定其耐热力的指标。

$$NTY=100-[20(T_2-T_1)+K(40-t_2)]$$

式中，T_1 为等热区条件下的畜禽体温（℃）；T_2 为热应激（30 ℃以上）时的体温（℃），t_2 为热应激时的环境温度（℃），K 为体温对环境温度的回归系数，各种畜禽的 K 值为：猪 0.07，牛 0.06，羊 0.05。

耐热指数越大，表示畜禽的耐热性越强，该畜禽个体越不怕热。

2. 畜禽耐寒力指数（ICT）

是用畜禽在低温条件下产热量的变化来评定其耐寒力的指标。

$$ICT=60-100(T_2-T_1)/T_2+k(t_2+10)$$

式中，T_2 为畜禽在低温情况下暴露 2 h 后的产热量，单位为 kJ/（h·W），W 为体重（kg）；T_1 为等热区温度条件下畜禽的产热量，单位为 kJ/（h·W），W 为体重（kg）；t_2 为低温环境温度（℃）；k 为产热量对环境温度的回归系数，牛为 0.6。

思政导学

在我们生活中，气候现象经常受到广泛关注。气候现象的出现经常与人类活动有关，比如气候变化的加剧，很可能是因为人们过度开发地球资源而造成的。这些现象不仅与技术有关，同时也涉及人类社会的运转方式和发展节奏。在学习中，我们除了领略科学技术带来的便捷之外，要从科学角度理解人类对自然界的认识和改造，明白气象因素对生态环境和社会发展的重要性。

二、人员准备

人员分组，每组6人，明确职责分工。

任务角色	任务内容
组长：	任务：
组员1：	任务：
组员2：	任务：
组员3：	任务：
组员4：	任务：
组员5：	任务：

（一）内容筹划

气温、气湿和气流之间的关系，主要气象因素综合评价指标，主要气象因素对畜禽的综合影响，畜禽对温热环境适应性的评定。

（二）流程筹划

①掌握气温、气湿和气流之间的关系。

②了解主要气象因素综合评价指标。

③熟悉主要气象因素对畜禽的综合影响。

④应用畜禽对温热环境适应性的评定，灵活调控生产中的温热因素。

步骤一：

步骤二：

步骤三：

步骤四：

任务检测

请扫码答题

任务评价

工作任务完成过程评价

班级：_____　　组别：_____　　姓名：_____

项目	评分标准	自我评价	小组评价	教师评价
气象因素综合作用（35分）	气温、气湿和气流间的关系（10分）			
	主要气象因素综合评价指标（15分）			
	主要气象因素对畜禽的综合影响（10分）			
任务完成过程（40分）	能够根据工作任务分析并制订工作思路（10分）			
	查找资料、认真思考、积极动手动脑（10分）			
	团队协作良好，交流合作默契，互帮互助（10分）			
	小组分工明确，通过小组讨论与再学习较好地完成任务（10分）			
结果分析（15分）	能正确得出结果（5分）			
	根据结果分析问题并列出对策（很好10分，较好7~9分，一般为3~6分，较差为0~2分）			

（续表）

项目	评分标准	自我评价	小组评价	教师评价
思政素养表现（10分）	应用畜禽对温热环境适应性的评定，灵活调控生产中的温热因素（5分）			
	培养学生从科学角度理解人类对自然界的认识和改造，明白气象因素对生态环境和社会发展的重要性（5分）			
合计				
自我评价与总结				
教师点评				

项目二　畜禽场规划设计

项目导读

本项目主要介绍畜禽场选址的原则和条件、畜禽场功能区划分与布局、畜禽场建筑构造类型及畜禽舍结构设计等内容。通过学习，重点掌握畜禽场场址选择原则、场区规划依据、畜禽舍建筑类型与构造设计，从而保障畜禽场生物安全与畜禽健康生产。

知识目标

掌握畜禽场选址的原则和条件、畜禽场功能区划分与布局、畜禽场建筑构造类型、畜禽舍结构设计要领。

技能目标

在畜禽场规划建设时，能够科学、标准地完成各类畜禽场的选址、场区功能规划和布局图的绘制；结合建筑学知识，能够正确选择适合当地气候条件的建筑构造类型，并进行各类畜禽舍的结构设计。

素质目标

通过正确处理整体与局部、经济效益与生态文明的关系，强调学生依法依规选址规划，积极践行社会主义核心价值观中的"和谐"观；引导学生从尊重动物、珍爱动物的角度出发，以节能减排、提高效益为目的，科学严谨、因地制宜地设计畜禽舍，为畜禽提供安全实用、适宜健康的生产环境，保证畜牧业的健康可持续发展。

任务一 畜禽场场址选择

任务导入

重庆某养兔场建在一个山凹处,三面环山,该兔场兔舍的房顶高度大约 2.5 m,兔场前面有一条河流,河水浑浊发臭,附近还有一个垃圾处理场。饲养员采用冲洗方式降温和清除粪便,夏天兔场内地面潮湿阴暗,兔场无隔热设施。场内频繁出现兔子拉稀、生长不良、肉兔死亡、怀孕母兔流产等现象。想一想,造成该兔场肉兔死亡等的原因是什么?

请调研该养兔场,并制订一份改进方案,内容涵盖:场内频繁出现兔子拉稀、生长不良、肉兔死亡、怀孕母兔流产等现象的原因分析,兔场建场选址时注意事项等。

任务工单

班级:_____ 姓名:_____ 学号:_____

任务名称	调研兔场并制订改进方案
任务描述	根据实际情况,填写本任务的内容、目的、流程和方法。 任务内容:以上述案例为例,结合专业知识,进行兔场调研并制订改进方案。 任务目的:通过本次任务学习,掌握畜禽场场址选择原则和条件,学会畜禽场选址调查与评价,并根据存在问题提出对策。 任务流程:查阅资料信息,分组调查研究,小组讨论分析,调研并制订兔场改进措施。 任务方法:查阅资料、给出建议。
获取信息	要完成任务,需要掌握相关的知识。请收集资料,回答以下问题。 1. 畜禽场场址选择原则。 2. 畜禽场场址选择的条件。

（续表）

获取信息	3. 畜禽场选址调查与评价。 4. 制订方案。
制订计划	
任务实施	按照预先制订的工作计划，完成本任务，并记录任务实施过程。 | 序号	完成的任务	遇到的问题	解决办法
---	---	---	---

任务 准备

一、知识准备

畜禽场是进行畜禽生产和经营活动的重要场所，是畜禽进行生产活动的外界环境条件。场址选择不仅影响到畜禽场场区小气候和兽医卫生防疫，也关系到畜禽场的生产经营以及畜禽场和周围环境的关系。畜禽场场址选择要根据生产特点、经营方式、饲养管理及集约化程度等对地形地势、水源、土壤、气候条件以及城乡建设规划、卫生防疫、交通运输、供电供料、环保要求等因素进行综合考虑。在实际工作中，场址选择受各种自然条件、社会条件、经济条件的限制，不可能面面俱到。

（一）畜禽场场址选择原则

①符合国家或地方相关部门对区域规划发展的相关规定。
②确保畜禽场场区具有良好的小气候条件，有利于畜禽舍内环境卫生调控。
③便于合理组织生产、提高设备利用率和劳动生产效率。

④便于各项卫生防疫制度的实施和废弃物的处理与利用。

⑤保证场区面积宽敞够用，且为今后规模扩建留有余地，减少土地使用浪费。

（二）场址选择的条件

1. 自然条件

（1）地势

指场地的高低起伏情况。畜禽场地势应高燥、平坦、稍有坡度及排水良好，要避开潮湿低洼地区，远离沼泽地。

地势高燥，有利于保持地面干燥，防止雨季洪水的冲击；至少应高出当地历史洪水线 $1 \sim 2$ m，地下水位在 2 m 以下。场地平坦，最好有 $1\% \sim 3\%$ 坡度，便于场区排水，但场地坡度不宜过大，一般要求不超过 25%，否则会加大建场施工工程量，而且也不利于场内运输。在此基础上选择向阳背风之地，确保场区小气候温热状况相对稳定。

（2）地形

指场地形状、大小和地物（场地上的房屋、河流、树林、沟坎等）状况。

①地形开阔并有足够的面积。地形开阔，是指场地上原有房屋、河流、树木、沟坎等地物要少，尽可能减少施工前清理场地的工作量或填挖土方量。

②地形整齐。避免选择过于狭长或边角太多的场地，因为地形狭长，会拉长生产作业线和各种管线，不利于场区规划、布局和生产联系；而边角太多则会使建筑物布局凌乱，降低对场地的利用率，同时会增加场界防护设施的投资。

③面积足够。场地面积应根据畜禽种类、规模、饲养模式、集约化程度和饲料供应情况等因素来确定。一般应本着节约用地，不占或少占农田的原则。场地周围最好有相配套的农田、果园或鱼塘，能够消纳大部或全部粪水最为理想。畜禽场区面积如表 2-1 所示。

表 2-1　畜禽场区占地面积估算值

场别	饲养规模/头（只）	每头（只）畜禽占地面积/m²	备注
奶牛场	$100 \sim 400$	$160 \sim 180$	按成母牛计
肉牛场	1万	$15 \sim 20$	按年出栏量计
绵羊场	$200 \sim 500$	$12 \sim 15$	按成年母羊计
山羊场	200	$15 \sim 20$	按成年母羊计
种猪场	$200 \sim 600$	$75 \sim 100$	按基础母猪计
商品猪场	$600 \sim 3\,000$	$5 \sim 6$	按基础母猪计
种鸡场	1万～5万	$0.6 \sim 1.0$	按种鸡计
蛋鸡场	10万～20万	$0.5 \sim 0.8$	按种鸡计
肉鸡场	100万	$0.2 \sim 0.3$	按年出栏量计

（3）土壤质地

畜禽场场地的土壤质地对畜禽影响很大，不仅影响场区空气、水质和植被的化学成分及生长状态，而且会影响土壤的净化作用。畜禽场理想的土壤类型，应是透气性好、透水性强、容水量小、质地均匀、导热性小、抗压性强、毛细管作用弱、无污染、无地质化学环境性地方病的土壤。在沙土、壤土、黏土三种类型中，以壤土最为理想。

透气性和透水性不良、吸湿性大的土壤，当受粪尿等有机物污染以后，往往滋生大量厌氧菌，产生氨气和硫化氢等有害气体，使场区空气受到污染。潮湿的土壤也是病原微生物、寄生虫卵以及蝇蛆等滋生和存活的良好场所。吸湿性强、含水量大的土壤，因抗压性低，易使建筑物的地基变形，建筑物的使用寿命缩短，同时也会影响畜禽舍的保温隔热性能。

壤土由于沙粒和粉粒的比例比较适宜，兼具黏土和沙土的优点。既克服了黏土透气透水性差、吸湿性强的缺点，又弥补了沙土导热性强、热容量小的不足。壤土抗压性较好，膨胀性小，适合做畜禽场的土壤。因地域差异土壤选择达不到要求时，需要在畜禽舍的设计、施工、使用和其他日常管理上，设法弥补当地土壤缺陷。

（4）水源水质

畜禽生产过程中需要大量用水，如畜禽饮用、饲料调制及畜禽舍、用具和畜体的洗刷等都需用大量的水，而水质好坏直接影响人畜健康和畜禽产品质量。因此，畜禽场的水源应符合水质要求，水量能满足场内人、畜禽的饮用和其他生产、生活用水。人的生活用水一般每人每天按20～40 L来计算，各类畜禽每日需水量如表2-2所示；同时要满足便于防护，不易受污染，取用方便简单，处理技术易行等要求。

表2-2 畜禽场各种畜禽的每日需水量

单位：L

畜禽类别		每头（只）畜禽每日需水量	畜禽类别		每头（只）畜禽每日需水量
牛	泌乳牛	80～100	羊	成年羊	10
	公牛及后备牛	40～60		羔羊	3
	犊牛	20～30	鸡	成年鸡	1
	肉牛	45		雏鸡	0.5
猪	哺乳母猪	30～60	火鸡		1
	公猪、空怀及妊娠母猪	20～30	鸭		1.23
	断奶仔猪	5	鹅		1.23
	育成育肥猪	10～15	兔		3

水质要清洁，不含细菌、寄生虫卵及矿物毒物。在选择地下水作水源时，要调查是否因水质不良而出现过某些地方性疾病。国家在NY 5027—2008《无公害食品 畜禽饮用水水质》、NY 5028—2008《无公害食品 畜禽产品加工用水水质》及GB 5749—2022《生活饮用水卫生标准》中明确规定了无公害畜禽生产中的水质要求。水源不符合生活饮用水卫生标准时，必须先经净化消毒处理，达到标准后方能

饮用。扫码查看生活饮用水水质标准和畜禽饮用水水质要求。

（5）气象因素

气候状况不仅影响畜禽场建筑物规划、布局和设计，而且会影响畜禽舍朝向、遮阳与防寒设施的设置，与畜禽场防暑、防寒等日常管理也十分密切。因此，场址选择时，应该收集拟建地区气象资料以及常年气候变化、灾害天气情况等资料，如平均气温、绝对最高气温、最低气温，土壤冻结深度，降水量与积雪深度，最大风力，常年主导风向、风向频率及日照情况等，为选址和建造畜禽舍提供依据。

小学士

GB 5749 和 NY 5027

2. 社会条件

（1）城乡建设规划

场址选择应符合本地区土地利用发展规划、城乡建设发展规划、农牧业生产发展总体规划和环境保护规划的要求。不得在城镇建设发展规划上选址，以免影响城乡人民的生活环境。在城郊建场时，距离大城市至少 20 km，小城镇 10 km 以上。畜禽场应选在远离自然保护区、水源保护区、工商业区和居民聚居地，畜禽场也不能位于化工厂、屠宰场、制革厂等易造成环境污染的企业的下风处或附近。

（2）交通条件

在选择场址时，既要考虑到交通方便，又要使畜禽场与交通干线保持适当的间距。一般来说，场区距铁路、高速公路、交通干线不少于 1 km，距一般道路不少于 0.5 km，畜禽场最好修建专用道路与主要公路相通。

（3）供电条件

畜禽场必须具备可靠的电力资源。为了保证正常生产，减少供电投资，应尽量靠近原有输电线路，缩短新线架设距离。通常，畜禽场要求有二级供电电源；需要三级以下供电电源时，则需自备发电机，以保证畜禽场内供电的稳定可靠。

（4）卫生防疫

场址选择应遵循公共卫生准则，保证畜禽场不影响周围环境，同时畜禽场也不受周围环境的污染。因此，畜禽场与居民点及其他畜禽场应保持一定的间距，一般距兽医机构、其他畜禽场、畜禽屠宰场不少于 2 km，距居民区不少于 3 km，并且应建在居民区及公共建筑群常年主导风向的下风向。切忌在旧畜禽场、畜禽屠宰场或生化制革厂等场地上重建畜禽场，以免疫病的发生。

（5）土地使用

必须遵守土地使用原则，不得占用基本农田，尽量利用荒地和劣地建场，确定场地面积应本着节约用地的原则。

我国畜禽场建筑物一般采取密集型布置方式，建筑系数一般为 20%～35%。建筑系数是指畜禽场总建筑面积占场地面积的百分数。远期工程可预留用地，也可随建随征。征用土地可按场区总平面设计图计算实际占地面积。

另外，新建场址周围应具备就地无害化处理粪尿、污水的充足场地和排污条件，还应考虑就近市场、饲料供应方便等因素，草食畜禽的青饲料尽量在当地供应或自行种植以降低生产成本。

3. 其他因素

为了确保畜禽场建设的顺利实施和畜禽生产的顺利运行，场址选择时还要考虑土地征用、畜禽场的外观形象、畜禽场与周边环境的协调等问题。

（1）土地征用问题

畜禽场分期建设时，场址选择应一次完成。近期工程应集中布置，远期工程可预留用地，随建随征。以下区域的土地不应征用：各级政府部门规定的自然保护区、生活饮用水水源保护区、风景旅游区；受洪水或山洪威胁及泥石流、滑坡、地震等自然灾害多发地带；自然环境受到严重污染的地区或可能产生严重污染的地区。

（2）畜禽场外观形象问题

在选择畜禽场场址时就要考虑畜禽舍建筑和畜禽场的整体的外观形象。例如，选择一种长形建筑，可利用一个树林或一个自然山丘做背景，外加一个修整良好的草坪和一个车道，给人一种环境干净整洁的感觉。在畜禽舍建筑周围嵌上一些碎石，既能接住屋顶流下的水，又能防止啮齿类动物的侵入。

畜禽场的蓄粪池一定要避开邻近居民的视线，可以利用树木等将其遮挡起来。不要忽视畜禽场应尽的职责，要考虑设计安全护栏，防止儿童进入，可为蓄粪池配备永久性的盖罩。

（3）畜禽场与周边环境的协调问题

多风地区的畜禽场，特别在夏秋季节由于通风良好，扩散了畜禽场难闻的气味，同时污染了大气环境。因此，畜禽场应尽可能远离周围居民区，最大限度地驱散臭味、减小噪声和降低蚊蝇对居民的干扰。

应仔细核算粪便和污水的排放量，以准确计算粪便的贮存能力，最好规划一处粪便综合处理利用区域，及时对畜禽场的粪便和污水进行处理，将处理后的粪污还田利用，化害为益。

（三）畜禽场选址调查与评价

调研某畜禽场，扫描右侧二维码下载并填写畜禽场选址与评价表。

畜禽场选址与评价表

思政 导学

我们必须熟悉畜禽场选址应考虑地形、地势、水源、土壤、地方性气候等自然条件，同时要考虑饲料和能源供应、交通运输、与工厂和居民点的相对位置、产品的就近销售、畜禽场废弃物的就地处理等社会条件，既要获得一定的经济效益，还要处理好与周围环境的关系，达到与周围环境和谐发展，体现出社会主义核心价值观中"和谐"这一重要因素，提高人们的环保意识，促进畜牧业的健康可持续发展。

二、人员准备

人员分组，每组6人，明确职责分工。

任务角色	任务内容
组长：	任务：
组员1：	任务：
组员2：	任务：
组员3：	任务：
组员4：	任务：
组员5：	任务：

 任务 筹划

（一）内容筹划

畜禽场场址选择原则，畜禽场场址选择的条件，畜禽场场址调查与评价，制订改进方案。

（二）流程筹划

①掌握畜禽场场址选择原则。

②掌握畜禽场场址选择的条件。

③通过所学知识，能够科学进行畜禽场场址调查与评价。

④制订改进方案。

 任务 实施

步骤一：

步骤二：

步骤三：

步骤四：

任务 检测

请扫码答题

任务评价

工作任务完成过程评价

班级：_____　　组别：_____　　姓名：_____

项目	评分标准	自我评价	小组评价	教师评价
畜禽场场址选择（35分）	畜禽场场址选择原则（10分）			
	畜禽场场址选择的条件（15分）			
	畜禽场场址调查与评价（10分）			
任务完成过程（40分）	能够根据工作任务分析并制订工作思路（10分）			
	查找资料、认真思考、积极动手动脑（10分）			
	团队协作良好，交流合作默契，互帮互助（10分）			
	小组分工明确，通过小组讨论与再学习较好地完成任务（10分）			
报告方案（15分）	能正确得出结果（5分）			
	根据结果分析问题并列出改进对策（很好10分，较好7～9分，一般为3～6分，较差为0～2分）			
思政素养表现（10分）	培养学生认识到要在保证人畜安全生产的基础上节约用地、健康发展（5分）			
	培养学生环境保护意识，科学选址养殖，减少环境污染（5分）			
合计				

自我评价与总结	
教师点评	

任务二 畜禽场规划布局

任务导入

调研周边某畜禽场的建筑物规划布局,并将相关信息填入规划布局方案设计与评价表(扫描 79 页二维码下载)中。同时结合专业知识,请你制订一份改进方案,内容涵盖:存在问题、改进思路等。

任务工单

班级:_____ 姓名:_____ 学号:_____

任务名称	调研畜禽场建筑物规划布局
任务描述	根据实际情况,填写本任务的内容、目的、流程和方法。 任务内容:以上述案例为例,结合专业知识,调研某畜禽场建筑物规划布局,并给予评价,特别是对存在问题提出改进办法。 任务目的:通过本次任务学习,掌握畜禽场功能分区与建筑设施组成,掌握畜禽场建筑物(公共设施)布局,学习畜禽场规划布局实例,能够开展畜禽场建筑物规划布局调查与评价,并科学解决生产中的疑难问题。 任务流程:查阅资料信息,分组调查研究,小组讨论分析,调研并提出改进措施。 任务方法:查阅资料、给出建议。
获取信息	要完成任务,需要掌握相关的知识。请收集资料,回答以下问题。 1. 畜禽场功能分区与建筑设施组成。 2. 畜禽场建筑物(公共设施)布局。 3. 畜禽场规划布局实例。 4. 调查畜禽场建筑物规划布局。

（续表）

制订计划	
任务实施	按照预先制订的工作计划，完成本任务，并记录任务实施过程。 | 序号	完成的任务	遇到的问题	解决办法 | |---|---|---|---| | | | | | | | | | | | | | | |

任务准备

一、知识准备

完成畜禽场场址选择后，下一步该进行畜禽场总体平面规划设计。畜禽场总平面设计主要是对全场建筑物、构筑物的总体安排与规划。

畜禽场总平面设计的主要内容包括：根据畜禽场的生产关系、卫生防疫、环境管理等需要，进行场地合理的功能分区；根据功能分区和生产工艺要求，确定建筑物的朝向、间距和相对位置，进行各种建筑设施的布置；根据生产流程和防疫要求，合理组织场区竖向设计，确定建筑设施的给排水设计、道路设置、绿化规划等。

（一）畜禽场规划布局原则

畜禽场规划布局是否合理，直接关系着能否正常组织生产。合理的布局有利于提高劳动生产率，降低生产成本，提高畜禽场生产的经济效益。其原则主要有以下几点。

①根据不同畜禽场的生产工艺要求，结合当地条件、地势、地形及周边环境特点，因地制宜做好功能区的划分。

②充分利用场区原有的自然地势、地形，建筑物长轴尽可能顺场区的等高线布置，尽量减少土石方工程量和基础设施工程费用，最大限度减少基础建设费用。

③合理组织场内外的人、物流，创造最有利的环境条件和低劳动强度的生产联系，实现高效生产。

④保证建筑物具有良好的朝向，不仅满足采光和自然通风条件，并有足够的防火间距。

⑤对于粪尿、污水及其他废弃物的处理和利用,确保其符合清洁生产的要求。

⑥在满足生产要求的条件下,建筑物布局紧凑,节约用地,少占或不占耕地。在占地满足当前使用功能的同时,应充分考虑今后的发展,留有余地。

各种畜禽场
建筑设施

(二)畜禽场功能分区与建筑设施组成

1. 畜禽场建筑设施组成

畜禽场建筑与设施因畜禽不同而异,扫描右侧二维码查看各种畜禽场建筑物组成和必要设施。

2. 畜禽场功能分区

为便于管理和防疫,通常将畜禽场划分为:管理区、辅助生产区、生产区、隔离区(粪便、尸体处理区)四个功能区,规划应考虑地势和当地全年主风向,合理安排各区位置(图2-1),保证人畜健康,并有利于组织生产、环境保护。畜禽场功能区布局合理,可减少或防止畜禽场产生的粪尿污水、噪声气味等对管理区工作环境和居民生活环境造成的污染,并减少疫病蔓延的机会。

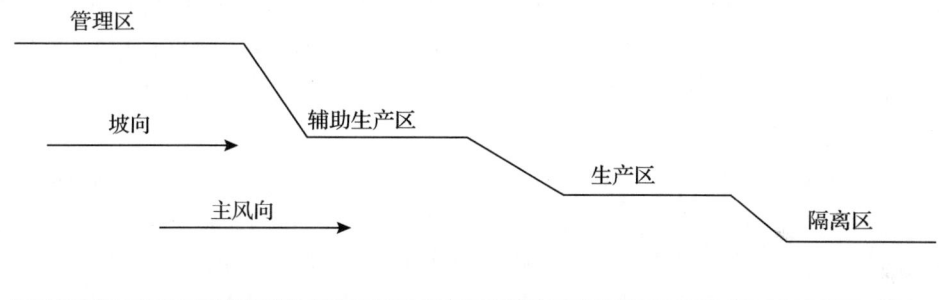

图2-1 畜禽场各区依地势、风向配置示意图

(1)管理区

管理区是畜禽场从事经营管理活动的功能区,与场外环境有着极为密切的联系。主要包括行政办公室、接待室、门卫值班室、水塔、宿舍、食堂、围墙和大门等。确定此区位置时,除考虑风向、地势外,还应考虑与外界联系是否方便。畜禽场大门设于该区,门前设车辆消毒池,两侧设门卫和消毒通道。有家属宿舍时,应单独设生活区,生活区应在管理区上风向、地势较高处。

(2)辅助生产区

辅助生产区主要布置供水、供电、供热、设备维修、物资仓库、饲料贮存等设施,这些设施应靠近生产区的负荷中心。

(3)生产区

生产区包括各种畜禽舍、畜禽采精室、人工授精室、孵化室、挤奶厅、蛋库、乳品处理间、羊剪毛间、畜禽装车台等建筑物,是畜禽场的核心区域,应设于全场的中心地带,建筑面积占全场总建筑面积的70%~80%。在生产区的入口处,应设专门的人员消毒间和车辆消毒池，以便进入生产区的人员和车辆进行严格的消毒。大型的畜禽场，进一步将生产区细化为种畜禽、幼畜（雏禽）、育成畜禽、商品畜禽等小区，以方便管理和防疫。

①种畜禽群，是畜禽场中的基础群，应设在防疫少发的场区，必要时应与外界隔离。

②育成畜禽群，包括青年牛、羊、后备猪、育成鸡等，适宜安排在阳光充足、空气新鲜、疫病较少的区域。

③商品畜禽群，如奶牛群、肉牛群、肉羊群、肥育猪群、蛋鸡群、肉鸡群等。这类畜禽饲养密度大，产品出场销售要及时，所用饲料、代谢粪尿运送量大，与场外的联系比较频繁。应将这类畜禽群安排在靠近大门交通比较方便的地段，可减少外界疫情向场区传播的机会。

生产区内与饲料有关的建筑物，如饲料调制、贮存设施，一般设在生产区上风向和地势较高处，按照就近原则保持与各畜禽舍及加工车间的联系。

由于防火的需要，青贮、干草、块根块茎类饲料或垫草等大宗物料的贮存场地，应按照贮用合一的原则，布置在靠近畜禽舍的边缘地带生产区的下风向，要求排水良好，便于机械化作业，并与其他建筑物保持 60 m 的防火间距。由于卫生防疫的需要，干草和垫草的堆放场所不但要与贮粪池、病畜隔离舍保持一定的卫生间距，而且要考虑避免场外运送干草、垫草的车辆进入生产区。

（4）隔离区

隔离区主要布置兽医室、隔离舍、病畜禽剖检室和畜禽场废弃物的处理设施，该区应设在场区全年主风向的下风向和场区地势最低处，与生产区的间距应满足兽医卫生防疫要求，与畜禽舍应保持 300 m 以上的卫生间距。绿化隔离带、隔离区内部的粪便污水处理设施与其他设施也需有适当的卫生防疫间距。隔离区与生产区有专用道路相通，与场外有专用大门相通。

（三）畜禽场建筑物布局

在畜禽场布局时，要综合考虑各建筑物之间的功能联系、场区的小气候状况以及畜禽舍的通风、采光、防疫、防火要求，同时兼顾节约用地、布局美观整齐等要求。

1. 建筑物的位置

确定每栋建筑物和每种设施的位置时，主要根据它们之间的功能联系、工艺流程和卫生防疫要求加以考虑。

（1）功能关系

功能关系是指建筑物及各种设施之间，在畜牧生产中的相互关系。在安排其位置时，应将相互有关、联系密切的建筑物和设施相互靠近安置，以便于生产联系。具体可扫二维码查看。

畜禽场建筑物与设施之间的功能关系模式图

（2）工艺流程

为便于畜禽群的转群和生产顺畅，根据生产工艺流程布置畜禽舍和其他设施。例如，某商品猪场的生产工艺流程是：种猪配种—妊娠—分娩哺乳—保育—育成—

育肥—上市。因此，考虑各建筑物和设施的功能联系，应按种公猪舍、配种间、空怀母猪舍、妊娠母猪舍、产房、保育舍、育成猪舍、育肥猪舍、装猪台的顺序相互靠近设置。饲料调制、贮存间和贮粪池等与每栋猪舍都发生密切联系，该位置的确定应尽量使其至各栋猪舍的线路距离最短，同时要考虑净道和污道的分开布置。

（3）卫生防疫

为便于卫生防疫，场地地势与当地主风向恰好一致时较易安排。管理区和生产区内的建筑物在上风向和地势高处，病畜管理区内的建筑物在下风向和地势低处。但这种情况并不多见，往往出现地势高处正是下风向的情况。此时，可利用与主风向垂直的对角线上的两个"安全角"来布置防疫要求较高的建筑。例如，主风向为西北而地势南高北低时，场地的西南角和东北角均为安全角。养禽场的孵化室和育雏舍，对卫生防疫要求较高，因为孵化机的温湿度较高，是微生物的最佳培养环境；且孵化室排出的绒毛蛋壳、死雏常污染周围环境。因此，孵化室的位置选择应主要考虑防疫，不能强调其与种鸡、育雏的功能关系。大型养禽场最好单设孵化场，小型养禽场也应将孵化室布置在防疫较好又不污染全场的地方，并设围墙或隔离绿化带。

2. 建筑物的朝向

（1）根据日照确定建筑物朝向

我国大部分陆地处于北纬 20°～50°，太阳高度角冬季小、夏季大，夏季盛行东南风，冬季盛行西北风。因此，生产区畜禽舍朝向一般应以其长轴南向，或南偏东或偏西 15°以内为宜。这样的朝向，冬季可增加射入舍内的直射阳光，有利于提高舍温；而夏季可减少舍内的直射阳光，利于防暑。

（2）根据通风确定建筑物朝向

排污确定建筑物朝向场区所处的主风向直接影响畜禽舍的小气候。所以，应向当地气象部门了解本地风向频率图，结合防寒防暑要求，确定适宜朝向。如果畜禽舍纵墙与冬季主风向垂直，则通过门窗缝隙和孔洞进入舍内的冷风渗透量很大，对保温不利；如果纵墙与冬季主风向平行或形成 0°～45°角，则冷风渗透量大大减少，从而有利于保温（图 2-2）。如果畜禽舍纵墙与夏季主风向垂直，则畜禽舍通风不均匀，窗墙之间形成的旋涡风区较大；如果纵墙与夏季主风向形成 30°～45°角，则旋涡风区减少，通风均匀，有利于夏季防暑，排除污浊空气效果也好（图 2-3）。

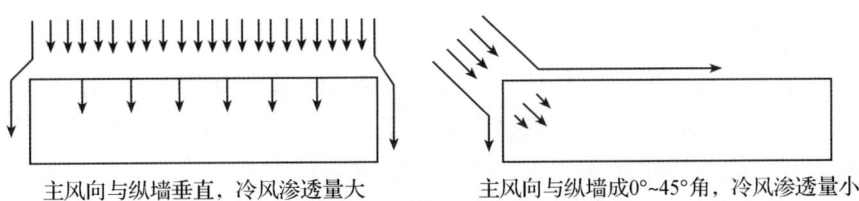

主风向与纵墙垂直，冷风渗透量大　　　主风向与纵墙成 0°～45°角，冷风渗透量小

图 2-2　畜禽舍朝向与冬季冷风渗透量的关系

（李震钟，1993．家畜环境卫生学附牧场设计）

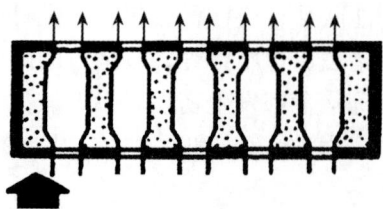 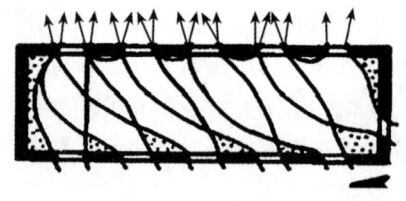

主风向与纵墙垂直，舍内旋涡风区大　　　主风向与纵墙成30°~45°角，舍内旋涡风区小

图 2-3　畜禽舍朝向与夏季舍内通风效果的关系

（李震钟，1993. 家畜环境卫生学附牧场设计）

3. 建筑物的排列

畜禽场建筑物通常可设计为东西成排、南北成列，尽量做到整齐、紧凑、美观。一般根据场地形状、畜禽舍的数量和长度将生产区畜禽舍布置为单列、双列或多列，如图 2-4 所示。

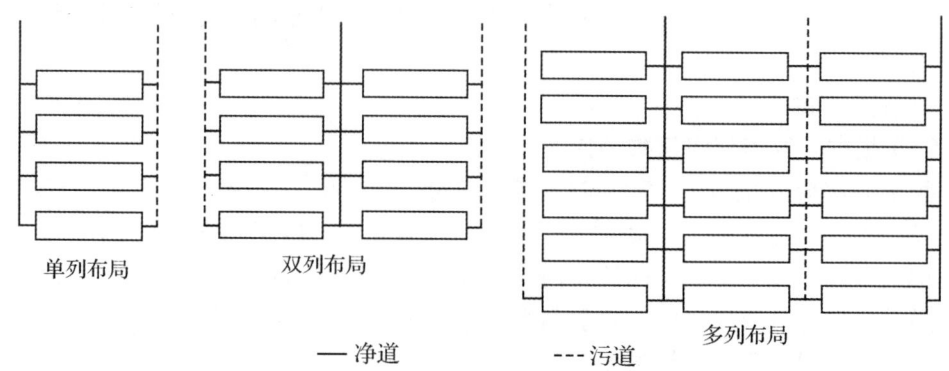

单列布局　　　双列布局　　　　　　　多列布局

——净道　　---污道

图 2-4　畜禽场建筑物排列布置模式图

（1）**单列式**

畜禽舍若在四栋以内，宜单列布置。单列式布置使场区的净、污道路分工明确，但道路和工程管线线路较长。适用于小规模和场地狭长的畜禽场。

（2）**双列式**

畜禽舍超过四栋时，呈双列式或多列布局。双列式布置是各种畜禽场最经济实用的布置方式，其优点是既能保证场区净、污道路分工明确，又能缩短道路和工程管线的长度。

（3）**多列式**

多列式布置适合于大型畜禽场，但应避免因线路交叉而引起互相污染。如果场地允许，应尽量避免将生产区建筑物布置成横向狭长或竖向狭长。因为狭长形布置势必造成饲料、粪污运输距离加大，生产和管理联系不便，道路、管线加长，建筑物投资增加，故建议将生产区按方形或近似方形布置。

4. 建筑物的间距

相邻两栋建筑物纵墙之间的距离称为间距。确定畜禽舍间距主要从日照、通风、防疫、防火和节约用地等方面综合考虑。若间距大，前排畜禽舍不影响后排光照，并有利于通风、防疫和防火，但增加了畜禽场的占地面积。因此，必须根据当地纬度、气候、地势、地形等情况，酌情确定畜禽舍适宜的间距。

（1）根据日照确定畜禽舍间距

为了使南排畜禽舍在冬季不遮挡北排畜禽舍的日照，尤其保证冬至日9—15点这6 h内使畜禽舍南墙洒满光照。这就要求间距不小于南排畜禽舍的阴影长度，阴影长度与畜禽舍高度和太阳高度角有关。通常情况下，畜禽舍间距等于屋檐高度的3～4倍。

（2）根据通风、防疫要求确定畜禽舍间距

按通风要求确定畜禽舍间距时，应使下风向的畜禽舍不处于相邻上风向畜禽舍的旋涡风区内。这样，既不影响下风向畜禽舍的通风，又可使其免遭上风向畜禽舍排出的污浊空气的污染，有利于卫生防疫。畜禽舍的间距为3～5H时（图2-5），可满足畜禽舍通风排污和卫生防疫要求。

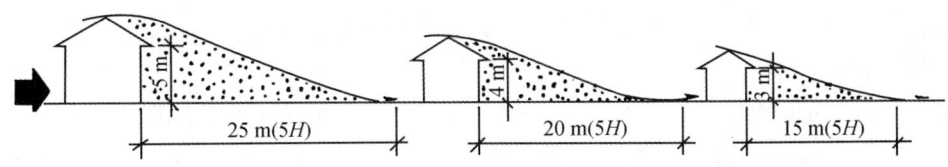

图2-5　风向垂直于纵墙时畜禽舍高度与旋涡风区的关系

（3）防火间距确定建筑物朝向

取决于建筑物的结构、材料和使用特点，可参照我国建筑防火规范。畜禽舍建筑一般为砖墙、混凝土屋顶或木质屋顶并做吊顶，耐火等级为二级或三级，防火间距为6～8 m。

综上所述，畜禽舍间距为畜禽舍檐高的3～5倍，可基本满足日照、通风、排污、防疫、防火等要求。每相邻两栋长轴平行的畜禽舍间距，无舍外运动场时，两平行侧墙的间距控制在8～15 m为宜；有舍外运动场时，相邻运动场栏杆的间距控制在5～8 m为宜。每相邻两栋畜禽舍端墙之间的距离不小于10 m为宜。但畜禽舍的间距主要由防疫间距来决定，畜禽舍间距的设计见表2-3。

表2-3　畜禽舍防疫间距

单位：m

畜禽场类型	类别	同类畜禽舍	不同类畜禽舍	距孵化场
祖代鸡场	种鸡舍	30～40	40～50	100
	育雏、育成舍	20～30	40～50	>50
父母代鸡场	种鸡舍	15～20	30～40	100
	育雏、育成舍	15～20	30～40	>50
商品鸡场	蛋鸡舍	10～15	15～20	>300
	肉鸡舍	10～15	15～20	>300

（续表）

畜禽场类型	类别	同类畜禽舍	不同类畜禽舍	距孵化场
猪场	—	10～15	15～20	
牛场	—	10～15	15～20	

（赵希彦，郑翠芝，2020. 畜禽环境卫生. 第二版）

（四）畜禽场公共卫生设施

1. 场内道路

为保证场内各生产过程顺利进行，场内道路要求直而短。应分别设有人行走道和运送饲料的清洁道、供畜禽产品装车外运的专用通道及运输粪污和病死畜禽的污物道。清洁道作为场内的主干道，要求路面不透水，向一侧或两侧有1%～3%的坡度；路面可修为混凝土、柏油路、砖、石或焦渣路面；道路宽度根据用途和车宽决定，通行载重汽车并与场外相连的道路需3.5～7.0 m；场内的小型车、手推车道路需1.5～5.0 m。此外，还须考虑回车道，回车半径及转弯半径。道路两侧应种植树木，设排水沟。场内道路一般与建筑物长轴平行或垂直布置，清洁道与污物道不宜交叉。

2. 畜禽运动场

畜禽每日定时到舍外运动，能使其全身受到外界气候因素的刺激和锻炼，促进机体各种生理过程的进行，增强体质，提高抗病能力。舍外运动能改善种公畜的精液品质，提高母畜受胎率，促进胎儿正常发育，减少难产。因此，有必要给畜禽设置舍外运动场，特别是种用畜禽。

（1）运动场的位置

舍外运动场应选在背风向阳、地形开阔的地方。畜禽舍间距或畜禽舍两侧均可设置。如受地形限制，可在场内比较开阔的地方单独设运动场。

（2）运动场的面积

每头（只）畜禽所占舍内平均面积的3～5倍；种鸡则按鸡舍面积的2～3倍。应保证畜禽自由活动，又要节约用地。畜禽的舍外运动场面积见表2-4。在封闭舍内饲养肥猪、肉鸡和笼养蛋鸡，一般不设运动场。

表2-4 运动场大小和围栏高度

种类	乳牛	青年牛	带仔母猪	种公猪	生长猪与后备猪	羊	育成鸡
每头（只）畜禽运动场面积/m²	20	15	12～15	30	4～7	4	0.5～1.0
围栏或围墙高度/m	1.5	1.2	1.1	2.0～2.2	1.1	1.1	1.8

（3）建筑要求

为便于排水和保持干燥，运动场要平坦且稍带坡度；运动场四周应设围栏或围墙，围墙建议高度为：马1.6 m、牛1.2 m、羊1.1 m、猪1.1 m、鸡1.8 m。为防止鸡飞出,上面可加设尼龙丝网。各种公畜运动场的围栏高度,可再增加20～30 cm,也可应用电围栏。运动场的两侧及南侧,应设遮阳棚或种植树木,以遮挡夏季烈日。运动场围栏外应设排水沟。

3. 防护设施

为保证畜禽场防疫安全,畜禽场四周应建较高的围墙或坚固的防疫沟,以防场外人员及其他动物进入场区,必要时沟内放水。常用防疫沟断面如图2-6所示。在畜禽场大门和各区域及畜禽舍的入口处,应设消毒设施,如车辆消毒池、更衣换鞋间、喷雾消毒室、人的脚踏消毒槽等,并安装紫外线灭菌灯,强调安全时间(3～5 min),时间太短,达不到安全的目的。因此,畜禽场在消毒室内最好安装定时通过指示铃。

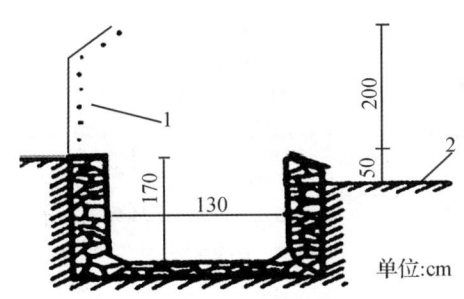

1—铁丝网;2—场地平地。

图2-6 场外防疫沟断面图

4. 场内的排水设施

场区排水设施是为了排除雨水、雪水,保持场地干燥卫生。为减少投资,一般可在道路一侧或两侧设排水沟,沟壁、沟底可砌砖、石,也可将土夯实做成梯形或三角形断面。排水沟最深处宽不应超过30 cm,沟底应有1%～2%的坡度,上口宽30～60 cm。小型畜禽场有条件时,也可设暗沟排水(地下水沟用砖、石砌筑或用水泥管),但不宜与舍内排水系统的管沟通用,以防泥沙淤塞,影响舍内排污,并防止雨季污水池满溢,污染周围环境。

5. 贮粪池

贮粪池应设在生产区的下风向,与畜禽舍至少保持100 m的卫生间距(有围墙及防护设备时,可缩小为50 m),并方便运出。贮粪池一般深1 m,宽8～10 m,长30～50 m,底部做成水泥池底。各种畜禽所需贮粪池的面积:马2 m²/匹,牛2.5 m²/头,羊0.4 m²/只,猪0.4 m²/头。

(五)畜禽场规划布局实例

1. 某现代规模化猪场规划平面布局

猪场种猪舍、仔猪舍置于上风向和地势高处;配种舍、妊娠舍、分娩舍放到较安全的位置,且要接近保育舍;育成猪舍靠近育肥猪舍;育肥猪舍设在下风向;靠近保育生长舍、育肥舍附近设有装猪台,其入口与猪舍相通,出口与生产区外相通,运输车辆停在墙外装车;生产区与其他区之间应用围墙或绿化隔离带分开(图2-7)。

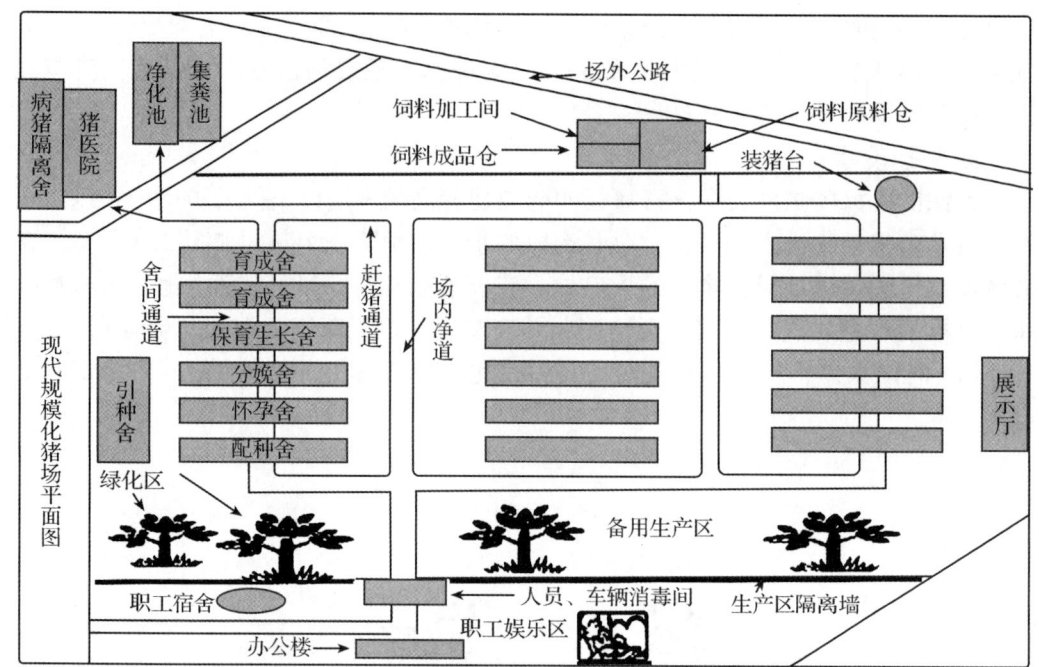

图 2-7 现代规模化猪场规划布局平面示意图

2. 北京某原种鸡场建筑物规划布局

北京某原种鸡场处郊区平原地区，根据场地地势平整、边缘整齐、南北长、东西短的地形特点，结合该地区气候条件，场区的总体规划布局是北侧为生产区，布置原种鸡舍、测定鸡舍、育成鸡舍、育雏舍，采用单列式排列，西侧为净道，东侧为污道，最北端设临时粪污场。育雏舍单独置于生产区西侧，有道路和绿化隔离，南侧为办公和辅助生产区，设置孵化厅、消毒更衣室、办公室、库房、锅炉房等，对生产区和辅助区影响最小（图 2-8）。

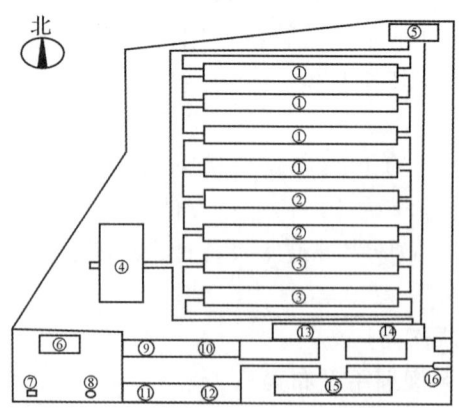

①—原种鸡舍；②—测定鸡舍；③—育成鸡舍；④—育雏舍；⑤—粪污场；⑥—锅炉房；
⑦—水泵房；⑧—水塔；⑨—浴室；⑩—维修室；⑪—车库；⑫—食堂；⑬—孵化厅；
⑭—更衣消毒室；⑮—办公楼；⑯—门卫。

图 2-8 北京某原种鸡场平面图

(六)畜禽场建筑物规划布局调查与评价

调研某畜禽场建筑物规划布局,扫描右侧二维码下载并填写畜禽场建筑物规划布局设计与评价表。

畜禽场建筑物规划布局设计与评价表

思政导学

通过学习建筑物的位置这部分内容,让学生了解畜禽场各个区域的功能关系,尤其对卫生防疫这部分内容重点掌握。因为如果这部分工作做好了,整个畜禽场就会健康持续发展。引导学生运用马克思主义基本理论,深刻理解局部与整体的辩证关系,局部制约着整体,整体统率着局部,要求我们重视局部的作用,搞好局部,用局部的发展推进整体的发展。帮助学生树立全局观念,立足整体,统筹全局,实现最优目标。

二、人员准备

人员分组,每组6人,明确职责分工。

任务角色	任务内容
组长:	任务:
组员1:	任务:
组员2:	任务:
组员3:	任务:
组员4:	任务:
组员5:	任务:

任务筹划

(一)内容筹划

畜禽场功能分区与建筑设施组成,畜禽场建筑物(公共设施)布局,畜禽场规划布局实例,畜禽场建筑物规划布局调查与评价。

(二)流程筹划

①掌握畜禽场功能分区与建筑设施组成。
②了解畜禽场建筑物(公共设施)布局。
③学习畜禽场规划布局实例。
④通过所学知识,能够开展畜禽场建筑物规划布局调查与评价。

任务实施

步骤一：

步骤二：

步骤三：

步骤四：

任务检测

请扫码答题

任务评价

工作任务完成过程评价

班级：_____　　组别：_____　　姓名：_____

项目	评分标准	自我评价	小组评价	教师评价
畜禽场规划布局（35分）	畜禽场规划布局原则（10分）			
	畜禽场功能区划分（10分）			
	畜禽场建筑设施布局（15分）			
任务完成过程（40分）	能够根据工作任务分析并制订工作思路（10分）			
	查找资料、认真思考、积极动手动脑（10分）			
	团队协作良好，交流合作默契，互帮互助（10分）			
	小组分工明确，通过小组讨论与再学习较好地完成任务（10分）			

(续表)

项目	评分标准	自我评价	小组评价	教师评价
调查报告 （15分）	能正确得出结果（5分）			
	根据结果分析问题并列出对策（很好10分，较好7~9分，一般为3~6分，较差为0~2分）			
思政素养 表现 （10分）	培养学生局部与整体的辩证逻辑（5分）			
	树立全局观念，立足整体，统筹全局，实现最优目标（5分）			
合计				
自我评价与总结				
教师点评				

任务三 畜禽场工艺设计

任务导入

一年产1万头肉猪的养猪场，需饲养存栏公猪24头，生产母猪600头，哺乳期仔猪860头，保育猪1 000头，生长育成猪3 300头。该猪场地处重庆某郊区，地势较高、宽阔平坦、交通方便。当地冬季和夏季比较分明，温度差异比较大。另外，周围有不少居民，靠近河流和公路，污染较严重，不能就地取水，用水需由自来水厂供应。由于养殖场的特殊性，产生的废弃物发出的异味影响周围居民的正常生活。

想一想，该养猪场选址存在哪些问题？可以采取哪些补救措施？

根据该养猪场所处的地理位置，请你合理设计该养猪场的生产工艺流程，内容涵盖：生产工艺设计和工程工艺设计。

任务工单

班级：_____ 姓名：_____ 学号：_____

任务名称	猪场工艺流程设计
任务描述	根据实际情况，填写本任务的内容、目的、流程和方法。 任务内容：以上述案例为例，结合专业知识，简要进行猪场工艺流程设计。 任务目的：通过本次任务学习，掌握畜禽场的种类、任务和规模，熟悉不同畜禽饲养方式特点和生产技术指标确定，了解畜群结构组成和周转方法，并能够科学进行畜禽场工艺流程的设计。 任务流程：查阅资料信息，分组调查研究，小组讨论分析，设计猪场生产工艺。 任务方法：查阅资料、给出建议。
获取信息	要完成任务，需要掌握相关的知识。请收集资料，回答以下问题。 1. 畜禽场的种类与规模。 2. 不同畜禽饲养方式特点和生产技术指标。 3. 畜群结构和畜群周转。 4. 畜禽场工艺流程设计。
制订计划	

按照预先制订的工作计划，完成本任务，并记录任务实施过程。

任务实施	序号	完成的任务	遇到的问题	解决办法

任务准备

一、知识准备

畜禽场工艺设计应根据生产方向、经济条件、技术力量和市场需求,并结合环保标准来设计。依据畜禽生长、发育、繁殖的基本规律及对环境的要求,组织安排相应的生产工艺及建造相应的畜禽舍,配备相应的设施设备,是建设现代化畜禽场的需要,也是标准化规范化畜禽场建设的需要。

畜禽场工艺设计包括生产工艺设计和工程工艺设计两个部分。生产工艺设计主要内容为畜禽场的种类与任务、畜禽场的生产规模、畜禽饲养管理方式、主要生产工艺参数确定、生产工艺流程、畜群结构和畜群周转等。工程工艺设计主要内容为畜禽舍的种类、数量和基本尺寸确定,设备选型与配套,畜禽舍建筑类型与形式选择,工程防疫设施规划,畜禽舍环境控制技术方案制订,粪污处理与资源化利用技术选择等。

(一)畜禽场的种类与规模

1. 畜禽场的种类

畜禽场种类不同,畜禽群组成和周转方式不同,对饲养管理和环境条件的要求也不同,所采取的畜牧兽医技术措施也大不相同。一般按繁育体系分为原种场(曾祖代场)、祖代场、父母代场和商品代场。

(1)原种场

原种场一般要求单独建场,由于育种工作的严格要求,一般由专门的育种机构承担。原种场的任务是生产配套的品系、保种、纯繁,向外提供祖代种畜禽、种蛋、精液、胚胎等。

(2)祖代场

祖代场的任务是提供父母代种畜禽,改良品种,培育父母场所需的优良品种。

(3)父母代场

父母代场的任务是利用从祖代场获得的品种,生产商品场所需的种源。

(4)商品代场

商品代场则是利用从父母代场获得的种源,专门从事商品代畜禽产品的生产,向市场提供畜禽产品。

在实际生产中,商品代猪场为了节省成本,常常会饲养相当数量的父母代种猪,来应对商品代猪场的种源问题,而祖代场、父母代场也会兼营其他性质的生产活动。如祖代鸡场在生产父母代种蛋、种鸡的同时,也可生产一些商品代蛋鸡或鸡蛋供应市场。

2. 畜禽场的生产规模

畜禽场规模一般指畜禽场饲养畜禽的数量,目前没有统一的标准,商品猪场和肉鸡、肉牛场一般按年出栏量来划分,种猪场多按基础母猪数来表示,奶牛场可以按成年乳牛头数计算，也可用存栏量表示。建场时应慎重考虑畜禽场种类和规模，考虑资金投入、市场需求、畜禽场污染物处理的难度等。畜禽场规模不宜过大，尤其是城郊地区的规模。畜禽场种类及规模划分见表2-5至表2-8。

表 2-5 奶牛场种类及规模划分　　　　　　　　　　　　　　单位：头

类型	小型场	中型场	大型场
存栏量	1～199	200～699	≥700

表 2-6 羊场种类及规模划分　　　　　　　　　　　　　　单位：万只

种类	小型场	中型场	大型场
绵羊存栏量	<1.0	1～5	5～10

注：以年终存栏数或繁殖母羊存栏数表示。

表 2-7 养猪场种类及规模划分（以年出栏商品猪头数定类型）　　单位：头

类型	年出栏商品猪头数	年饲养种母猪头数
小型场	≤5 000	≤300
中型场	5 000～10 000	300～600
大型场	>10 000	>600

表 2-8 养鸡场种类及规模划分　　　　　　　　　　　　　　单位：万只

类别	小型场	中型场	大型场
祖代鸡场	<0.5	0.5～1.0	≥1.0
父母代蛋鸡场	<1.0	1.0～3.0	≥3.0
父母代肉鸡场	<1.0	1.0～5.0	≥5.0
商品蛋鸡场	<5.0	5.0～20.0	≥20.0
商品肉鸡场	<50.0	50.0～100.0	≥100.0

注：肉鸡规模为年出栏数，其余鸡场规模系成年母鸡鸡位。

（二）不同畜禽饲养方式特点

1. 奶牛的饲养方式

一般可分为拴系饲养、定位饲养、散放饲养。初生犊牛常以单舍饲养。拴系饲养便于实行精细管理，可利用固定式管道挤奶系统在舍内直接挤奶。散放饲养管理相对较为粗放，能较好地满足牛的行为和福利需要，但牛舍内不能进行挤奶、治疗等作业；有集中挤奶厅时，可实施散放饲养。

2. 肉牛的饲养方式

肉牛主要有放牧、全舍饲和半舍饲三种饲养方式。放牧饲养适于牧草条件好的草原地区，一般须配置简易牛棚、饮水槽和补饲槽。全舍饲主要用于没有放牧条件或有放牧条件的肉牛后期催肥，或为提高生产效率的肉牛生产，在固定牛舍和运动场内配有饲槽、水槽及草架。半舍饲方式介于两者之间，既可充分利用牧草资源，又能在归牧后进入牛舍补饲干草、青贮饲料和精料等。

3. 肉羊的饲养管理方式

肉羊的饲养以放牧为主，其次为半放牧半舍饲或全舍饲饲养。

（1）放牧饲养

全年放牧饲养需要有足够面积的草原、草地或草山。中国的牧区、半农半牧区、农业区有较大面积的草地或草山，均可采用全年放牧。

（2）半放牧半舍饲饲养

这是介于放牧饲养和舍饲饲养两者之间的一种饲养方式。大多是由于放牧地面积不足或牧草质量较差而采用的。一般是在夏、秋季节白天放牧，晚上在场区舍内补饲；而冬、春两季以舍饲为主。采取这种方式，必须具有较完备的羊舍建筑和配套设施。

（3）全舍饲饲养

全部由人工饲喂，不再放牧。舍饲饲养时，羊场应设有运动场，并有完善的羊舍等建筑物和饲养管理设施。按照养羊生产工艺流程，将羊进行合理分群，各类羊群分别建羊舍，舍内设饲槽，用于饲喂精料和青贮饲料，运动场设草架喂草，水槽饮水，每天人工清粪。

4. 猪的饲养方式

猪场大多采用单栏饲养和小群饲养方式，即公猪、妊娠母猪和哺乳母猪单栏饲养，仔猪、育成猪和育肥猪以窝为饲养单位，后备母猪按每群3～5头饲养。人工喂料，自动给水。猪舍地面为全漏缝或局部漏缝地板，多实行冲水清粪。近年来，许多国家开始采用一种全新的舍饲散养工艺，即除公猪、哺乳母猪外，均按工艺流程分单元群养，群体的大小视规模而定，50～200头都可。该工艺充分考虑了猪的生物学特性和行为需要，在舍内设猪床、咬链、玩具箱、猪厕所、蹭痒架、淋浴设施等，采用自动喂料系统和自动饮水系统。

5. 鸡的饲养方式

可分为笼养、地面平养、网上平养和局部网上饲养。种鸡生产一般采用二段式或三段式工艺模式，实行地面平养或局部网上饲养或不同形式的笼养；蛋鸡采用三段全程式笼养方式；肉鸡采用"全进全出"一段式饲养模式，笼养或网上平养或地面厚垫料饲养。均采用机械或人工喂料，自动饮水器给水，人工集蛋，机械清粪等。

（三）畜禽生产技术指标

畜禽场制订生产技术指标，要根据畜禽的品种、生产力、技术水平、环境设施和经营管理等客观加以确定，准确地计算出畜群结构如存栏数、栏位数、饲料用量和产品产量等参数，使指标高低适度。

1. 奶牛场生产工艺参数

奶牛场生产工艺参数主要包括牛群的划分及饲养日数、公母比例、利用年限、配种方式、生产性能指标和饲料定额等。扫码查看奶牛场部分生产工艺参数。

奶牛场部分生产工艺参数

2. 规模化养羊生产工艺参数

规模化养羊生产工艺参数确定，以月为繁殖节律，以最大限度地利用母羊、羊舍及设备，便于进行羊舍环境调控，实行专业化管理为目的。扫描右侧二维码查看建议的参数。

3. 规模化猪场生产技术参数

猪场的各项生产技术指标可参考右侧二维码内容。

4. 鸡场主要生产工艺参数

各类养殖场生产工艺建议参数

鸡场工艺参数主要包括鸡场的种类、鸡的品种、鸡群结构、主要生产性能指标（公母比例、受精率、种蛋孵化率、年产蛋量、各饲养阶段的死淘率、耗料量等）及饲养环境管理条件等，具体内容扫描右侧二维码查看。

制订畜禽场生产指标，不仅为设计工作提供依据，而且为投产后实行定额管理和岗位制度提供依据。生产指标一定要高低适中，指标过高，不但不能完成任务，而且依次设计的房舍、设备也不能充分利用；指标过低，则不能充分发挥工作人员的劳动效率，据此设计的房舍、设备无法满足生产需要。

（四）畜禽场生产工艺流程设计

畜禽场生产工艺设计方案力求科学先进，具体详尽，操作性强。在设计时应满足以下原则：符合畜禽生产技术要求，有利于畜禽场防疫卫生要求，提高劳动生产效率，节水、节能，达到减少粪污排放量及无害化处理的技术要求。

1. 牛场生产工艺流程

奶牛生产工艺流程中，将奶牛划分为犊牛期（0～6月龄）、青年牛期（7～15月龄）、后备牛期（16月龄至第一胎产犊前）及成年牛期（第一胎至淘汰）。成年牛期又根据繁殖阶段进一步划分为妊娠期、泌乳期、干奶期。其牛群结构包括犊牛、生长牛、后备母牛、成年母牛。

奶牛生产基本按如下工艺流程进行：成年母牛配种妊娠，经过10个月的妊娠分娩产下犊牛，哺乳2个月→断奶；饲养至6月龄→青年牛群；饲养至18月龄，体重达350～400 kg时第一次配种，确认受孕→青年牛群；妊娠10个月（临产前1周进入产房）→第一次分娩、泌乳；产后恢复7～10 d→成年牛群，泌乳10个月（泌乳2个月后，第二次配种）；妊娠至8个月→干乳牛群；干乳期2个月→第2次分娩、泌乳→淘汰。

肉牛生产工艺流程一般按初生犊牛（2～6月龄断奶）→幼牛→生长牛（架子牛）→育肥牛→上市进行划分。8～10月龄时，须对公牛施行去势。

2. 规模化养羊生产工艺流程

规模化舍饲养羊的目的在于摆脱分散、传统的季节性生产方式，建立工厂化、程序化、常年均衡的养羊生产体系。其生产工艺可概括为四阶段、三自由、两计划，即按羊群不同生产阶段有针对性地进行饲养管理，划分为配种妊娠、产羔哺乳、育成和育肥四阶段；实现自由饮水、自由运动和羔羊自由采食；实行计划免疫、计划配种。规模化舍饲养羊生产工艺流程如图2-9所示。

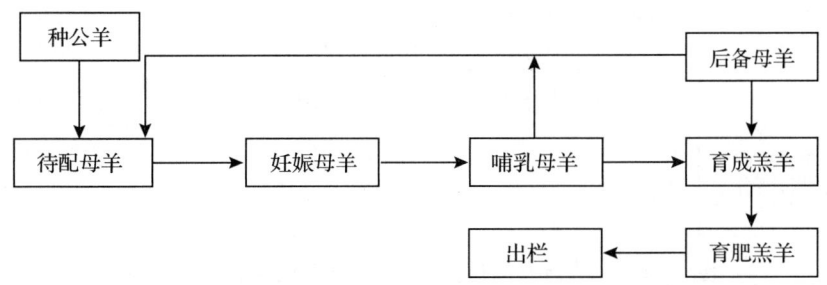

图 2-9　规模化舍饲养羊生产工艺流程

3. 猪场生产工艺流程

现代化养猪场普遍采用分段式饲养、全进全出制的生产工艺。它是适应集约化养猪生产要求、提高养猪生产效率的保证。常见的工艺流程有二段式、三段式、四段式、五段式等。例如，猪场的五段式工艺流程设计为：空怀妊娠期、哺乳期、仔猪保育期、育成期、生长育肥期等。确定工艺后，同时确定生产节律。一个饲养群向下一个饲养群转移猪群，需要按统一的时间间隔进行，相邻两次转群的时间间隔称为一个生产节律。合理的生产节律是全进全出制工艺的前提，是有计划利用猪舍和合理组织劳动生产管理、均衡生产商品肉猪的基础，根据猪场规模，年产 5 万～10 万头商品肉猪的大型猪场多实行 1 d 或 2 d 制，即每天或每两天有一批猪配种、产仔、断奶、仔猪保育和肉猪出栏；年产 1 万～3 万头商品肉猪的猪场多实行 7 d 制生产节律，以便于生产管理（图 2-10）。

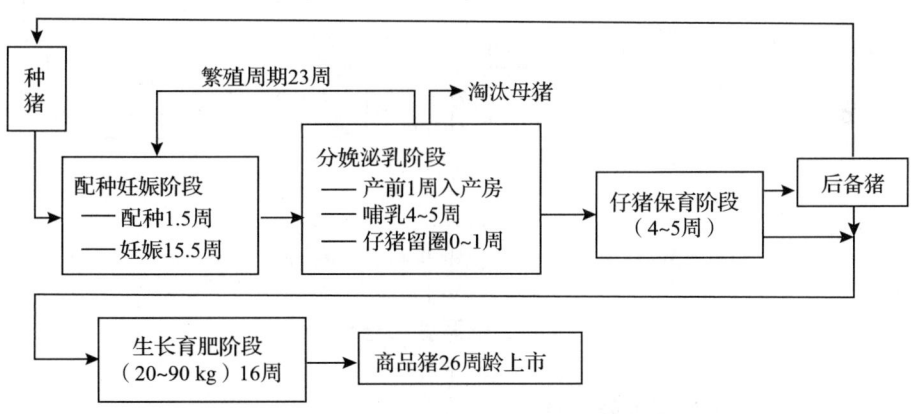

图 2-10　猪场生产工艺流程

这种全进全出工艺可采用以猪舍局部若干栏为单位转群，转群后进行清洗消毒；也有猪场将猪舍按照转群的数量分割成单元，以单元全进全出。如果猪场规模在 3 万～5 万头，可为每个生产节律的猪群设计猪舍，全场以舍为单位全进全出。年出栏 10 万头左右的猪场，可考虑以场为单位实行多位点全进全出生产工艺。以场为单位全进全出的猪场生产工艺流程如图 2-11 所示。

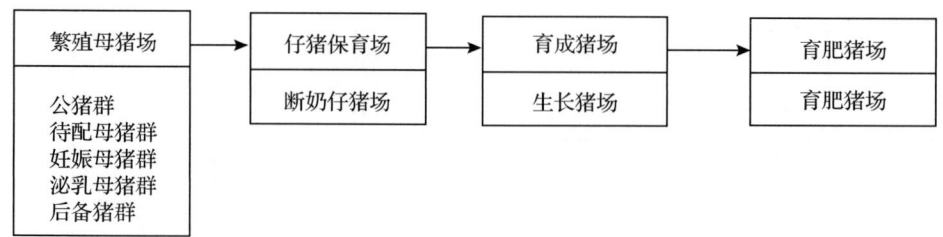

图 2-11　以场为单位全进全出的猪场生产工艺流程

4. 鸡场生产工艺流程

鸡场生产工艺流程是根据鸡不同饲养阶段划分的，种鸡和蛋鸡一个饲养周期分育雏、育成和产蛋期3个阶段，即0～6周龄为育雏期，7～20周龄为育成期，21～76周龄为产蛋期。商品肉鸡场因为肉鸡上市时间在6～8周龄，一般采用一段式地面或网上平养。由饲养工艺流程可以确定鸡舍类型，鸡场饲养工艺流程如图2-12所示，流程图中表明日龄的就是要建立的相应鸡舍。如种鸡场，要建立育雏舍，饲养1～49日龄雏鸡；要建育成舍，饲养50～126日龄育成鸡；还要建种鸡舍，饲养127～490日龄的种鸡。其他舍依此类推。

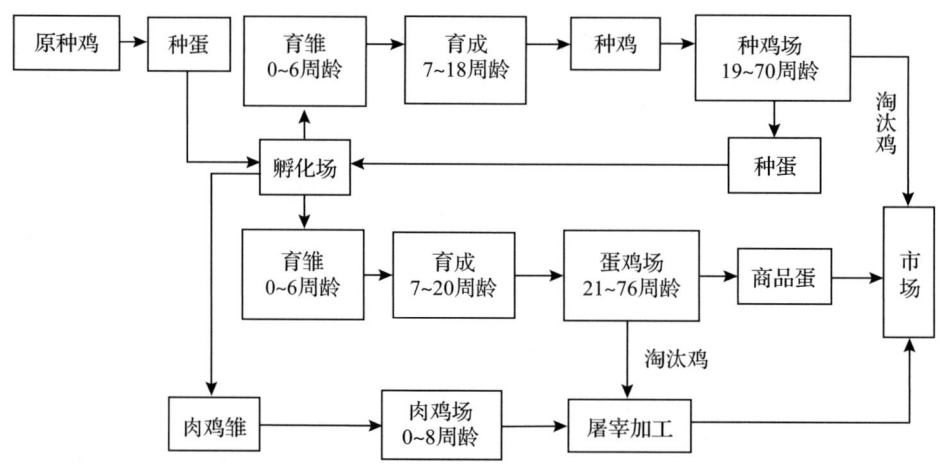

图 2-12　鸡饲养工艺流程

（五）畜群结构和畜群周转

任何一个畜禽场，在明确了生产性质、规模、生产工艺以及相应的各种参数后，即可确定各类畜群及其饲养天数，将畜群划分成若干阶段，然后对每个阶段的存栏数量进行计算，确定畜群结构组成。根据畜禽组成以及各类畜禽之间的功能关系，可制订出相应的生产计划和周转流程。

1. 猪群结构和周转

根据猪场规模，一般以适繁母猪为核心群，然后按照生产工艺中不同的饲养阶段及生产工艺参数确定各类猪群、饲养天数及猪群结构组成，如表2-9、表2-10所示。

表 2-9 不同规模猪场猪群结构

猪群种类	存栏头数/头					
生产母猪群	100	200	300	400	500	600
空怀配种母猪群	25	50	75	100	125	150
妊娠母猪群	51	102	153	204	255	306
哺乳母猪群	24	48	72	96	120	144
后备母猪群	10	20	26	39	46	52
公猪（含后备公猪）群	5	10	15	20	25	30
哺乳仔猪群	200	400	600	800	1 000	1 200
保育仔猪群	216	438	654	876	1 092	1 308
生长肥育群	495	990	1 500	2 010	2 505	3 015
总存栏数	1 012	2 058	3 095	4 145	5 168	6 205
全年上市商品猪	1 612	3 432	5 148	6 916	8 632	10 348

表 2-10 万头猪场猪群结构

猪群种类	饲养期/周	组数/组	每组头数/头	存栏数/头	备注
空怀配种母猪群	5	5	30	150	配种后观察 21 d
妊娠母猪群	12	12	24	288	
泌乳母猪群	6	6	23	138	
哺乳仔猪群	5	5	230	1 150	按出生头数计算
保育仔猪群	5	5	207	1 035	按转入的头数计算
生长肥育群	13	13	196	2 548	按转入的头数计算
后备母猪群	8	8	8	64	8 个月配种
公猪群	52			23	不转群
后备公猪群	12			8	9 个月使用
总存栏数				5 404	最大存栏头数

现代化养猪生产能否按照工艺流程进行，关键是猪舍和栏位配置是否合理。猪舍的类型一般是根据猪场规模按猪群种类划分的，而栏位数量需要准确计算，计算栏位需要量的方法如下。

各饲养群猪栏分组数 = 猪群组数 + 消毒空舍时间（d）/ 生产节律（7 d）

每组栏位数 = 每组猪群头数 / 每栏饲养量 + 机动栏位数

各饲养群猪栏总数 = 每组栏位数 × 猪栏组数

如果采用空怀待配母猪和妊娠母猪小群饲养、泌乳母猪网上饲养，消毒空舍时间为 7 d，则万头猪场的栏位数如表 2-11 所示。

表 2-11　万头猪场各饲养群猪栏配置数量（参考）

猪群种类	猪群组数/组	每组头数/头	每栏饲养量/（头/栏）	猪栏组数/组	每组栏位数	总栏位数
空怀配种母猪群	5	30	4～5	6	7	42
妊娠母猪群	12	24	2～5	13	6	78
泌乳母猪群	6	23	1	7	24	168
保育仔猪群	5	207	8～12	6	20	120
生长肥育群	13	196	8～12	14	20	280
公猪群（含后备）			1			28
后备母猪群	8	8	4～6	9	2	18

2. 鸡群结构和周转

规模化鸡场的鸡群组成和周转计划见表 2-12、表 2-13。

表 2-12　20 万只鸡场的鸡群组成

项目	商品代			父母代			
	雏鸡	育成鸡	成年鸡	雏鸡和育成鸡		成年鸡	
				公	母	公	母
入舍数量/只	264 479	238 629	222 222	395	3 950	320	3 200
成活率/%	95	98	90	90	90		
选留率/%	95	95		90	90		
期末数量/只	238 629	222 222	200 000	320	3 200	312	3 112

表 2-13　蛋鸡场的周转计划和鸡舍比例方案

方案	鸡群类型	周龄/周	饲养天数/d	消毒空舍天数/d	占舍天数/d	占舍天数比例	鸡舍栋数比例
1	雏鸡	0～7	49	19	68	1	2
	育成鸡	8～20	91	11	102	1.5	3
	产蛋鸡	21～76	392	16	408	6	12
2	雏鸡	0～6	42	10	52	1	1
	育成鸡	7～19	91	13	104	2	2
	产蛋鸡	20～76	399	17	416	8	8

蛋鸡生产一般为三阶段饲养：育雏阶段一般为 0～6 或 7 周龄；育成阶段一般为 7 或 8 周龄至 19 或 20 周龄；产蛋阶段一般为 20 或 21 周龄至 72 或 76 周龄。为

便于防疫和管理，应按 3 阶段设 3 种鸡舍，实行"全进全出制"的转群制度，每批鸡转出或淘汰后，对鸡舍和设备进行彻底清洗和消毒，并空舍一段时间后再进新鸡群，这样有利于兽医卫生防疫，可防止疾病的交叉感染。各类鸡舍的栋数及装鸡容量要配套，以满足全场鸡群周转的需要。蛋鸡或种鸡场，应以成年鸡群大小为基础，根据成年鸡群大小确定成年鸡舍栋数及每栋饲养鸡只数，再根据成年鸡饲养天数和空舍天数确定占舍天数；根据全进全出、整舍转群的原则及育成期与育雏期的死淘率（分别为 2% 和 5%）确定每栋育成舍与育雏舍的装鸡容量（分别为成年鸡舍的 102% 与 107%）；根据育雏期和育雏期的占舍天数（包括饲养天数和空舍天数）与成年鸡占舍天数的比例关系，确定鸡舍与成年鸡舍的栋数比例（工艺设计时可适当调整饲养日数加消毒空舍日数，使占舍天数成整倍数的关系）。例如，一个 10 万只笼位商品蛋鸡场，每隔 1.5 个月淘汰 1 批蛋鸡。假定育雏、育成、成鸡的饲养天数加消毒天数分别为 52 d、104 d、416 d，则饲养一批成鸡所占用成鸡舍的时间恰好是育雏舍饲养 8 批育雏鸡，育成鸡舍饲养 4 批育成鸡，因此，可设 8 栋成鸡舍、2 栋育成鸡舍、1 栋育雏鸡舍（图 2-13）。

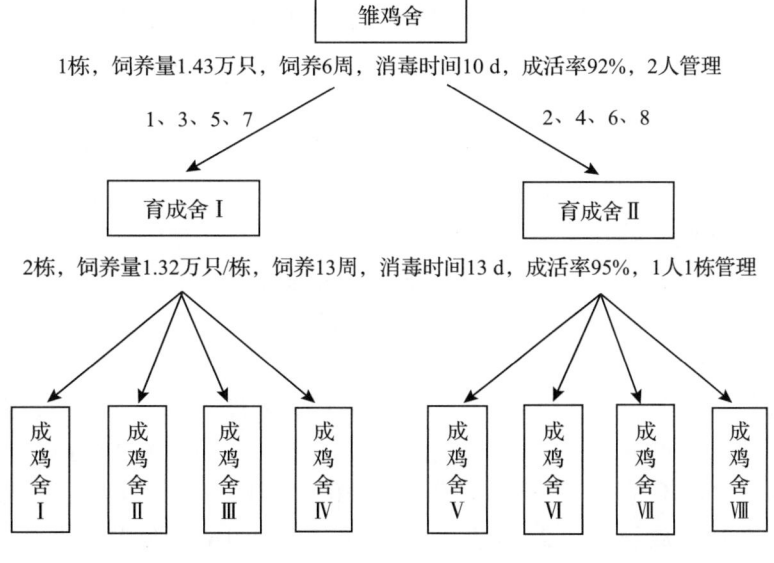

图 2-13 10 万只商品蛋鸡场鸡群组成和周转流程

3. 牛群结构与周转

规模较大的奶牛场，由于生产管理水平不同，牛群结构也不尽相同，但各类牛群间都有一个大致的比例。通常，各类牛群占牛群总数的比例为犊牛 14%、育成牛 13%、青年牛 13%、成奶牛 60%。牛群的周转按犊牛、青年牛、育成牛和成奶牛依次进行。

4. 羊群结构与周转

羊群按年龄和性别，可分为成年公羊、成年母羊、育成公羊、育成母羊和羯羊等群。由于羊场的种类和生产任务不同，各羊群的年龄和性别所占比重差异较大。

羊群的发展以母羊为基础，育种场羊群的组成，繁殖母羊（2～5岁）占60%左右，后备母羊（0.5～1.5岁）占20%～25%，6岁及以上的老龄羊占5%～10%，种公羊占2%，不留羯羊群。

羊群结构以繁殖母羊为基础，按照性别、年龄和用途调整羊群结构。肉羊生产中，繁殖母羊比例保持在70%以上，2～5岁的壮年母羊应占繁殖母羊群的60%～70%；由于舍饲母羊的繁殖周期较自然放牧下短1/3，为确保基础母羊群的情期受胎率，母羊的利用年限以不超过6周岁为宜。为加快良种改良进度，规模化舍饲养羊应普及人工授精繁育技术，减少公羊饲养量，降低生产成本，整个种羊群的公母比例为1∶500左右。

（六）畜禽场工程工艺设计

畜牧工程技术是保证现代畜牧生产正常进行的重要手段。建场前期的场区规划与建筑设计、设备选型与工程配套以及建设中的施工等需要依靠工程技术，畜禽场建成后的饲养管理，环境控制等依然离不开工程技术。因此，现代畜牧生产没有工程技术保障就难以正常运转，而要使工程技术能真正发挥作用，必须根据生产工艺确定技术方案、满足饲养条件的技术需求、做好工程设施与装备配套等，各方面做到工程技术到位，这也是畜禽场工程工艺设计的目的和主要内容。

1. 工程工艺设计的原则

规模化畜牧生产的饲养密度高，技术规范严，实行企业化管理。为使畜禽场有良好效益，在进行工程工艺设计时应注意以下原则。

（1）节约用地

我国国土面积虽大，但耕地有限。因此，新建畜禽场选址规划和建设应充分考虑节约用地，不占耕地，多利用沙荒地，如河道、山坡地等。

（2）节能意识

尽管现代畜禽生产离不开电，但设计良好可大幅度节电。如集约化畜禽场是否利用自然采光、自然通风，其用电量相差10～20倍。以一个20万只蛋鸡场为例，每个鸡位的平均年耗电量，全封闭型鸡舍为710 kW·h，全开放型鸡舍为0.6 kW·h，半开放型鸡舍视开放程度为2～5 kW·h。又如在密闭型鸡舍中，改横向通风为纵向通风，以农用风机代替工业风机，可节电40%～70%。可见，畜禽场工程工艺设计中确立节能观点十分必要。

（3）关注动物需求

善待动物，善待生命。从生产工艺到设施设备，都应充分考虑动物的生物学特点和行为需要，将动物福利落到实处。

（4）符合人–机工程需求

研究如何使工作环境和机具设备的设计能符合人的生理和心理要求而不超过人的能力和感官适应的范围。

（5）有利于实现清洁生产

畜禽规模化生产必然带来大量的粪便、污水和其他废弃物，从而造成环境污染。因此，在总体规划时，生活区、生产区、污染区必须分开，建场开始就要处理好环境保护问题；在设计、施工、生产中须有有效的处理和利用方案及相关的配套措施，对粪便废弃物进行无害化处理，使之变废为宝。

（6）工程防疫

在贯彻正常防疫程序的同时，采用良好的工程防疫技术手段，可有效地防止交叉感染，主要手段包括：利用合理的场区功能分区；顺畅的生产功能联系；良好的建筑设施布局；完备的雨、污水分流系统；因地制宜的绿化隔离等。

2. 主要设计内容和方法

畜牧生产有自身的工艺流程、环境要求和厂房装备，这些属于养殖行业的工程投入，涵盖了资金、能源、技术三个方面。良好的工程配套技术，对充分发挥优良品种的遗传潜力和提高饲料营养成分的利用率极为重要，还可以充分发挥工程防疫的综合防治效果，大大减少疫病的发生率。因此，在进行工程工艺设计时，需根据生产工艺提出的饲养方式、饲养规模、饲养管理定额、环境参数等，对相关的工程设施和设备加以推敲，以确保工程技术的可行性和合理性。在此基础上，来确定各种畜禽舍的种类和数量，选择畜禽舍建筑形式、建设标准和配套设备，确定单体建筑平面图、剖面图的基本尺寸和畜禽舍环境控制工程技术方案。

（1）畜禽舍的种类、数量和基本尺寸确定

畜禽舍的种类和数量是根据生产工艺流程中畜禽群组成、占栏天数、饲养方式、饲养密度和劳动定额计算确定的，并综合考虑场地、设备规格等情况。畜禽舍的种类与生产工艺中饲养阶段相对应。确定各类畜禽舍数量应首先计算各类畜禽群的存栏数、占栏数和圈栏数量。

畜禽舍的平面基本尺寸设计是根据工艺设计参数、饲养管理和当地气候条件等，合理设置畜栏、通道、粪尿沟、食槽等设备与设施，然后调整和确定畜禽舍跨度和长度。确定畜禽舍的跨度时，必须考虑采光、通风、建筑结构（屋架或梁尺寸）的要求。自然采光和自然通风的畜禽舍，其跨度不宜大于 10 m；机械通风和人工照明时，畜禽舍跨度可以加大；如圈栏列数过多或采用单元式畜禽舍，其跨度大于 20 m 时，将使畜禽舍构造和结构难度加大，可考虑采用纵向或横向的多跨联栋畜禽舍。确定畜禽舍长度时，要综合考虑场地的地形、道路布置、管沟设置、建筑物周边绿化等，长度过大则须考虑纵向通风效果、清粪和排水难度等。

（2）设备选型与配套

畜禽舍设备是畜牧工程设计中十分重要的内容，须根据研究确定的养殖工程工艺要求，尽可能地做到工程配套。畜禽场设备主要包括饲养设备（畜床、栏圈、笼具、地板等）、饲喂及饮水设备、清粪设备、环境控制设备等，选型时应着重考虑以下几方面：畜禽生理特点和行为需要，以及对环境的要求；生产工艺确定的饲养、喂料、饮水、清粪等饲养管理方式；畜禽舍通风、加热、降温、照明等环境调控方式；设备厂家提供的有关参数及设备的性价比。

对设备进行选择后，还应对全场设备的投资总额和劳动力配置、燃料消耗等分别进行计算。

（3）畜禽舍建筑类型与形式选择

畜禽舍建筑过去通常采用砖混结构，其建筑形式也主要参考工业与民用建筑规范进行设计。20世纪80年代以后，又出现了一些适合于畜禽场生产且较为经济节能的其他类型建筑，如简易节能开放型畜禽舍、大棚式畜禽舍、拱板结构畜禽舍、复合聚苯板组装式畜禽舍、被动式太阳能猪舍、菜畜互补畜禽舍等。与传统畜禽舍相比，这些建筑具有节能效果显著、基建费用低等优点，对推动现代畜禽生产起到了很好的作用。

由于各地的气候条件、饲养的畜禽种类、生产目标、经济状况及建筑习惯不同，选择什么样的畜禽舍建筑形式，应视实际情况而定。

（4）工程防疫设施规划

随着畜禽生产规模不断扩大，工厂化、集约化程度不断提高，兽医防疫体系需不断完善，建立防疫设施是实施兽医卫生防疫工作的基础。畜禽生产必须落实"预防为主、防重于治"的方针，严格执行国务院发布的《家畜家禽防疫条例》和农业农村部制定的《家畜家禽防疫条例实施细则》，工艺设计应据此制定出严格的卫生防疫制度。畜禽场设计还必须从场地选择、场地规划、建筑物布局、生产工艺、环境管理、粪污处理利用等方面全面加强卫生防疫，并在工艺设计中逐项加以说明。常规性的卫生防疫工作，要求具备相应的设施设备和相应的管理制度；在工艺设计中必须对此提出明确要求。相关卫生防疫设施与设备配置，如车辆消毒池、脚踏消毒槽、更衣室、消毒室、隔离舍、兽医室、装卸台等，应尽可能设置合理和完备，并保证在生产中能方便、正常运行。

（5）畜禽舍环境控制技术方案制定

环境控制工程技术方案应遵守经济的原则，尽可能利用工程技术来满足生产工艺所提出的环境要求，为畜禽创造适宜的环境条件，包括场区内环境及舍内的光照、温度、湿度、风速、有害气体等环境因子的控制。例如，通风方式和通风量的确定；光照方式的确定与光照度的计算等。详见其他项目内容。

（6）粪污处理与资源化利用技术选择

畜禽场的粪污处理与利用是关系畜禽场乃至整个农业生产的可持续发展的一个问题，也是行业面临的比较突出的世界性问题之一。畜禽场粪污处理应遵循减量化、无害化和资源化原则。

畜禽场粪污处理技术选择主要考虑以下几方面：处理要达标；要针对有机物氮、磷含量高的特点；注重资源化利用；考虑经济适用性，包括处理设施的占地面积、二次污染、运行成本等；注重生物技术与生态工程原理的应用。

思政导学

通过学习工艺设计中各种环境参数值，强调与标准之间的差异，引导学生认识到应具有规范和科学严谨的工作态度，爱岗敬业，不断提高自己的业务能力和知识水平，确保畜禽场的工程质量。针对不同的畜禽舍的种类和数量，选择合适的畜禽舍建筑形式、建设标准和配套设备，确定适合本畜禽舍的环境控制工程技术方案，引导学生具体问题具体分析，一切从实际出发，根据不同的条件，采取不同的方法才能解决问题，只有对具体情况进行分析，把握事物的特殊性，才能找到解决问题的正确方法。

二、人员准备

人员分组，每组6人，明确职责分工。

任务角色	任务内容
组长：	任务：
组员1：	任务：
组员2：	任务：
组员3：	任务：
组员4：	任务：
组员5：	任务：

（一）内容筹划

畜禽场的种类与规模，不同畜禽饲养方式特点和生产技术指标，畜群结构和畜群周转，畜禽场工艺流程设计。

（二）流程筹划

①掌握畜禽场的种类与规模。
②了解不同畜禽饲养方式特点和生产技术指标。
③熟悉畜群结构和畜群周转。
④根据所学知识，能够科学进行畜禽场工艺流程设计。

任务实施

步骤一：

步骤二：

步骤三：

步骤四：

任务检测

请扫码答题

任务评价

工作任务完成过程评价

班级：_____　　　组别：_____　　　姓名：_____

项目	评分标准	自我评价	小组评价	教师评价
畜禽场工艺设计（35分）	畜禽场的种类与规模（10分）			
	不同畜禽饲养方式特点和生产技术指标（15分）			
	畜群结构和畜群周转（10分）			
任务完成过程（40分）	能够根据工作任务分析并制订工作思路（10分）			
	查找资料、认真思考、积极动手动脑（10分）			
	团队协作良好，交流合作默契，互帮互助（10分）			
	小组分工明确，通过小组讨论与再学习较好地完成任务（10分）			
工艺设计（15分）	能正确完成设计（5分）			
	根据实际问题分析列出对策（很好10分，较好7～9分，一般为3～6分，较差0～2分）			
思政素养表现（10分）	引导学生具体问题具体分析，一切从实际出发，善于把握事物的特殊性（5分）			
	引导学生认识到应具有规范和科学严谨的工作态度，爱岗敬业，确保畜禽场的工程质量（5分）			
	合计			

（续表）

自我评价与总结	
教师点评	

任务四　建筑构造类型认识

任务导入

赤峰市西庄村发生了件新鲜事——大棚不种菜来养猪，西庄村通过大棚养猪使村里的生猪产业渐成规模。2005年，该村生猪养殖户出栏数从 10~20 头增加到 40~160 头。目前，西庄村年可出栏生猪 1 000 余头，纯收入可达 45 万元。据介绍，西庄村是赤峰市具有一定规模的生猪养殖基地之一。2005年以来，在当地政府和相关部门的大力支持和帮助下，西庄村打破传统的养猪模式，采取饲养肥猪和能繁母猪相结合的模式，利用政府补贴和个人贷款加大投入，不断扩大养殖规模，尝试用大棚猪圈养猪。但是，西庄村的大棚养猪并非一帆风顺。起初，由于没有大棚养猪的经验，很多小猪无缘无故地生病，食欲下降，生长缓慢，严重影响了大棚养猪的经济效益。一个养殖周期下来，西庄村的大棚养猪呈现亏本趋势。想一想，塑料大棚养猪存在哪些弊端？

请结合所学知识，为该养殖模式提供一份升级改造方案。

任务工单

班级：_____　姓名：_____　学号：_____

任务名称	制订猪舍升级改造方案
任务描述	根据实际情况，填写本任务的内容、目的、流程和方法。 任务内容：以西庄村塑料大棚养猪模式为例，结合专业知识，简单拟一份猪舍升级改造方案。 任务目的：通过本次任务学习，熟悉畜禽舍的基本结构，了解畜禽舍的主要类型，能够根据当地环境条件和畜禽生产需要，正确选择畜禽舍结构、类型，为畜禽健康养殖提供保证。 任务流程：查阅资料信息，分组调查研究，小组讨论分析，制订升级改造方案。 任务方法：查阅资料、给出建议。

（续表）

获取信息	要完成任务，需要掌握相关的知识。请收集资料，回答以下问题。 1. 认识畜禽舍结构。 2. 畜禽舍类型有哪些？ 3. 畜禽舍的选择方法。 4. 撰写方案思路。
制订计划	
任务实施	按照预先制订的工作计划，完成本任务，并记录任务实施过程。 <table><tr><td>序号</td><td>完成的任务</td><td>遇到的问题</td><td>解决办法</td></tr><tr><td></td><td></td><td></td><td></td></tr><tr><td></td><td></td><td></td><td></td></tr><tr><td></td><td></td><td></td><td></td></tr><tr><td></td><td></td><td></td><td></td></tr></table>

任务准备

一、知识准备

（一）畜禽舍基本结构

畜禽舍建筑是控制和改善畜禽舍环境的基本手段，能为畜禽提供适宜的小气候环境。在进行畜禽舍建筑设计时，应充分考虑畜禽的生物学特点和行为习性。同其他建筑一样，畜禽舍的组成包括基础、屋顶、墙壁、地面、门窗等（图2-14）。因为屋顶和外墙组成整个畜禽舍外壳将畜禽舍空间与外部空间隔开，所以也称外围护结构。畜禽舍小气候环境的调控效果，很大程度上取决于畜禽舍的建筑结构，尤其是外围护结构的保温隔热能力。

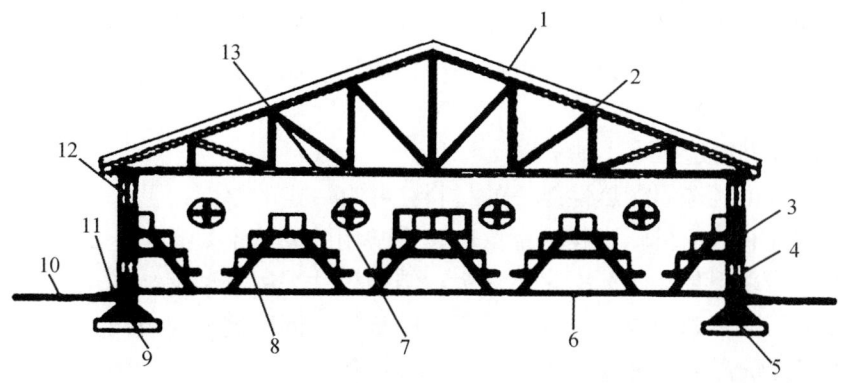

1—屋面；2—屋架；3—砖墙；4—地窗；5—基础垫层；6—室内地坪；7—风机
8—鸡笼；9—基础；10—室外地坪；11—散水；12—窗；13—吊顶

图 2-14 畜禽舍结构的主要组成部分

（李震钟，2005. 畜牧场生产工艺与畜舍设计）

1. 地基与基础

地基和基础与畜禽舍的坚固、耐久和安全性有着很大的关系。因此，要求其必须具备足够的强度和稳定性，以防止建筑物下沉，引起裂缝和倾斜，使畜禽舍整体结构坚固性受到影响。

（1）地基

支持整个建筑物的土层叫地基，分天然地基和人工地基。小型畜禽舍可以直接修建在天然地基上，天然地基的土层必须坚实、组成一致、干燥、有足够的厚度、压缩性小，地下水位在2 m以下。一般来说，沙砾、碎石、岩性土层和沙质土层的压缩性小且不受地下水冲击，是良好的天然地基；而黄土、黏土含水多时压缩性大，且冬季易膨胀，不能保持干燥，不适宜做天然地基。当地基的承载力较差时，必须通过人工、机械的手段使地基土层更加密实，从而达到提高地基承载力和平整地基的目的。在建筑大型畜禽场时，由于占地面积较大，一般应尽量选用天然地基。

（2）基础

基础是指建筑物深入土层的部分，是墙的延伸部分。基础一般应比墙壁宽10～15 cm，它的作用是将畜禽舍本身的重量及舍内所承载畜禽、设备、屋顶积雪等的重量传给地基。墙和整个畜禽舍的坚固与稳定状况取决于基础。因此，要求基础应具备坚固、耐久、防潮、抗冻、抗震、抗机械作用强等性能。用作基础的材料除机制砖外，还有碎砖、三合土、灰土、石头等。灰土基础的主要优点是经济、实用，适用于地下水位低、地基条件较好的地区；石头基础适用于盛产石头的山区。北方地区在膨胀土层修建畜禽舍时，应将基础埋置在土层最大冻结深度以下，以加强保温。

2. 墙壁

墙壁是畜禽舍的主要结构，是畜禽舍与外部空间隔离的主要外围护体，对舍内温、湿度调节起重要作用。据测定，冬季通过墙散失的热量占整个畜禽舍总失热量的 35%～40%。由于各种墙的功能不同，在设计与施工中的要求也不同。墙壁必须具有坚固、耐久、严密、防水、抗震，结构简单，便于清扫消毒等特点。同时具有良好的保温隔热性能。

（1）墙体材料选择

建造时尽可能选用隔热性能好的材料，并有一定的厚度，是保证畜禽舍内小气候环境适宜最有力的措施。我国畜禽舍建设常用的墙体主要有土、砖、石和混凝土等。当下逐步采用装配式标准化畜禽舍，结构构件采用轻型钢结构，围护部分采用双层钢板中间夹聚苯板或岩棉等保温材料的板块，即彩钢复合板作为墙体，效果较好，还可以加快畜禽舍建造速度，也可降低造价。

墙体厚度依据热工设计确定，当砖外墙厚度≤24 cm 时，梁下应设 37 cm×37 cm 砖垛或加混凝土柱。畜禽舍端墙（山墙）的厚度，一般不小于 37 cm，隔墙在满足强度要求的前提下，可以薄一些，其余墙体厚度根据其是否起承重作用或保温隔热作用来确定。

（2）墙体防潮

如果地面、墙壁和天棚的隔热性能差，冬季舍内温度低于露点，易在畜禽舍的内表面形成结露，甚至结冰。因此，冬季需要特别重视畜禽舍的防结露。用防水好且耐久的材料抹面以保护墙体不受雨雪的侵蚀。外墙内表面一般用白灰水泥沙浆粉刷，以利于保温和提高舍内照度，并便于消毒。牛、羊、猪舍的墙体应该做 1.2～1.5 m 高的水泥沙浆墙裙，以防止粪尿、污水对墙角的侵蚀，并防止畜禽弄脏墙面。这些措施对于加强墙的坚固性、防止水汽渗入墙体，提高墙的保温性都有重要作用。

3. 屋顶、天棚

（1）屋顶

是畜禽舍上部的外围护结构，对于畜禽舍冬季的保温和夏季的隔热防暑都具有重要的意义。要求屋顶光滑、防水、保温、不透气、不透水、结构简单、要有一定的坡度，并要求利于雨水、雪水的排除及防火安全等。在使用上要求耐久、坚固，在材料选用上可就地取材。任何一种材料不可能兼有承重、保温、防水三种功能，所以正确选择屋顶形式、处理好三方面的关系，对于畜禽舍环境的控制极为重要。

屋顶的形式多种多样，常见的类型和结构特点如图 2-15 和表 2-14 所示。

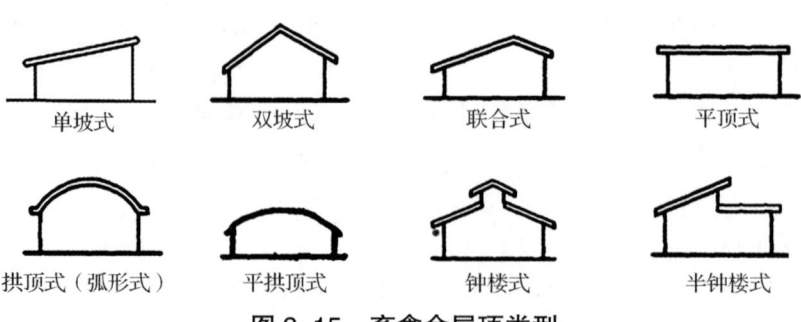

图 2-15　畜禽舍屋顶类型

表 2-14 不同类型屋顶特点

屋顶类型	结构特点	优点	缺点	适用范围
单坡式	以山墙承重，屋顶只有一个坡向，跨度较小，一般南墙高而北墙低	结构简单，造价低廉，既可保证采光，又缩小了北墙面积和舍内容积，有利于保温	净高较低不便于工人在舍内操作，前面易刮进风雪	适用于单列舍和较小规模的畜群
双坡式	是最基本的畜禽舍屋顶形式，屋顶两个坡向，适用于大跨度畜禽舍	结构合理，同时有利保温和通风且易于修建，比较经济	如设天棚，则保温隔热效果更好	适用于较大跨度的畜禽舍和各种规模的不同畜群
联合式	与单坡式基本相同，但在前缘增加一个短椽，起挡风避雨作用	保温能力比单坡式屋顶大大提高	采光略差于单坡式屋顶畜禽舍	适用于跨度较小的畜禽舍
钟楼式和半钟楼式	在双坡式屋顶上增设双侧或单侧天窗	加强了通风和防暑	屋架结构复杂，用料特别是木料投资较大，造价较高，不利于防寒	多在跨度较大的畜禽舍采用，适用于气候炎热或温暖地区及耐寒怕热畜禽的畜禽舍

（2）天棚

天棚又称顶棚、吊顶、天花板，是将畜禽舍檐高以下空间与屋顶下空间隔开的隔层。天棚和屋顶之间形成了封闭空间，由于空气导热性小，其间不流动的空气就是很好的隔热层，从而加强畜禽舍冬季的保温和夏季的防暑，同时也有利于通风换气。

天棚和屋顶的失热最多，一方面是由于其面积较大，另一方面舍内热空气在屋顶和天棚处聚集，热量易通过屋顶和天棚散失。据测定，热量的 36%～44% 是通过天棚和屋顶散失的，可见天棚对舍温控制的重要性。因此，天棚材料必须具备导热性小、保温、隔热、不透气、不透水、坚固耐久、防潮、耐火、结构轻便、简单光滑、方便清洁等特点。无论在寒冷的北方或炎热的南方，天棚上铺设足够厚度的保温层（或隔热层）是提高天棚保温隔热性能的关键，而结构严密（不透水、不透气）是保温隔热的重要保障。

畜禽舍内地面到天棚的高度通常称为净高。在寒冷地区，适当降低净高以利于保温；在炎热地区，适当增加净高以更好地通风、缓和高温的影响。一般畜禽舍的净高为 2.0～2.8 m 较为适宜。采用厚垫料饲养时，净高应加高 0.5～1.0 m；实行多层笼养的鸡舍，为保证上层笼的通风，顶层笼面与天棚应保持 1.1～1.3 m 的高度。

4. 地面

畜禽舍的地面是畜禽的畜床，畜禽的采食、饮水、休息、排泄等一切生产活动均在地面上进行。畜禽舍必须经常冲洗、消毒。除家禽外，猪、牛、马等有蹄类家畜对地面有破坏作用，而坚硬的地面易造成蹄部损伤和滑跌。畜禽舍地面质量的好坏，不仅影响舍内小气候与卫生状况，还会影响畜体及产品（奶、毛）的清洁度，甚至影响畜禽的健康和生产力。

（1）畜禽舍地面应具备的基本要求

坚实、平坦、致密、有弹性、不硬、不滑；有足够的抗机械能力和耐各种消毒方式的能力；导热性小，不透水，易清扫和消毒；具有一定的坡度，保证粪尿及污水及时排出。

地面潮湿是畜禽舍空气潮湿的主要原因之一。在地面透水和地下水位高的地区，可使地面水渗入地下土层，导致地面导热能力增强，这样的地面冬季温度过低，容易导致畜禽受凉冻伤。因此，必须对地面进行防潮处理，常用的防潮材料有油毛毡加沥青等。

坚硬的地面易引起畜禽疲劳及关节水肿。地面太滑或不平时，易造成畜禽滑倒而引起脱臼、挫伤及骨折，且不利于清扫和消毒。

地面排水沟应有一定的坡度，以保证洗涤水及尿水顺利排走。牛舍和马舍地面的适宜坡度为 1.0%～1.5%，猪舍为 3%～4%。

（2）畜禽舍地面的类型

畜禽舍地面可分实体地面和漏缝地板两类。根据使用材料的不同，实体地面有素土夯实地面、三合土地面、砖地面、混凝土地面、沥青混凝土地面等；漏缝地板有混凝土地板、塑料地板、铸铁地板和金属网地板等。

在畜禽舍建筑中，混凝土地面除保温性能和弹性不理想外，其他性能均可符合畜禽生产要求，造价也相对较低，故被普遍采用。

漏缝地板中混凝土漏缝地板保温和弹性差，在畜禽踩踏下缝隙边沿易被破坏，造成局部缝隙增大而伤及畜体的肢蹄；铸铁地板在长期的粪尿环境里易发生锈蚀；高强度的塑料地板各项性能都较好，在国外已大量使用，我国也已经有专业厂家生产。

不论哪种地面都很难同时具备所有要求。因此，修建符合要求的畜禽舍地面应设法补救：畜禽舍地面不同部位采用不同的材料，如畜床部位采用三合土、塑料板、木板，而在通道采用混凝土。

5. 门、窗

（1）门

畜禽舍门有内外之分，舍内分间的门和附属建筑通向舍内的门称内门，畜禽舍通向舍外的门称外门。内门根据需要设置，但外门要求每栋至少有两个，一般外门设在两端墙上，正对中央通道，保证畜禽进出，便于运入饲料和粪便的清除，同时保证实现机械化作业。其大小、朝向可根据作业特点和机械体积而定。

畜禽舍的门一般宽 1.5～2.0 m（羊舍 2.5～3.0 m），高 2.0～2.4 m；供牛自动饲喂车通过的门其高度和宽度为 3.2～4.0 m。供畜禽出入的圈栏门高度常与隔栏的高度相同，其宽度一般为牛、马 1.2～1.5 m；猪 0.6～0.8 m；羊小群饲养为 0.8～1.2 m、大群饲养为 2.5～3.0 m；鸡为 0.25～0.30 m。人行门，宽 0.7 m，高 1.8 m。

在寒冷地区，为了防止冷空气大量侵入畜禽舍，通常在大门之外设立有窗的门斗，畜禽舍门应向外开，不应有门槛与台阶。但为了防止雨水淌入舍内，畜禽舍地面一般应高出舍外地坪 30 cm。

（2）窗

窗户的主要作用在于保证畜禽舍的自然采光和自然通风。但由于窗户多设在墙壁和屋顶上，所以窗户的设置，对舍内的采光和保温隔热有较大的影响。

考虑到采光、通风和保温的矛盾，在窗户的设置上，对于寒冷地区必须兼顾。设置原则：在满足采光要求的前提下，尽量少设窗户，以保证夏季通风和冬季的保温。在总面积相同时，大窗户比小窗户有利于采光；为保证畜禽舍的采光均匀，在墙上窗户应等距离分布，窗间壁的宽度不应大于窗宽的 2 倍。在窗户的形式方面，立式窗户比卧式窗户更有利于采光，但不利于保温。

（二）畜禽舍建筑类型

畜禽舍的作用是为畜禽提供一个适宜的环境，它一方面影响舍内小气候条件，如温度、湿度、光照、通风换气等；另一方面影响畜禽舍环境改善的程度和控制能力。因此，根据畜禽的需求和当地气候条件，确定适宜的畜禽舍类型特别重要。畜禽舍类型按照外墙的严密程度可分为：开放舍、半开放舍、封闭舍三种类型（图 2-16），封闭式畜禽舍又可分为有窗式、无窗式和联栋式。

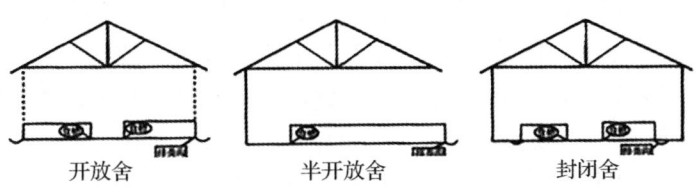

图 2-16 畜禽舍类型

1. 开放舍

开放舍也称凉棚、敞棚或凉亭畜禽舍，只有端墙或四面无墙，主要起到遮阳、避雨的作用。

（1）特点

开放舍夏季能隔绝太阳的直接辐射，四周敞开通风效果好，防暑效果比其他类型的畜禽舍好；冬季因没有墙壁阻挡寒风，对冷风的侵袭没有防御能力，防寒效果较差；开放式畜禽舍受舍外环境的影响较大，人工环境调控措施一般较难实施。

（2）适用范围

寒冷地区不能用作越冬舍，可作运动场上的凉棚或草料库；南方炎热地区也可用作成年畜禽舍。由于开放式畜禽舍用材少，施工简单，造价低，为了扩大其使用范围，克服其保温能力差的弱点，在畜禽舍南北面设置隔热效果较好的卷帘，由机械传动升降，非常方便使用，冬季可完全闭合，夏季可全部敞开，结合一定的环境调控措施，使舍内的环境条件得到改善。如简易节能开放型牛舍、羊舍、鸡舍等。

2. 半开放舍

半开放舍指三面有墙，正面全部敞开或有半截墙的畜禽舍。

（1）特点

通常敞开部分在南侧，因此冬季可保证有充足的阳光进入舍内，有墙部分冬季可起阻挡北风的作用，而在夏季南风可吹入舍内，有利于通风；半开放舍比开放式畜禽舍抗寒能力有所提高，但因舍内空气流动性比较大，舍温受外界影响也较大，很难进行畜禽舍环境的调控。

（2）适用范围

在寒冷地区，这种畜禽舍主要用于饲养各种成年畜禽，特别是耐寒能力强的马、牛、羊等；温暖地区也可用作产房或幼畜禽舍。生产中，为了提高此类畜禽舍的防寒能力，冬季可在开敞部分设双层或单层卷帘、塑料薄膜、阳光板形成封闭状态，也可有效地改善畜禽舍内小气候环境。

3. 封闭舍

封闭舍是指利用墙体、屋顶等外围护结构形成的全封闭状态的畜禽舍。由于其空间环境相对独立，便于进行人工环境调控。可分为有窗式畜禽舍、无窗式畜禽舍和联栋式畜禽舍三种。

（1）有窗式畜禽舍

有窗式畜禽舍是指利用墙体、屋顶、窗户等外围护结构形成全封闭状态的畜禽舍。其特点是：具有较好的保温隔热能力，便于人工控制舍内环境条件；采光、通风、换气主要依靠门、窗和通风管；根据舍外环境状况，通过开闭窗户使舍内温、湿度及空气质量保持在较适宜的范围内；当舍外温度过高或过低时，可借助人工调控措施对舍内小气候环境进行控制。

此类畜禽舍应用最为普遍，但由于窗户的保温隔热性能与墙体不同，窗户位置、数量、面积及选用材料对舍内温度、采光、通风、换气效果等有一定影响。因此，设计时应全面考虑。

（2）无窗式畜禽舍

无窗式畜禽舍的墙体上，一般没有窗户或只设少量的应急窗，舍内环境条件完全采用人工调控。这类畜禽舍的舍内环境稳定，基本不受外界环境的影响，自动化程度高，生产效率高，节省劳动力；舍内所有调控设备运行须依靠电力，一旦电力供应不能保证，将很难实现正常生产。无窗式畜禽舍比较适合于电力供应充足、电价便宜、劳动力昂贵的发达国家和地区。

（3）联栋式畜禽舍

联栋式畜禽舍是一种新形式畜禽舍，其优点是可以减少畜禽场占地面积，缓解人畜争地的矛盾，降低畜禽场建设投资。但对管理条件要求较高，必须具备良好的环境控制设施，才能使舍内保持良好的小气候环境，满足畜禽的生理、生产要求。

除上述几种畜禽舍形式外，还有拱板结构畜禽舍、大棚式畜禽舍、太阳能畜禽舍复合聚苯板组装式畜禽舍等。总之畜禽舍的形式在不断发展变化，新技术、新材料不断应用于畜禽舍，使畜禽舍建筑越来越符合畜禽对环境条件的要求。

在生产中，选择畜禽舍类型时，主要根据当地的气候条件和畜禽种类及饲养阶段来确定。一般寒带气候区选择有窗式畜禽舍、热带气候区域选用开放式畜禽舍，成年畜禽舍主要考虑防暑、幼畜禽舍主要考虑防寒。各种气候区域畜禽舍种类选择见表2-15。

表2-15 各种气候区域畜禽舍种类

气候区域	1月平均气温/℃	7月平均气温/℃	建筑要求	畜禽舍种类
Ⅰ区	−30～−10	5～26	防寒、保暖、供暖	封闭舍
Ⅱ区	−10～−5	17～29	冬季保温、夏季通风	封闭舍或半开放舍
Ⅲ区	−2～1	27～30	夏季降温	封闭舍、半开放舍或开放舍
Ⅳ区	>10	>27	夏季降温、隔热、通风	封闭舍、半开放舍或开放舍
Ⅴ区	>5	18～28	夏季降温、通风	封闭舍、半开放舍或开放舍
Ⅵ区	5～20	6～18	防寒	有窗式或无窗式
Ⅶ区	−29～−6	6～26	防寒	有窗式或无窗式

思政导学

基础和地基不牢的后果是墙倒屋塌，做人也是这样，如果一个人的行为不是建立在正确的人生观、价值观的基础上，那么他今后的发展难免会偏离了方向，人设崩塌，下场可悲。不同类型的畜禽舍适用于不同地区、不同类型的畜禽，不能生搬硬套。工作、生活中也一样，学过的知识在使用的时候要活学活用，找出知识的适用范围和条件，发现规律，才不会犯错误。

二、人员准备

人员分组，每组6人，明确职责分工。

任务角色	任务内容
组长：	任务：
组员1：	任务：
组员2：	任务：

（续表）

任务角色	任务内容
组员3：	任务：
组员4：	任务：
组员5：	任务：

 任务 筹划

（一）内容筹划

畜禽舍结构认识，畜禽舍类型认识，畜禽舍的选择，制订升级改造方案。

（二）流程筹划

①根据畜禽舍构造认识，分析塑料大棚的不足。

②根据畜禽舍类型认识，分析塑料大棚的不足。

③根据当地气候和畜禽的生理特点，确定猪对畜舍要求。

④针对塑料大棚模式，撰写可行的升级改造方案。

 任务 实施

步骤一：

步骤二：

步骤三：

步骤四：

任务 检测

请扫码答题

任务评价

工作任务完成过程评价

班级：_____ 组别：_____ 姓名：_____

项目	评分标准	自我评价	小组评价	教师评价
建筑构造类型认识（35分）	畜禽舍的结构认识（10分）			
	畜禽舍的类型认识（10分）			
	塑料大棚的弊端分析（15分）			
任务完成过程（40分）	能够根据工作任务分析并制订工作思路（10分）			
	查找资料、认真思考、积极动手动脑（10分）			
	团队协作良好，交流合作默契，互帮互助（10分）			
	小组分工明确，通过小组讨论与再学习较好地完成方案（10分）			
改造方案（15分）	能很好地展示实践成果（5分）			
	整体的效果（很好10分，较好7~9分，一般为3~6分，较差为0~2分）			
思政素养表现（10分）	通过对大棚结构性能的认识、问题查摆，学会科学选材、规范建造畜舍（5分）			
	通过对大棚改造升级方案的制订，要求学生保持应有的科学严谨、务实创新的态度，实事求是，注意设计的规范性、准确性，秉持规范严谨、诚信务实的职业操守（5分）			
合计				
自我评价与总结				
教师点评				

任务五　畜禽场设计图绘制

任务导入

通过调研学院牧场，重点了解养殖畜禽种类、数量和主要生产方向；结合生产中存在的问题，重新构思规划布局，并绘制一份更科学的设计图。

任务工单

班级：_____　　姓名：_____　　学号：_____

任务名称	绘制畜禽场设计图
任务描述	根据实际情况，填写本任务的内容、目的、流程和方法。 任务内容：以上述案例为例，结合专业知识，对学院牧场先调研并重新绘制设计图。 任务目的：通过本次任务学习，掌握畜禽场设计图的种类，熟悉看图的方法和步骤，明白畜禽舍结构设计及制图要领，并根据养殖情况及存在问题，重新绘制牧场设计图。 任务流程：查阅资料信息，分组调查研究，小组讨论分析，调研并绘制牧场设计图。 任务方法：查阅资料、给出建议。
获取信息	要完成任务，需要掌握相关的知识。请收集资料，回答以下问题。 1. 畜禽场设计图的种类。 2. 看图的方法和步骤。 3. 畜禽舍结构设计案例。 4. 畜禽场设计图的绘制。

（续表）

制订计划	
任务实施	按照预先制订的工作计划，完成本任务，并记录任务实施过程。 | 序号	完成的任务	遇到的问题	解决办法 | |---|---|---|---| | | | | | | | | | | | | | | | | | | | |

任务准备

小学士

畜禽场总平面图样例

一、知识准备

（一）设计图的种类

1. 总平面图

总平面图是畜禽场全场地势地形、道路、绿化、建筑物等的水平投影图，是一个工程的总体布局（扫描右侧二维码查看样例）。它表达了房舍的种类、数量、形状、大小、位置、朝向及相互关系；也表示出场区界线、道路及绿化布置等，是新建畜禽舍定位、施工放线、土方施工及施工总平面布置的依据。总平面图的基本内容包括以下几项。

①表明新建筑区的总体布局，如批准地号范围，各建筑物的位置、道路、管网的布置等。

②确定建筑物的平面位置。

③用指北针表示房屋的朝向，用风向玫瑰图表示常年风向频率和风速。

④表明建筑物首层地面的绝对标高，室外地坪、道路的绝对标高，说明土方填挖情况、地面坡度及排水方向。

⑤根据工程的需要，有时还有水、暖、电等管线总平面图，各种管线综合布置图，竖向设计图，道路纵剖面图以及绿化布置图等。

2. 平面图

平面图就是单栋畜禽舍的水平剖视图，也叫俯视图（图2-17），表示房舍平面形状的尺寸，如房舍总长度、跨度、墙厚；门窗的位置、开启方向、宽度；房舍内部各种设备设施的位置、尺寸、形状；地面的标高、坡度；门前的台阶和坡道的位置、尺寸和形状。俯视图上也标示剖面图的剖切位置线。一般施工放线、砌砖、安装门窗等都用平面图。

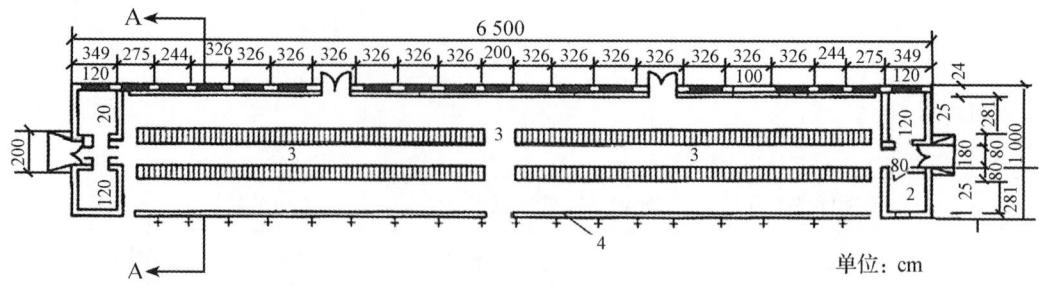

1—饲料调制间；2—值班室；3—走道；4—尿沟。

图 2-17　牛舍平面图

3. 立面图

立面图是建筑物的正面投影图或侧面投影图，是说明房舍外观的建筑图（图2-18）。立面图一般表示下列内容：房舍的样式及外部结构；门、窗及通风口的位置、形状和数量；墙面及屋面所用的建筑材料；各部分的高度尺寸，如舍内外地坪、窗台、檐口及屋顶等。立面图应与周围建筑物协调配合。

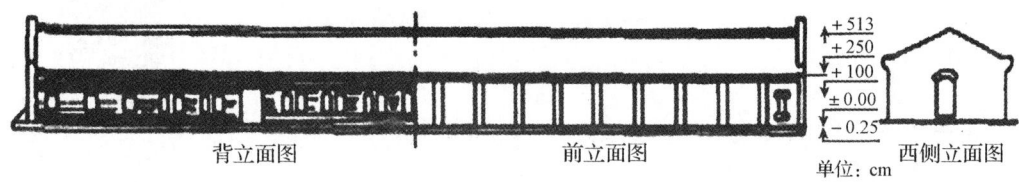

图 2-18　牛舍立面图

4. 剖面图

畜禽舍剖面图（图2-19）主要表示畜禽舍的内部结构、构造形式及内部设施和设备的高度尺寸，以及在跨度方向上的位置和尺寸；畜禽舍某些结构构件的材料、厚度和做法，如屋顶、吊顶、墙身、地面等；地面标高及坡度等。

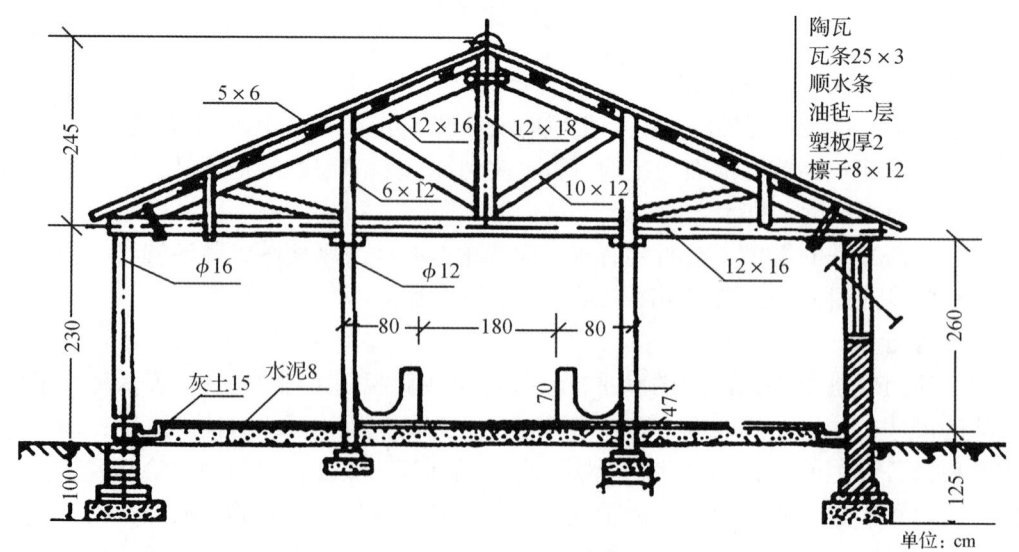

图 2-19　A—A 剖面图

（二）看图的方法和步骤

1. 看图纸的名称

图纸的名称通常注于右下角的图标框中。根据注明信息，可查明该图属于何种类型及在整套图中属哪一部分。

2. 看图纸的比例尺、方位、方向及风向频率

3. 看图顺序和方法

①由大到小。看地形图，其次为总平面图、平面图、立面图、剖面图及大样等。

②由表及里。审查建筑物时，先看建筑物的周围环境，再审查建筑物的内部。

③由下而上。审查多层畜禽舍时，应从第一层开始，依次逐层审查。

④辨认图纸上所有的符号及标记。

⑤查认地形图上的山丘、河流、森林、公路、铁路及工业区和住宅区所在地，并测量其相互间距离。

⑥确认剖面图所剖视的部位。

⑦确定建筑物各部的尺寸，长、宽和高度的尺寸，可分别在平面图和立面图或剖面图上查明或测得。

按照上述方法和步骤，对所审查的图纸，由粗而细，再由细而粗，反复研究，加以综合分析，做出卫生评价。

（三）畜禽舍设计图绘制

1. 确定绘制图样的数量

根据畜禽舍的外形和内部构造的复杂程度，同时结合技术和施工的要求来确定绘制哪几种图样。某些生产上有特殊要求的设施设备以及不常见的非标准设计，为方便技术设计和施工，应该绘制详图。对各栋房舍统筹考虑，防止重复和遗漏。在保证需要的前提下，图样数量尽量少。

2. 绘制草图

根据工艺设计要求和实际情况及条件，把酝酿成熟的设计思路徒手绘制成草图。绘制草图虽不按比例，不使用绘图工具，但图样内容和尺寸要力求详尽，细到局部（如一间、一栏）。根据草图再绘成正式图纸。

3. 选择适当的比例

考虑图样的复杂程度及其作用，以能清晰表达其主要内容为原则来决定所用比例。

4. 合理进行图纸布局

每张图纸要根据绘制内容、实际尺寸和选用比例，以及图名、尺寸线、文字说明、图标等的位置，计划和安排这些内容所占图纸的大小及其在图纸上的位置。要做到每张图纸上的各种内容主次分明，排列均匀、紧凑整齐；尽量使关系密切的图样集中在一张图纸上，以便对照查阅。一般应把比例相同的一栋房舍的平、立、剖面图绘在同一张图纸上，畜禽舍尺寸较大时，也可在顺序相连的几张图纸上绘制。布置好计划内容之后，就可确定所需图幅大小。

5. 绘制图样

绘图时一般是先绘平面图，再绘剖面图。这样可根据投影关系，由平面图引线

确定正、背立面图，再由正、背立面图引线确定侧立面图各部的高度，再按平、剖面图上的跨度方向尺寸，绘出侧立面图。

为了使图样绘制准确、整洁，提高制图速度，各种图样均应按以下步骤进行绘制。

（1）绘控制线

按图面布置计划，留出标注尺寸、代号和文字说明等位置，在适当的位置上用较硬的铅笔，按所定比例和实际尺寸先定位轴线、墙柱轮廓线、室内外地坪线和房顶轮廓线（剖面和立面）、其他主要构造的轮廓线（台阶、坡道、雨罩、阳台等）。

（2）绘门窗及其他细节

按设计尺寸用较硬铅笔轻淡地绘出门窗位置和尺寸，然后绘出舍内各种设备设施的位置和尺寸。

（3）加深图线

以上两步是打底稿工作，完成之后需进行仔细检查，确认无误后，擦去不需要的线条，再按制图标准规定的线型用较软的铅笔（HB型或B型）或绘图笔、直线笔，分别加深加粗各图线或上墨线。上墨线时，特别注意图中粗细相同的线型应同时画，并由细到粗，画完一种线型再画另一种，而且画每种线型时，还应由上到下、自左到右依次画，切忌不按顺序画，这样不仅容易用错线型，而且往往在画过后的墨线未干时就被擦而弄脏图画。在图线加深加粗之后，应按轮廓清楚、线型正确、粗细分明的要求，仔细检查一遍。

（4）标注尺寸和文字

各种图样中的尺寸要表示出各部分的准确位置，并执行制图标准中有关尺寸标注的规定。

总平面图中至少应标注两道尺寸，外边一道是总长度或总宽度，里面一道是畜禽舍建筑物、构筑物的长度或宽度，以及建筑物、构筑物之间的距离，尺寸数字一律以米（m）为单位。

畜禽舍建筑平面图中，外墙尺寸应标注三道，最外一道是外轮廓的总长度或总宽度，中间一道是轴线间尺寸，最后一道标注门窗洞口尺寸、墙厚或外墙其他构件的尺寸。注尺寸数字以毫米（mm）为单位。

剖面图长、宽尺寸注法与平面图相同，但还应标注各部分的高度尺寸，至少应标明室内地坪、窗台、门窗上缘、吊顶或柁（梁）下高度等尺寸，注法同平面图。

立面图中只标注标高符号和标高，标高符号在平面图和剖面图也应标明±0.000所在位置。

（5）其他标注

各图中还应注写各畜禽舍（间）名称、设备或设施名称、门窗编号、轴线编号、详细索引、必要的文字说明及图名、比例等。

6. 说明书

用来说明建筑物的性质、施工方法、建筑材料的使用等，以补充图中文字的说明不足；说明书有一般说明书和特殊说明书2张。有些建筑图纸上的扼要文字说明就代替了文字说明书。

7. 比例尺的使用

为了避免视觉上的误差，在测量图纸上的尺寸时，常使用比例尺。测量时比例尺与眼睛视线应保持水平位置；测量两点或两线之间的距离时，应沿水平线测量，两点之间距离应取其最短的直线为宜；比例尺上的比例与图纸上的比例应尽量做到一致，可减少推算麻烦。

（四）15 000 只产蛋鸡舍结构设计案例

以一个饲养量为 15 000 只蛋鸡封闭式鸡舍为例（图 2-20），采用 9LJ2B-396 型（长 × 宽 × 高 =1 900 mm × 1 600 mm × 1 610 mm）三层全阶梯中型鸡笼，可饲养 96 只蛋鸡，以四列五走道布置。实际笼位 16 896 只，鸡舍建筑面积 1 168 m²（包括操作间和宿舍）。鸡舍长 92.54 m，单列笼长 85.8 m；44 组笼，单笼长 1.95 m（包括笼架）；鸡舍宽 12.22 m，其中粪沟宽 1.57 m，中间三个过道宽 1.1 m，两边过道宽 0.95 m；鸡舍屋檐高 2.6 m，屋脊高 1 m；鸡舍前侧面设操作间宽 3.5 m，长 4.5 m。

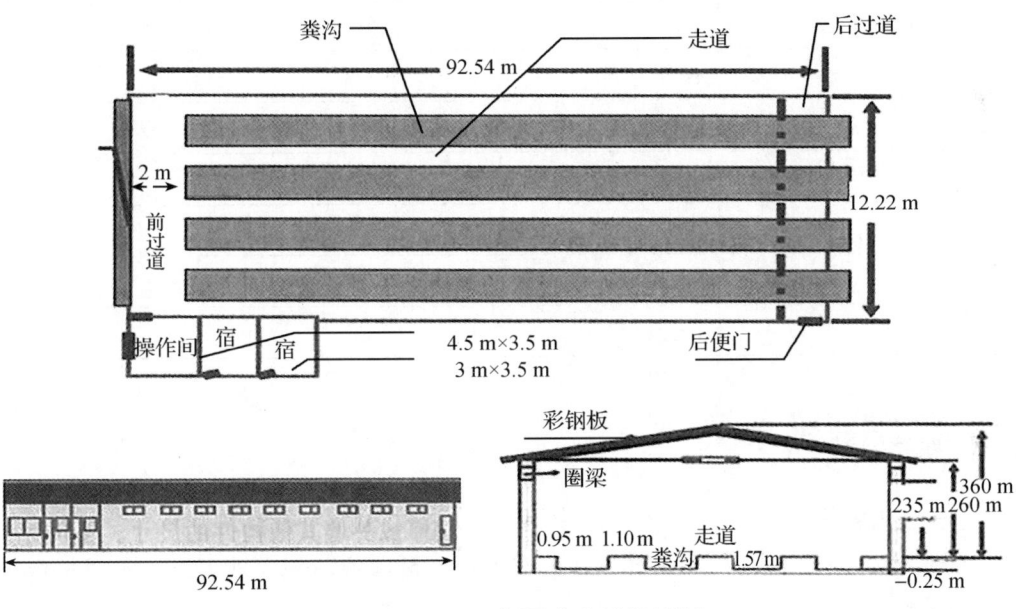

图 2-20　万只产蛋鸡舍结构设计

所需鸡笼单元数 = 饲养量 / 单元饲养量 =16 896/96=176（个），采用四列布置，每列单元数 =176/4=44（个）。

鸡笼安装长度 = 单元鸡笼长度 × 每列单元数 =1.95 × 44=85.8（m）。鸡舍净长还需要加上设备安装、两端走道长和两侧墙壁厚度，其中前过道（包括机头）3.5 m，后过道（包括机尾）2.5 m，两侧墙壁厚度各为 0.37 m。

鸡舍长度（L）=85.8 + 3.5 + 2.5 + 0.37 × 2=92.54（m）

鸡舍宽度确定时，中间走道考虑人工捡蛋车交会需要宽度为 1.1 m，两侧通道只考虑捡蛋车单向通行宽度不小于 0.95 m，两侧墙壁厚度各为 0.37 m。

鸡舍宽度 =4 × 1.57 + 3 × 1.1 + 2 × 0.95 + 0.37 × 2=12.22（m）

鸡舍选择双坡形式，鸡舍中部高度 3.6 m，净高 2.6 m，上层笼距屋架下沿高度为约 1 m。

思政导学

在学习本任务时，让学生明白畜禽舍设计不是千篇一律，不同的畜禽舍情况不同，设计也会不同，要具体问题具体分析。绘图时，要求学生保持应有的科学严谨、务实创新的态度，实事求是，注意设计规范性、准确性，秉持规范严谨、诚信制图的职业操守。

二、人员准备

人员分组，每组 6 人，明确职责分工。

任务角色	任务内容
组长：	任务：
组员1：	任务：
组员2：	任务：
组员3：	任务：
组员4：	任务：
组员5：	任务：

任务筹划

（一）内容筹划

畜禽场设计图的种类，看图的方法和步骤，畜禽舍结构设计案例，畜禽场设计图的绘制。

（二）流程筹划

①了解畜禽场设计图的种类。
②熟悉看图的方法和步骤。
③学习畜禽舍结构设计案例。
④能够根据养殖畜种、生产规模等进行畜禽场设计图的绘制。

步骤一：

步骤二：

步骤三：

步骤四：

任务检测

请扫码答题

任务评价

工作任务完成过程评价

班级：_____ 姓名：_____ 学号：_____

项目	评分标准	自我评价	小组评价	教师评价
畜禽场设计图绘制（35分）	畜禽场设计图的种类（10分）			
	看图的步骤及方法（15分）			
	畜禽舍结构设计（10分）			
任务完成过程（40分）	能够根据工作任务分析并制订工作思路（10分）			
	查找资料、认真思考、积极动手动脑（10分）			
	团队协作良好，交流合作默契，互帮互助（10分）			
	小组分工明确，通过小组讨论与再学习较好地完成任务（10分）			
设计图纸（15分）	能正确得出数据（5分）			
	根据存在问题完善图纸（很好10分，较好7~9分，一般为3~6分，较差为0~2分）			

（续表）

项目	评分标准	自我评价	小组评价	教师评价
思政素养表现（10分）	培养学生科学严谨、实事求是、踏实创新的工作态度（5分）			
	树立学生不千篇一律、具体问题具体分析的意识，并注重设计的规范性、准确性（5分）			
合计				
自我评价与总结				
教师点评				

任务六　牛羊场舍规划设计

任务 导入

　　为发展经济，A市拟根据当地经济发展特点大力发展畜禽养殖业，拟投资500万在A市西北方向的城郊建设一个养牛场，规划占地50亩（1亩≈667 m²，余同），养殖规模为存栏2 000头。养牛场采取半封闭式养殖，设置集中污水处理站将冲洗牛舍的废水就地处理后排入B河（该河流无饮用功能），牛粪由附近农民拉走肥田。该养牛场东南距城市中心区C镇居民集聚点约1.5 km。选址区主要为农用地，非基本农田保护区，主要植被为柳树、杨树及灌草丛，该地区常年主导风向为西北风，降水充沛。根据项目选址区附近的环境特征和项目特点，判断本项目选址是否合理，并说明理由。

　　请你为该项目的牛场牛舍做总体设计。

📖 **任务工单**

班级：_____　　姓名：_____　　学号：_____

任务名称	牛场牛舍设计
任务描述	根据实际情况，填写本任务的内容、目的、流程和方法。 任务内容：以上述养牛场项目为例，结合专业知识，绘制一份牛场牛舍设计图纸。 任务目的：通过本次任务学习，掌握牛场选址要求，知道牛舍设计要领，并学会如何绘图。 任务流程：查阅资料信息，分组调查研究，小组讨论分析，设计绘制图纸。 任务方法：查阅资料、给出建议。
获取信息	要完成任务，需要掌握相关的知识。请收集资料，回答以下问题。 1. 牛场选址要求与规划布局。 2. 牛舍平面设计。 3. 牛舍剖面设计。 4. 牛舍建筑设计。
制订计划	
任务实施	按照预先制订的工作计划，完成本任务，并记录任务实施过程。 | 序号	完成的任务	遇到的问题	解决办法
---	---	---	---

任务准备

一、知识准备

（一）奶牛舍的设计

1. 牛舍跨度确定

（1）牛床长度

牛床是奶牛采食、挤奶和休息的场所，应具有保温、不吸水、坚固耐用、清洁、消毒方便等特点。牛床长度设计参数见表2-16。

表2-16 牛床尺寸参数

种类	拴系式饲养			种类	散栏式饲养		
	长度/m	宽度/m	坡度/%		长度/m	宽度/m	坡度/%
种公牛	2.2	1.5	1.0~1.5	大牛种①	2.1~2.2	1.22~1.27	1.0~4.0
成奶牛	1.7~1.9	1.1~1.3	1.0~1.5	中牛种②	2.0~2.1	1.12~1.22	1.0~4.0
临产牛	2.2	1.5	1.0~1.5	小牛种③	1.8~2.0	1.02~1.12	1.0~4.0
产房	3.0	2.0	1.0~1.5	青年牛	1.8~2.0	1.0~1.15	1.0~4.0
青年牛	1.6~1.8	1.0~1.1	1.0~1.5	8~18月龄	1.6~1.8	0.9~1.0	1.0~3.0
育成牛	1.5~1.6	0.8	1.0~1.5	5~7月龄	0.75	1.5	1.0~2.0
犊牛	1.2~1.5	0.5	1.0~1.5	1.5~4月龄	0.65	1.4	1.0~2.0

注：①奶牛体重为600~730 kg；②奶牛体重为450~600 kg；③奶牛体重为320~500 kg。

（2）食槽

牛床前面设置固定食槽，食槽坚固光滑，不透水，稍带坡，且耐磨、耐酸，一般采用高强度水泥，且在槽面上铺水磨石或钢砖，以便清洗消毒。为适应牛采食，槽底壁呈圆弧形为好，槽底高于牛床地面5~10 cm。一般牛食槽尺寸见表2-17。

表2-17 牛食槽设计参数

单位：cm

奶牛	槽上部内宽	槽底部内宽	前沿高	后沿高
泌乳牛	65~75	40~50	25~30	55~65
育成牛	50~60	30~40	25~30	45~55
犊牛	30~35	25~30	20~25	30~35

（3）饲喂通道

饲喂通道位于饲槽前，用于运送、分发饲料。饲喂通道的宽度视饲喂工具而定，若采用小推车喂料，其宽度为1.4~2.4 m；采用机械喂料，其宽度则为4.8~5.4 m。通道常高出牛床地面7.5~15.0 cm，坡度为1%。

（4）清粪通道

牛舍内的清粪通道也是奶牛进出和挤奶员操作的通道，通道宽度既要满足清粪运输工具的往返，还要考虑挤奶工具的通行和停放。通道宽度一般为1.6～2.0 m，路面1%～4%的坡度。同时，路面要划线防止奶牛滑倒。防滑线（宽0.7～1.2 cm、深1 cm的浅槽，槽间距10～13 cm），一般平行于清粪通道（即牛舍）的长轴方向。

（5）粪尿沟

牛床与清粪通道间设有粪尿沟，粪尿沟有明沟和暗沟之分。明沟沟宽为30～40 cm，沟深为5～15 cm，沟底应有1%～4%的排水坡度。也可采用深沟，加盖铸铁或水泥漏缝盖板，粪尿通过漏缝落入粪沟内。

2. 牛舍长度确定

牛舍长度主要由饲养定额、牛床宽度、横向通道的宽度、场地地形等来综合决定。饲料间、值班室等附属房间一般设在牛舍一端，这样有利于场区建筑规划布局时满足净、污分离。

（1）牛床的宽度

奶牛肚宽为75 cm左右，牛床宽度除了考虑体型外，更要考虑工艺的影响。

（2）横向走道宽度

较长的双列式或多列式牛舍，每隔30～40 m，设横向通道，宽度为1.8～2.0 m。

3. 几种主要牛舍平面设计

（1）泌乳牛舍平面设计

泌乳牛群是奶牛场中所占比例最大的牛群，一般要占到整个牛群的50%。根据牛床列数和排列形式，可将泌乳牛舍分为单列式牛舍、双列式牛舍和多列式牛舍。

①单列式牛舍。指只有一排采食位的牛舍，如果设有卧栏，则卧栏位于采食位的一侧。这种牛舍跨度一般为6 m，长度以60～80 m为宜。其优点是牛舍跨度小，结构简单，通风采光良好；缺点是牛均占舍面积较大，散热面积较大，适于建成敞开型牛舍，故不适合于我国北方寒冷地区。

②双列式牛舍。有两排采食位，根据奶牛采食时的相对位置，可将其分为对尾式和对头式两种牛舍形式。

③多列式牛舍。多列式适用于大型牛舍，由于建筑跨度较大，墙面面积相应减少，在寒冷地区有利于保温以及集中使用机械设备等。由于这种牛舍较宽，自然通风效果较差。

（2）分娩牛舍平面设计

分娩牛舍是奶牛产犊的专用牛舍，包括产房和保育间。产房一般达到成乳牛10%～13%的床位数。产犊床常排成双列对尾式，采用长牛床（长2.2～2.4 m），宽度1.4～1.5 m，方便接产。为了便于消毒，要有1.3 m的墙裙。大的分娩牛舍可设单独的产房，以备个别精神紧张和难产牛只需要，要求有采暖或降温设备。一般将初生犊牛饲养在犊牛栏里。犊牛栏长110～140 cm、宽80～120 cm、高90～

100 cm，栏底离地 15～30 cm，最好制成活动式犊牛栏，以便可推到户外进行日光浴，也便于舍内清扫。保育间更要求阳光充足，相对湿度为 70%～80%，建筑质量有较高要求。

（3）犊牛舍平面设计

一般规模较大的牛场均设有单独的犊牛舍或犊牛栏。犊牛舍要求清洁干燥、通风良好、光线充足，防止贼风和潮湿。目前常用的犊牛舍主要有犊牛栏、犊牛岛、群居式犊牛岛和通栏等。

（二）奶牛舍的剖面设计

主要解决牛舍高度、采光、通风以及牛舍内部构造等问题。

1. 牛舍高度设计

砖混结构双坡式奶牛舍脊高 4.0～4.5 m，前后檐高 3.0～3.5 m。可按照当地气候状况和牛舍跨度适当抬高或降低。

2. 墙体设计

根据牛场所在地气候状况及选用墙体的材料设计墙厚。温暖地区砖墙厚度 24 cm；寒冷地区砖墙厚度为前墙 37 cm，后墙 50 cm。

3. 窗的设计

根据牛舍采光要求，有窗式牛舍采光系数（窗地比）要达到 1/12～1/10。奶牛体格较大，窗台高度一般为 1.2～1.5 m。窗户采用塑钢推拉窗或平开窗，也可用卷帘窗，窗子尺寸根据舍内面积和牛舍开间决定。

4. 门的设计

牛舍门主要包括饲喂通道、清粪通道和通往运动场的门。饲喂通道的门和清粪通道的门的宽度和高度的设计要根据采用的工艺及其设备决定。如果采用小型拖拉机饲喂和清粪，门的宽度和高度为 2.4 m×2.4 m；如果采用 TMR 饲喂车，门宽则需要加大，一般为 3.6～4.0 m，门的高度根据设备确定。通往运动场和挤奶通道的门宽可根据牛群大小、预计牛群通过时间确定，一般宽度为 2.4～6.0 m。如仅考虑奶牛通行，门的高度为 1.6 m 即可，如有饲养技术人员通行，则门高需要加至 2.0 m 左右。

5. 舍内外地坪

为了防止舍外雨水进入舍内，通常舍内地坪应高于舍外地坪 20～30 cm，门口设计防滑坡道，坡度一般为 1/8～1/7，这样有利于阻止雨水的倒灌并可保证奶牛通行的安全。

6. 内部设计

牛舍内部构造设计包括卧床的高度、坡度，卧栏、隔栏的形状以及安装尺寸，颈枷的高度和安装位置，食槽的高度和大小，各种过道、粪沟的宽度和位置以及地面做法等。此外，也包括屋顶材料、屋顶坡度（泌乳牛舍屋顶坡度一般为 1/4～1/3）、屋架特点、风帽安装尺寸等，还要给出圈梁、过梁的厚度和位置以及墙体材料等。在内部设计中，应按建筑学知识，结合泌乳奶牛实际情况对牛舍各类建筑构件以及设备构件进行分析与设计。

7. 通风口设计

通风口包括通风屋脊和檐下通风口两类，一般通风屋脊的宽度为牛舍跨度的 1/60，檐下通风口宽度为牛舍跨度的 1/120。

（三）肉牛舍建筑设计

1. 拴系式肉牛舍

拴系式肉牛舍内部排列与奶牛舍相似，也分为单列式、双列式和四列式等。双列式跨度 10～12 m，高 2.8～3.0 m；单列式跨度 6.0 m，高 2.8～3.0 m。每 25 头牛设一个门，其大小为（2.0～2.2）m×（2.0～2.3）m，不设门槛。母牛床（1.8～2.0）m×（1.2～1.3）m，育成牛床（1.7～1.8）m×1.2 m，送料通道宽 1.2～2.0 m，除粪通道宽 1.4～2.0 m，两端通道宽 1.2 m。最好建成粗糙的防滑水泥地面，向排粪沟方向倾斜 1%～3%。牛床前面设固定水泥饲槽，饲槽宽 60～70 cm，槽底为"U"形。排粪沟宽 30～35 cm，深 10～15 cm，并向暗沟倾斜，通向粪池。

2. 围栏式肉牛舍

围栏式又叫无天棚、全露天牛舍。按牛的头数，以每头繁殖牛 30 m²、幼龄肥育牛 13 m² 的比例加以围栏，将肉牛养在露天的围栏内，除树木、土丘等自然物或饲槽外，栏内一般不设棚舍或仅在采食区和休息区设凉棚。这种饲养方式投资少、便于机械化操作，适合于大规模饲养。

（四）羊舍建筑设计

1. 羊舍的平面设计

羊舍平面布置形式与饲养工艺模式有很大的关系。采用大群散养模式时，羊舍内基本不设置圈栏，一般只设置喂饲通道和清粪通道，对于全舍饲饲养模式，圈栏的平面布置形式一般有单列、双列和多列三种。圈栏布置要综合考虑设备选型、每栋羊舍应容纳的头数、饲养定额、场地地形等情况。

（1）羊舍面积确定

羊舍的建筑面积要根据饲养的品种、数量和饲养方式而定。按存栏基础母羊计算：羊场占地面积为每只羊 15～20 m²，羊舍建筑面积每只羊为 5～7 m²，辅助和管理建筑面积为每只羊 3～4 m²。按年出栏商品肉羊计算：羊场占地面积为每只羊 5～7 m²，羊舍建筑面积为每只羊 1.6～2.3 m²，辅助和管理建筑面积为每只羊 0.9～1.2 m²。产羔室面积可按基础母羊数的 20%～25% 计算。

（2）羊舍跨度和长度的确定

根据饲养羊群的类别、羊只数量、饲养面积和采食宽度标准，结合走道、粪尿沟、食槽、附属房间等的设置，初步确定羊舍的跨度和长度，最后根据建筑模数要求对跨度、长度做适当调整。在实际设计中，考虑到设备安装和工作方便，羊舍跨度一般为 6～15 m，长度一般为 50～80 m。如采用大群散养模式，羊群规模为 200 只时，可以建造长度为 45 m、跨度为 9 m 的羊舍。

（3）门、窗的布置

门、窗设置对通风、采光、保温、隔热等都有影响。为避免羊进出时发生拥挤，羊舍门宽一般为 2.5～3 m。寒冷地区须设门斗以防止冷空气侵入，以减少舍内热量散失；不设门槛和台阶，有斜坡即可。羊舍的窗户面积一般占地面面积的 1/15～1/10。窗户应向阳，保证舍内充足的光线，以利于羊的健康。同时还可以设置一些天窗更有利于降低舍内湿度和保证舍内空气新鲜。

（4）运动场

运动场的面积以羊舍面积的 2～3 倍为宜，成年羊运动场面积可按每只羊 4 m^2 计算，设计在羊舍的南侧。在运动场的两侧及南侧，应设遮阳棚或种植树木，以遮挡夏季烈日。运动场围栏一般不低于 1.5 m，且不能对羊体产生伤害，并保证羊只不会逃走。

2. 羊舍剖面设计

羊舍设计时，应根据当地的气候条件、饲养工艺模式以及经济技术水平等选择单坡、双坡、钟楼式或其他剖面形式。羊舍高度由羊舍类型及所容纳羊只数量决定，一般高度为 2.5 m。炎热地区为利于通风，可适当高些；寒冷地区为利于防寒，可取 2.4 m 左右。单坡式羊舍，一般前高 2.2～2.5 m，后高 1.7～2.0 m，屋顶斜面呈 45°角。窗台高度不低于靠墙布置的栏位高度，窗台距舍内地面高一般为 1.3～1.5 m。

一般情况下，舍内外地面高度差在 20～60 cm，取值要考虑当地的降雨情况，舍外坡道坡度为 1%～3%；舍内地面的坡度，一般在羊床部分应保证 1%～1.5%，以防羊床积水潮湿，地面应向排水沟有 1%～2% 的坡度。

确定门、窗位置和尺寸时，应按入射角、透光角计算窗的上、下缘高度。门洞口的底标高一般同所处的地平面标高，羊舍外门一般高 1.8～2.2 m；南侧墙上的窗底标高一般取 1.2～1.3 m，北侧墙上的窗底标高一般取 1.4～1.5 m。

思政导学

通过学习隔离区这部分内容，引导学生了解隔离区与畜禽场其他区以及周围环境的关系，在熟练掌握理论知识的同时，努力做好这部分工作，平衡与牛羊场其他区、周围的自然环境和社会环境之间的关系。积极采取预防控制措施，控制和消除本区域环境有害因素，最大限度预防公共卫生事件的发生，维护本地区的公共卫生安全，培养学生的公共卫生安全意识和社会责任感。

二、人员准备

人员分组，每组 6 人，明确职责分工。

任务角色	任务内容
组长：	任务：
组员1：	任务：
组员2：	任务：

（续表）

任务角色	任务内容
组员3:	任务:
组员4:	任务:
组员5:	任务:

 任务筹划

（一）内容筹划

牛场选址要求与规划布局，牛场牛舍平面设计，牛舍的剖面设计，绘图。

（二）流程筹划

①根据选址的原则与规划布局，确定牛场的方位、大致布局。

②根据牛的生物学特性，构思设计牛场牛舍平面设计。

③根据牛生产的实际需要，构思牛舍的剖面设计。

④利用图纸、电脑制图软件，绘制牛场牛舍的设计图。

 任务实施

步骤一：

步骤二：

步骤三：

步骤四：

任务检测

请扫码答题

任务评价

工作任务完成过程评价

班级：_____　　姓名：_____　　学号：_____

项目	评分标准	自我评价	小组评价	教师评价
牛场选址 牛舍设计 （35分）	牛场选址的原则（10分）			
	牛场规划布局的依据（10分）			
	牛舍设计的注意事项（15分）			
任务完成 过程 （40分）	能够根据工作任务分析并制订工作思路（10分）			
	查找资料、认真思考、积极动手动脑（10分）			
	团队协作良好，交流合作默契，互帮互助（10分）			
	小组分工明确，通过小组讨论与再学习较好地完成方案（10分）			
设计图 绘制 （15分）	绘制牛场的总平面图，要求管理区、生产区和隔离区各建筑物布局合理，建筑物之间密切联系，图题或指北针要规范标注，尺寸线要标记规范，图题下面的图注要清晰无误（5分）			
	整体的效果（很好10分，较好7~9分，一般为3~6分，较差为0~2分）			
思政素养 表现 （10分）	通过对牛场选址与规划布局，要求学生明白隔离区与畜禽场其他区以及周围环境的关系，最大限度地预防公共卫生事件的发生，维护地方公共卫生安全，有公共卫生安全意识和社会责任感（5分）			
	通过对牛场牛舍设计图的绘制，要求学生保持应有的科学严谨、务实创新的态度，实事求是，注意设计的规范性、准确性，秉持规范严谨、诚信制图的职业操守（5分）			
合计				
自我评价 与总结				
教师点评				

任务七　猪场猪舍规划设计

老宋于 2010 年在四川投资新建一个基础母猪为 2 000 头的规模化种猪场。由于该猪场是在原育肥猪场的基础上改建的，所以没有预留地。在规划设计时，为了能增加基础母猪的存栏量，压缩了种公猪圈舍面积和场区绿化面积。在圈舍完工后，老宋迫不及待地引进种猪准备大干一场。在 2011 年下半年，猪场取得了较好的效益。2012 年 7 月四川持续高温，老宋的种猪出现一些不大不小的问题。种公猪的精子活力大幅度下降，母猪受胎率也大幅下降，紧接着受孕母猪也出现流产现象，刚出生的小猪出现许多弱仔。老宋这下着急了，他立刻来到县畜牧局求助。县畜牧局了解到这一情况后，派相关专家和老宋一起来到猪场。在相关专家四处巡查后，发现老宋猪场的种公猪舍是密闭的，整个公猪生活在较为黑暗的环境中，没有单独的运动场。另外整个猪场的猪舍与猪舍之间相隔较近，整个猪场绿化面积几乎为零。想一想，老宋的猪场为什么会出现这些问题？如果你是畜牧专家，你会给老宋提出哪些整改措施？试比较北方和南方猪场建设时应注意的问题有何不同？

如果要改造这个猪场，请绘制一份猪场猪舍设计图纸。

班级：_____　　姓名：_____　　学号：_____

任务名称	猪场猪舍设计
任务描述	根据实际情况，填写本任务的内容、目的、流程和方法。 任务内容：以上述养猪场项目为例，结合专业知识，绘制一份猪场猪舍设计图纸。 任务目的：通过本次任务学习，掌握猪场设计要求，了解猪舍设计要领，并学会绘制猪舍设计图。 任务流程：查阅资料信息，分组调查研究，小组讨论分析，设计绘制图纸 任务方法：阅资料、给出建议。
获取信息	要完成任务，需要掌握相关的知识。请收集资料，回答以下问题。 1. 猪舍建筑应具备的基本条件。

（续表）

任务名称	猪场猪舍设计
获取信息	2. 猪舍的平面设计要领。 3. 猪舍的剖面设计要领。 4. 绘制设计图。
制订计划	
任务实施	按照预先制订的工作计划，完成本任务，并记录任务实施过程。 | 序号	完成的任务	遇到的问题	解决办法 | | --- | --- | --- | --- | | | | | | | | | | | | | | | | | | | | |

任务 准备

一、知识准备

猪的生产性能是遗传与环境共同作用的结果。猪舍是集约化养猪的基础设施，在养猪生产中起着重要作用。

（一）猪舍建筑应具备的基本条件

1. 符合猪的生物学特性要求

猪对冷、热、干、湿、风、雨等条件变化的耐受性不如牛羊，一般舍温 $10 \sim 25\ ℃$，相对湿度以 $45\% \sim 75\%$ 为宜，并保持空气清新，光照充足。只有这样才能保证猪群健康，促进其生长发育，提高猪群生产潜能，激发种公猪旺盛的繁殖机能。

2. 适应当地的自然气候和地理条件

我国幅员辽阔，南部地区雨量丰富，气候炎热，要注意防潮防暑；北部地区干燥寒冷，应注意保暖通风，沿海多风，应加强猪舍的坚固性和防风设计；山高风大多雪，应注意舍顶坚固厚实。

3. 便于科学饲养管理

在建造猪舍时，应充分考虑方便操作，降低劳动强度，提高管理定额。每头猪所需栏圈面积，需根据不同猪群生产和生理特点，大致可参照右侧二维码页面内容确定。

各类猪群每头猪所需栏圈的面积

（二）猪舍的平面设计

1. 猪舍的平面布置

猪舍的平面布置按猪栏的排列方式可分为单列式、双列式和多列式（图 2-21）。

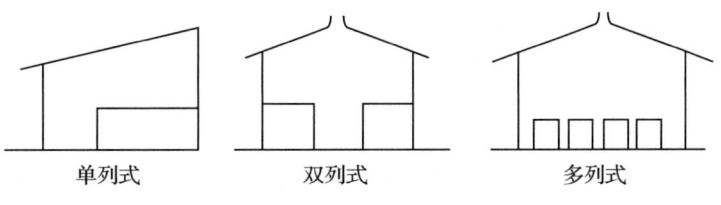

图 2-21　猪舍类型

（1）单列式猪舍

一般靠北墙设饲喂走道，南墙设一列猪栏，舍外可设或不设运动场。优点是采光、通风良好，舍内空气清新，结构简单、跨度较小，对建筑材料要求较低；缺点是土地及建筑利用率低，冬季保温能力差。如图 2-22 所示，这种猪舍适合于专业户养猪和饲养种猪。

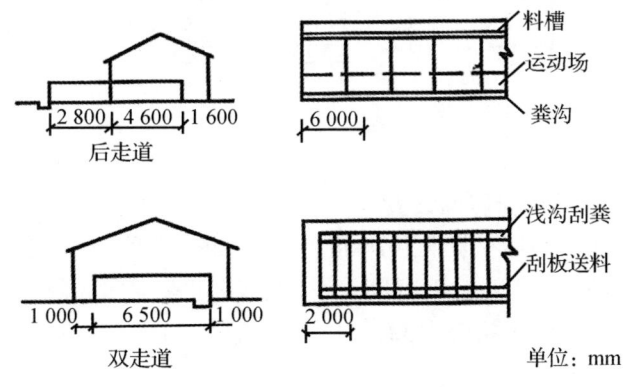

图 2-22　单列式猪舍

（2）双列式猪舍

舍内猪栏排成两列，中间设一走道，或两边各设一走道。优点是管理方便，可实现机械化作业，土地及建筑利用率较高，冬季保温性能好；缺点是北侧猪栏自然采光差，圈舍易潮湿，建造比较复杂，投资较大。如图 2-23 所示，适用于规模化养猪场和育成、育肥猪。

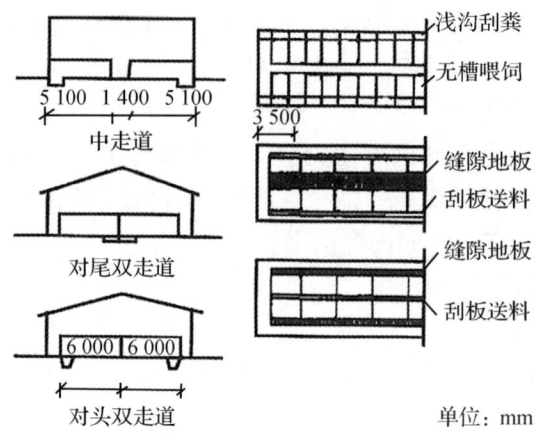

图 2-23 双列式猪舍

（3）多列式猪舍

猪栏排列成三列、四列或更多列，猪舍的跨度较大，一般 10 m 以上。其优点是猪栏集中，运输线短，工作效率高，猪舍外围护结构散热面积小，冬季保温性能好；缺点是构造复杂，采光通风差，圈舍阴暗潮湿，容易传染疾病，建筑材料要求高，投资运行费用较高。如图 2-24 所示，一般情况下不宜采用，主要用于大群饲养肥育猪。

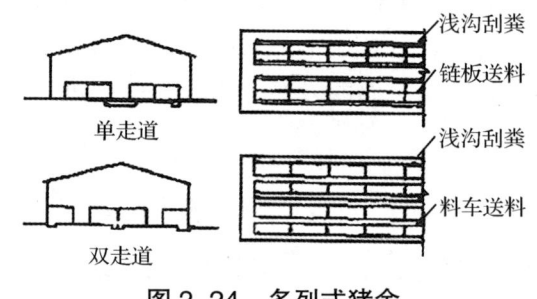

图 2-24 多列式猪舍

2. 通道、粪尿沟及附属房间设置

管理通道及粪尿沟一般按猪栏纵向布置，为加强管理还应设值班室（特别是产房）。大型猪舍还应设工具间、消毒间等。附属房间常设在靠场内净道一端；较长的猪舍，附属房间也可设在猪舍中部，以方便管理。

3. 猪舍长度和跨度确定

猪舍长度根据工艺流程、饲养规模、饲养定额、场地地形、机械设备利用率等综合决定，一般以 70～100 m 为宜；猪舍跨度主要由猪舍结构类型及材料、圈栏的尺寸及布局、走道的尺寸及数量、清粪方式及粪沟尺寸等决定。

猪舍长度和跨度可以根据设施设备尺寸和排列来计算。若选用非标准设施和非定型设备，则需根据采食宽度计算每个圈栏的宽度（开间方向），然后根据每圈容纳的猪只数量和猪只占栏面积标准定额计算单个圈栏的长度（进深方向）。

以育肥猪舍为例，确定猪舍长度与跨度：根据工艺设计，采用整体单元式转群，共设 6 个单元，每个单元 12 圈，每圈饲养 1 窝猪；每窝育肥栏宽度 2.8 m，栏长度 3.23 m（含 2.03 m 的实体猪床和 1.2 m 的漏缝地板）。每个单元采用双列布置，每列 6 圈，中间饲喂走道 1.0 m，两侧清粪通道各 0.6 m、清粪沟各 0.3 m，猪舍内外墙厚度为 24 cm，猪舍平面布局采用单廊式，北侧走廊宽度 1.5 m、南侧横间通道 0.62 m。经排列布置和计算得到单元长向间距 9.5 m，猪舍长度 57 m，跨度 19.4 m，如图 2-25 所示。

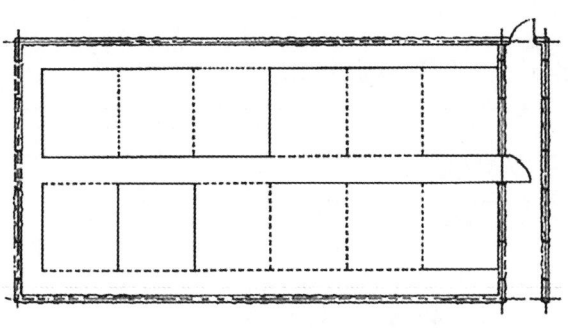

图 2-25　育肥猪舍平面示意图

（三）猪舍的剖面设计

猪舍的剖面设计主要是确定猪舍各部、各种配件、设施设备的高度尺寸以及门窗与通风口的设置等。

1. 猪舍高度的确定

高度与跨度有关。寒冷地区檐下高度以 2.2～2.7 m 为宜，跨度 9 m 以上的猪舍可适当加高；炎热地区以 2.7～3.3 m 为宜。

2. 舍内地面高度的确定

猪舍内地面应高于舍外 20～30 cm，并与场区道路标高相一致。场地低洼时，可提高到 45～60 cm。猪舍大门不可设置台阶，应设置成坡道（坡度小于 15%），以保证猪只和车辆进出。猪床到粪尿沟设 3%～4% 的坡度。

3. 门窗、通风口及猪栏高度的设置

门口的标高一般同地坪标高，猪舍外门一般高 2.0～2.4 m，双列猪舍中央通道设门时，高度不小于 2.0 m。南墙窗底的标高一般为 0.8～0.9 m，窗下设置风机时，风机洞口地标一般要高出舍内地面 0.1 m 左右；北墙窗底的标高一般为 1.1～1.2 m，纵向通风时，风机底部距离舍内地面 0.3 m 左右。猪栏、隔（栏）墙高度一般为：哺乳仔猪 0.4～0.5 m，育成猪 0.6～0.8 m，育肥猪 0.8～1.0 m，空怀母猪 1.0～1.1 m，怀孕后期及哺乳母猪 0.8～1.0 m，公猪 1.3 m。

4. 饲槽、水槽设置

猪的饲槽和水槽底可与地面同高或稍高于地面；饮水器距地面的高度为：仔猪 10～15 cm，育成猪 25～35 cm，肥猪 30～40 cm，成年母猪 45～55 cm，成年公猪 50～60 cm。如将饮水器装成与水平呈 45°～60° 角，则距地面高 10～15 cm，即可供各种年龄的猪使用。

思政导学

通过猪舍建筑设计的学习，帮助学生培养合理设计能降低生产成本的意识，树立"成本控制"理念；要求学生保持应有的科学严谨、务实创新的态度，实事求是，注意设计的规范性、准确性，秉持规范严谨、诚信制图的职业素养。

二、人员准备

人员分组，每组6人，明确职责分工。

任务角色	任务内容
组长：	任务：
组员1：	任务：
组员2：	任务：
组员3：	任务：
组员4：	任务：
组员5：	任务：

 任务筹划

（一）内容筹划
猪舍建筑应具备的基本条件，猪舍的平面设计，猪舍的剖面设计，绘图。
（二）流程筹划
①根据猪场猪舍建筑应具备的基本条件，确定猪场的方位、猪舍布局。
②了解猪舍的平面设计要领。
③熟悉猪舍的剖面设计要领。
④利用图纸、电脑制图软件，绘制猪场猪舍的设计图。

任务实施

步骤一：

步骤二：

步骤三：

步骤四：

任务检测

请扫码答题

任务评价

工作任务完成过程评价

班级：_____　　姓名：_____　　学号：_____

项目	评分标准	自我评价	小组评价	教师评价
猪场选址猪舍设计（35分）	猪场选址与布局（10分）			
	猪舍平面设计（10分）			
	猪舍剖面设计（15分）			
任务完成过程（40分）	能够根据工作任务分析并制订工作思路（10分）			
	查找资料、认真思考、积极动手动脑（10分）			
	团队协作良好，交流合作默契，互帮互助（10分）			
	小组分工明确，通过小组讨论与再学习较好地完成方案（10分）			
设计图绘制（15分）	绘制猪场猪舍的平面图，要求建筑物布局合理、密切联系，图题或指北针要规范标注，尺寸线要标记规范，图题下面的图注要清晰无误（5分）			
	整体的效果（很好10分，较好7～9分，一般为3～6分，较差为0～2分）			
思政素养表现（10分）	通过猪场选址与规划布局，要求学生明白隔离区与畜禽场其他区以及周围环境的关系，最大限度地预防公共卫生事件的发生，维护地方公共卫生安全，有公共卫生安全意识和社会责任感（5分）			

（续表）

项目	评分标准	自我评价	小组评价	教师评价
思政素养表现（10分）	通对过猪舍建筑设计的学习，帮助学生培养合理设计能降低生产成本的意识，树立"成本控制"理念；要求学生保持应有的科学严谨、务实创新的态度，实事求是，注意设计的规范性、准确性，秉持规范严谨、诚信制图的职业操守（5分）			
合计				
自我评价与总结				
教师点评				

任务八　禽场禽舍规划设计

任务导入

学校拟建一个10 000只鸡的现代化蛋鸡场，请你为该项目提供一份鸡场鸡舍设计图纸。

任务工单

班级：_____　姓名：_____　学号：_____

任务名称	禽场禽舍设计
任务描述	根据实际情况，填写本任务的内容、目的、流程和方法。 任务内容：以学校拟建养禽场项目为例，结合专业知识，绘制一份禽场禽舍设计图纸。 任务目的：通过本次任务学习，掌握禽场选址要求，了解禽舍设计要领，并学会如何绘图。 任务流程：查阅资料信息，分组调查研究，小组讨论分析，设计绘制图纸。 任务方法：查阅资料、给出建议。

（续表）

获取信息	要完成任务，需要掌握相关的知识。请收集资料，回答以下问题。 1. 禽场选址要求与规划布局。 2. 鸡舍的平面设计。 3. 鸡舍的剖面设计。 4. 绘制图纸。
制订计划	
任务实施	按照预先制订的工作计划，完成本任务，并记录任务实施过程。 | 序号	完成的任务	遇到的问题	解决办法
---	---	---	---

任务准备

一、知识准备

（一）鸡舍的平面设计

1. 鸡舍平面布局

（1）平养鸡舍

根据鸡舍或鸡棚的排列与走道的组合，平养鸡舍可分为无走道式、单列走道式，双列走道式、三列二走道或三列四走道式等。

①无走道式。鸡舍长度由饲养密度和饲养定额来确定：跨度没有限制，跨度在 6 m 以内设一台喂料器，12 m 左右设两台喂料器。鸡舍一端设置工作间，工作间与饲养间用墙隔开，饲养间的另一端设出粪和鸡转运大门。鸡舍不设专门的走道，舍内面积利用率高，但日常管理时，饲养人员进出鸡舍和操作不方便，也不利于防疫。

②单列走道式。走道大多设在北侧，有的南侧还设有运动场，主要用于种鸡饲养，受喂饲宽度和集蛋操作长度限制，建筑跨度不大。鸡舍舍内走道宽约 1 m，饲养人员管理方便，有利于防疫，但走道占地面积较多，减少了有效饲养面积。

③双列走道式。鸡舍的走道在舍内中央，分别管理两侧栏内的鸡群，工作人员操作方便，可提高有效利用面积，地面平养或网上平养多采用这种形式，但如只用一台链式喂料机，则存在走道和链板交叉问题；若为网上平养，必须用两套喂料设备。此外，对有窗的鸡舍而言，开窗比较困难，也有鸡舍将走道设置在鸡舍墙壁两侧，双列式鸡栏放在鸡舍中部，配置一套饲喂设备和一套清粪设备即可，便于鸡群管理，且开窗方便。

④三列二走道或三列四走道式。在跨度比较大的鸡舍常设置三列鸡栏，沿鸡舍墙壁排列，采用二走道方式。三列四走道的排列形式也适用于跨度大的鸡舍。

上述鸡舍布局中，以单列走道式和双列走道式比较普遍，跨度大的鸡舍常采用三列式甚至四列式多走道的排列形式。

（2）笼养鸡舍

笼养鸡舍中鸡笼排列数与鸡舍的跨度相关联，鸡舍跨度越大，鸡笼排列数越多。根据笼架配置和排列方式的差异，笼养鸡舍的平面布置分为无走道式和有走道式两大类。

①无走道式。一般用于平置笼养鸡舍，把鸡笼分布在同一个平面上，两个鸡笼相对布置成一组，合用一条料槽、槽和集蛋带，通过纵向和横向水平集蛋机定期集蛋，由笼架上的行车完成给料观察和捉鸡等工作。其优点是鸡舍面积利用充分，鸡群环境条件差异不大。

②有走道式。平置笼养鸡舍有走道布置时，鸡笼悬挂在支撑屋架的立柱上，并布置在同一平面上，笼间设走道作为机具给料、人工捡蛋之用。二列三走道仅布置两列鸡笼架，靠两侧纵墙和中间共设 3 条走道，适用于阶梯式、叠层式和混合式笼养。三列二走道一般在中间布置三或二阶梯全笼，靠两侧纵墙布置阶梯式半笼架。三列四走道布置三列鸡笼架，设 4 条走道，是较为常用的布置方式，建筑跨度适中。

2. 平面尺寸确定

鸡舍建筑面积包括结构占地面积、饲养间面积、操作管理间面积等。平养鸡舍的饲养间面积由饲养区面积、机械设备所占面积、走道面积组成；笼养鸡舍则由笼架所占面积、机械设备所占面积、走道面积组成。通常，鸡舍建筑面积大小主要由饲养面积和走道面积决定。

（1）鸡舍的跨度确定

①生产工艺与鸡舍跨度。在生产工艺设计时，应根据饲养定额和饲养密度确定

饲养区面积，依据选择的喂料设备、承载鸡只数量及设备布置要求确定饲养区宽度和长度。平养鸡舍的跨度可按下式确定：

$$\text{平养鸡舍的跨度} \approx m \text{个饲养区} + n \text{个走道宽度}$$

肉鸡或蛋鸡平养的机械喂料系统饲槽布置分单链和双链，饲养区宽度在5 m左右选用单链，宽度在1 m左右则用双链；种鸡平养饲养密度低，饲养区宽度在1 m左右，常采用单链。平养时的走道宽度根据工艺设计中的饲喂方式、设备选型与集蛋方式来确定，一般在0.6～1.0 m。笼养鸡舍的跨度可根据下式确定：

$$\text{笼养鸡舍的跨度} \approx m \text{个鸡笼架宽度} + n \text{个走道宽度}$$

选择不同规格的笼架，技术参数就不一样。以三列四走道笼养鸡舍为例：若选用9LT2型全阶梯中型蛋鸡笼，每单元笼架尺寸（长×宽×高）为2.1 m×2.1 m×1.6 m，其中大笼6组，每组大笼含4个小笼，每个小笼装4只鸡，故每单元养96只鸡；中间走道考虑人工捡蛋车交会，设置宽度不小于1.0 m；鸡舍形式选用密闭式，采用纵向通风系统，侧面只开应急窗，两侧通道只考虑捡蛋车单向通行，宽度不小于0.6 m。故鸡舍的净宽为：

$$\text{鸡舍的净宽} = 3 \times 2.1 + 2 \times 1.0 + 2 \times 0.6 = 9.7 \text{ m}$$

②通风方式与鸡舍跨度。开放式鸡舍采用横向通风，跨度6 m左右通风效果较好，但不要超过9 m；从防疫和通风效果来看，当前密闭式鸡舍均采用纵向通风技术，对鸡舍跨度要求并不严格，但应考虑应急窗的横向通风，故鸡舍跨度也不能过大。生产中，三层全阶梯蛋鸡笼架的横向宽度在2.1～2.2 m，走道净距一般不小于0.6 m；若鸡舍跨度为9 m，一般布置三列四走道；跨度12 m时可布置四列五走道；跨度15 m时可布置五列六走道。

③建筑结构形式和建筑模数与鸡舍跨度。鸡舍的跨度还需要根据建筑结构类型、围护墙体厚度和建筑模数来确定。如上述笼养鸡舍采用轻型钢结构装配式建筑，钢结构断面柱子尺寸为18 cm×18 cm×0.6 cm，墙体靠外侧安装，则鸡舍的跨度只考虑柱子尺寸，应为9.7＋0.18＝9.88（m），考虑建筑模数，则应调整为9.0 m。

（2）鸡舍的长度确定

长度主要取决于鸡舍的跨度和管理的机械化程度，跨度6～10 m的鸡舍，长度可在30～60 m；跨度为12 m的鸡舍，长度一般为70～80 m。机械化程度较高的鸡舍可长一些，但不宜超过15 m，否则机械设备的制作与安装难度较大，材料不易解决。另外，鸡舍长度还要考虑饲养量、选用的饲喂设备和清粪设备的布置要求及其使用效率，场区的地形条件与总体布置等。

①平养鸡舍的长度。

$$\text{平养鸡舍饲养区面积 } A = \text{单栋鸡舍每批饲养量 } Q / \text{饲养密度 } q$$

$$\text{鸡舍初拟长度 } L = A/(B + nB_1) + L_1 + 2b$$

式中：L——鸡舍初拟长度；

B——初拟饲养区宽度；

n——走道数量；

B_1——走道宽度；

L_1——工作管理间宽度，一般取 3.6 m 或 3.0 m；

b——鸡舍内墙皮距定位轴线距离，根据建筑结构和围护材料宽度确定。

以 10 万只蛋鸡场为例，根据饲养工艺育成鸡饲养量 Q = 9 800 只/批，网上平养的饲养密度为 12 只/m^2，平面布置为二列双走道，B=10 m，n=2，B_1 = 0.8 m，L_1 = 3.6 m，b = 0.12 m，则平养鸡舍饲养区面积 A 和鸡舍初拟长度 L 为：

$$A = Q/q = 9\ 800/12 = 816.7\ (m^2)$$

$$L = A/(B + nB_1) + L_1 + 2b = 816.7/(10 + 2 \times 0.8) + 3.6 + 2 \times 0.12 = 74.2\ (m)$$

②笼养鸡舍的长度。根据所选择的笼具容纳的鸡只数量，结合笼具尺寸、设备、工作空间等来确定。以一个 10 万只蛋鸡场为例，根据工艺设计，单栋蛋鸡舍饲养量为 0.88 万只/批，采用 9LTZ 型三层全阶梯中型鸡笼，单元鸡笼长度为 2.1 m，共饲养 96 只蛋鸡，以三列四走道布置，则所需鸡笼单元数 = 饲养量/单元饲养量 = 8 800/96 = 92（个），采用三列布置，实际取 93 组，每列单元数 = 93/3 = 31（个），鸡笼安装长度 L_1 = 单元鸡笼长度 × 每列单元，即 2.1 m × 31 = 65.1 m。鸡舍的净长还需要加上设备安装和两端走道长度，包括：工作间开间取 3.6 m，鸡笼架头架尺寸为 1.0 m，头架过渡食槽长度为 0.27 m，尾架尺寸为 0.5 m，尾架过渡食槽长度为 0.2 m，两端走道各取 1.5 m。则鸡舍净长度为：

$$鸡舍净长度 L_0 = 65.1 + 3.6 + 1.0 + 0.27 + 0.5 + 0.2 + 2 \times 1.5 = 73.67\ (m)$$

③饲养管理定额和机械设备效率与鸡舍长度。国内外的喂料系统一般允许鸡舍长度达到 15 m。运料距离过长，易造成前后来食不均，对水槽、食槽、笼架等设备安装技术要求高、难度大；如果鸡舍长度过短，则机械设备的效率降低。因此，设计时应参考具体的设备技术参数说明。管理水平和自动化程度高时，每个饲养员至少可管理 2~5 万只蛋鸡。我国蛋鸡生产饲养员的管理定额为 1 万只左右，此规模比较适合 10 m 左右长度的鸡舍。

3. 鸡舍管理间布置

鸡舍管理间布置有中间式和一端式两种。中间式则是将饲养管理间设在两个饲养间之间，这种组合用在有两栋以上鸡舍的鸡场时，饲料和粪污通道的布置会出现交叉，不利于防疫，规模化鸡场不宜采用。一端式是将饲养管理间（值班更衣间、饲料间、控制室、贮藏间等）设置在饲养间的一端（图 2-26），有利于发挥机械效率，便于组织生产，是常用的平面组合方式。

（二）鸡舍的剖面设计

鸡舍剖面设计时，须考虑饲养方式、自然条件、设备安装和鸡舍环境要求等因素。剖面设计的内容包括剖面形式的选择、剖面尺寸确定和窗口、通风口的形式与设置。

1. 剖面形式选择

根据生产工艺、区域气候、地方经济技术水平等选择单坡、双坡、钟楼或其他剖面形式。

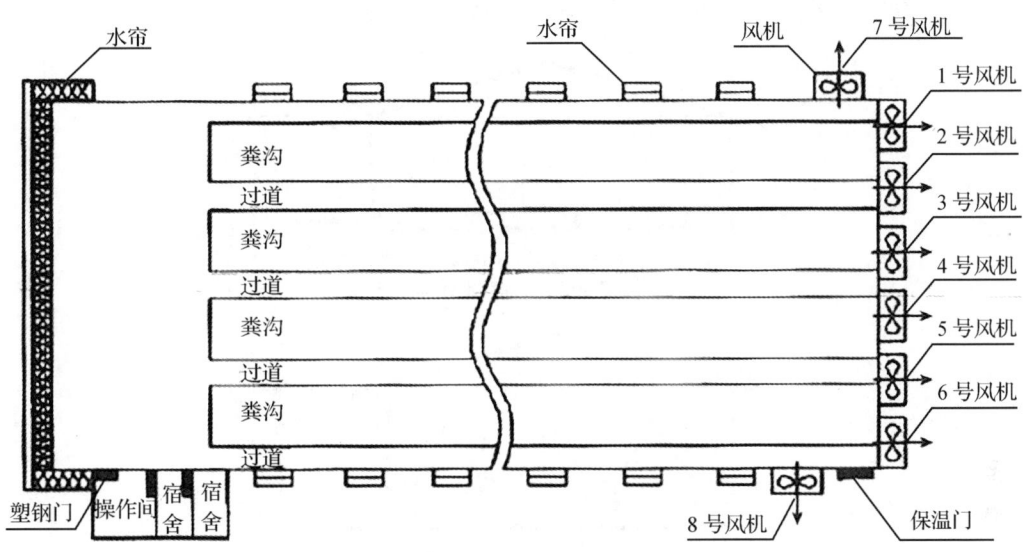

图 2-26 鸡舍平面示意图

2. 剖面尺寸确定

鸡舍高度的确定主要考虑满足经济性和舍内环境需求，一般剖面的高跨比取（1～4）：5，炎热地区和采用自然通风的鸡舍跨度要求大些，寒冷地区及采用机械通风系统的鸡舍要求小些。

（1）平养鸡舍的剖面尺寸

地面平养鸡舍的高度以不影响饲养管理人员的操作和通行为准，同时要考虑鸡舍的保温和通风等要求。密闭式鸡舍取 1.9～2.4 m，开放式鸡舍高度取 2.4～2.8 m。

网上平养鸡舍，网上部分高度同地面平养。网下部分高度取决于风机洞口高度和积粪高度。为了使鸡粪表面蒸发的水汽和鸡粪分解产生的有害气体等顺利排除，网下高度不少于 70～80 cm。故网上平养鸡舍的高度取值为：密闭式鸡舍 2.6～3.2 m，开放式鸡舍 3.1～3.5 m。

（2）笼养鸡舍的剖面尺寸

决定笼养鸡舍剖面尺寸的因素主要有设备高度、清粪方式以及环境要求等。

①设备高度。设备高度与鸡笼架高度、喂料器类型和拣蛋方式有关。如三层阶梯式鸡笼，采用链式喂料器，若为机械集蛋，可选用高架笼，笼架高度为 1.8 m；若为人工拣蛋，可选用低架笼，笼架高度为 1.6 m。

②清粪方式。清粪方式包括高床、中床和低床三种。低床机械牵引式清粪粪仓深 0.20～0.35 m，自走式清粪粪仓深 0.5～0.7 m（图 2-27a）。高床一般在一个饲养周期结束后清粪一次，考虑清粪时操作方便，粪仓深 1.6～1.8 m，较低床增加 1 m 左右。若粪仓地面标高为 +0.00，则采用高床饲养的鸡舍总高度须在 5 m 左右，其

土建造价约比低床的高 1/3。另外，由于外墙面积的增大，造成鸡舍冬季失热过多，夏季太阳辐射热增大。为充分利用高床鸡舍平时不清粪的特点，同时降低土建造价，改善鸡舍环境条件，实践中可将高床改为中床（图 2-27b），高度取 1.2 m；另外，使粪仓的一部分落入地下，设计成半高床半坑形式（图 2-27c）。

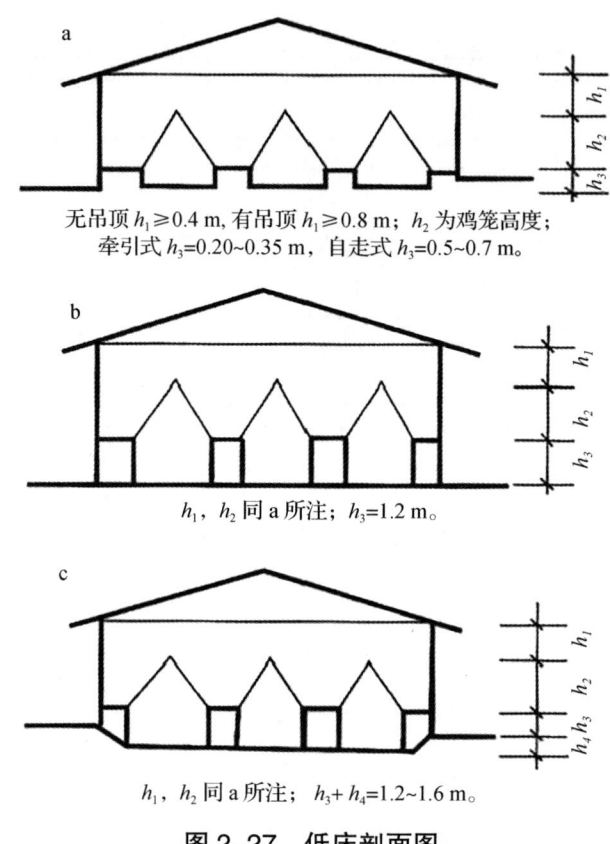

a
无吊顶 $h_1 \geq 0.4$ m，有吊顶 $h_1 \geq 0.8$ m；h_2 为鸡笼高度；
牵引式 $h_3 = 0.20 \sim 0.35$ m，自走式 $h_3 = 0.5 \sim 0.7$ m。

b
h_1，h_2 同 a 所注；$h_3 = 1.2$ m。

c
h_1，h_2 同 a 所注；$h_3 + h_4 = 1.2 \sim 1.6$ m。

图 2-27 低床剖面图

③环境要求。鸡舍内上层笼顶上方需留有一定的空间，以利于通风换气。无吊顶时，上层笼顶距屋顶结构下表面不小于 0.4 m，有吊顶时则距吊顶不小于 0.8 m。

3. 门窗与通风口的设置

开放式和有窗式鸡舍的窗口设置以满足舍内光线均匀为原则。开放式鸡舍设置的采光带，以上下布置两条为宜；有窗式鸡舍的窗开口应每开间设立式窗，或采取上下层卧式窗，这样能获得较好的光照效果。

鸡舍通风口设置应使自然气流通过鸡只的饲养层面，以利于夏季降低舍温和鸡只体感温度。平养鸡舍的进风口下标高应与网面相平或略高于网面，笼养鸡舍为 0.3～0.5 m，上标高最好高出笼架。

建议将排气口设在上方，这样利用热压和风压来获得较好的通风效果。但这种气流循环路径易使污浊空气穿过鸡群。密闭式鸡舍若条件许可时，可将进气口设在上方，排气口设在下方，依靠风机循环气流，使室外冷空气进入鸡舍顶部得到一定的预热后到达鸡的饲养层面，然后排出舍外。

思政导学

禽类抵抗力差,防疫要非常严格,要理解"科学建场""卫生防疫"对家禽养殖的重要性。特别是通过自然条件的选择和禽场禽舍的合理规划布局,根植学生尊重自然、利用自然和保护环境的意识。

二、人员准备

人员分组,每组6人,明确职责分工。

任务角色	任务内容
组长:	任务:
组员1:	任务:
组员2:	任务:
组员3:	任务:
组员4:	任务:
组员5:	任务:

任务筹划

(一)内容筹划

禽舍选址及规划布局,鸡舍的平面设计,鸡舍的剖面设计,绘图。

(二)流程筹划

①根据禽类的生物学特性,确定禽场的方位,并进行规划布局。
②根据实际需要,构思鸡舍的平面设计。
③根据考虑要素,构思鸡舍的剖面设计。
④利用图纸、电脑制图软件,绘制禽场禽舍的设计图。

任务实施

步骤一:

步骤二:

步骤三:

步骤四：

任务检测

请扫码答题

任务评价

工作任务完成过程评价

班级：_____ 姓名：_____ 学号：_____

项目	评分标准	自我评价	小组评价	教师评价
禽场选址禽舍设计（35分）	禽场选址原则（10分）			
	禽场规划布局的依据（10分）			
	禽舍设计的注意事项（15分）			
任务完成过程（40分）	能够根据工作任务分析并制订工作思路（10分）			
	查找资料、认真思考、积极动手动脑（10分）			
	团队协作良好，交流合作默契，互帮互助（10分）			
	小组分工明确，通过小组讨论与再学习较好地完成方案（10分）			
设计图绘制（15分）	绘制禽场禽舍图纸，要求分区正确，各建筑物布局合理，图题或指北针要规范标注，尺寸线要标记规范，图题下面的图注要清晰无误（5分）			
	整体的效果（很好10分，较好7～9分，一般为3～6分，较差为0～2分）			

（续表）

项目	评分标准	自我评价	小组评价	教师评价
思政素养表现（10分）	通过合理选择禽场场址和禽场科学规划布局的学习，帮助学生理解"科学建场""卫生防疫"对家禽养殖的重要性，树立科学养殖的理念（5分）			
	通过对禽舍建筑设计的学习，帮助学生培养合理设计能降低生产成本的意识，树立"成本控制"理念；要求学生保持应有的科学严谨、务实创新的态度，实事求是，注意设计的规范性、准确性，秉持规范严谨、诚信制图的职业操守（5分）			
合计				
自我评价与总结				
教师点评				

项目三　畜禽场设施设备配置

项目导读

对于规模化养殖的发展而言,先进的现代化养殖设备是不可或缺的。如果没有现代先进的畜牧工程设施、设备相配套,现代规模化养殖难以实现。因此,要通过采用具有高新技术的养殖设备,通过简单可靠的管理方式,来改善和发挥畜禽场的生产潜能,提高养殖场运行水平,从而降低养殖场成本、增加养殖效益。

本项目主要介绍饲养设备配置、饲喂及饮水设备配置、清污设备配置、环境调控设备配置,了解养殖的设施设备,明白先进的现代养殖设备对于规模化养殖的重要性,为畜禽场的高效生产打好基础。

▌知识目标

了解各类畜禽场的设施、设备的名称、性能和特点,掌握畜禽舍环境控制设备的使用。

▌技能目标

能识别畜禽场常见的设施设备,能科学合理使用与养殖企业的不同生产方式、目的及规模相配套的设施设备。

▌素质目标

通过学习畜禽场饲养设备、喂饲设备、饮水设备、清污设备以及环境调控设备,使学生明白先进的现代养殖设备对于规模化养殖发展的重要性,同时让学生看到我国的畜牧工程技术和国外发达国家相比还有一定差距,要求从事畜禽养殖设备研发制造的企业研制出更科学的、更先进、更实用、效率更高的设施设备,达到国际先进水平，从而为中国的现代化养殖业健康发展作出更大贡献；激发学生刻苦钻研、勇于奋斗的精神。

任务一　饲养设备配置

任务导入

假如你是某个县农业农村局的局长，根据全县的畜牧业发展规划，未来三年内，全县要打造现代化养猪、养鸡、养牛、养羊示范场各1个，请查阅相关资料，了解畜禽场常见的饲养设备，撰写一份饲养设备配置的调研报告，为全县智能养殖、健康养殖建言献策。

任务工单

班级：_____　　姓名：_____　　学号：_____

任务名称	畜禽场饲养设备调研报告
任务描述	根据实际情况，填写本任务的内容、目的、流程和方法。 任务内容：以上述某县畜牧业发展规划为例，结合专业知识，撰写一份关于畜禽场饲喂设备调研报告。 任务目的：通过本次任务学习，了解畜禽场的饲养设备，能科学合理使用与养殖企业的不同生产方式、目的及规模相配套的设施设备。 任务流程：查阅资料信息，分组调查研究，小组讨论分析，撰写调研报告。 任务方法：查阅资料、分析讨论、建言献策。
获取信息	要完成任务，需要掌握相关的知识。请收集资料，回答以下问题。 1. 常见的猪的饲养设备。 2. 鸡的育雏、笼养设备。 3. 牛、羊的饲养设备。
制订计划	

（续表）

任务实施	按照预先制订的工作计划，完成本任务，并记录任务实施过程。			
	序号	完成的任务	遇到的问题	解决办法

任务准备

一、知识准备

（一）猪的饲养设备

猪的饲养设备主要有公猪栏、单位限位栏、分娩栏、仔猪保育栏和生长育肥猪栏等。

1. 种公猪车间的主要设备——公猪栏

公猪栏一般为单栏，面积一般为 $7\sim9\ m^2$，栏高为 $1.2\sim1.4\ m$，常见的为单列式或双列式（图3-1）。

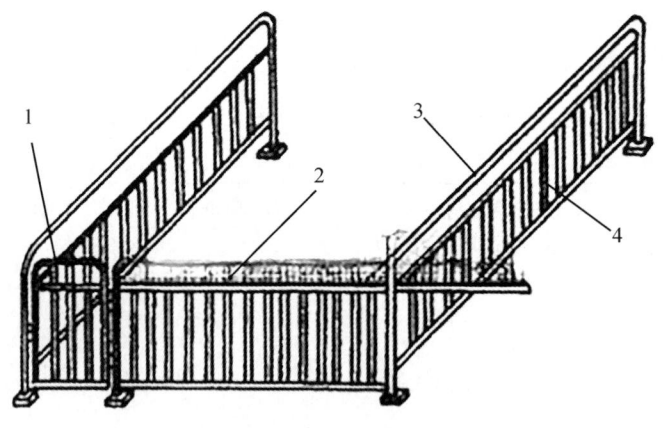

1—栏门；2—前栏；3—格栏；4—隔条。

图 3-1 栅栏式公猪栏

2. 空怀、妊娠母猪车间主要设备——单体限位栏

单体限位栏由钢管焊接而成，一般栏长 $2\ m$、栏宽 $0.65\ m$、栏高 $1\ m$，圈底有整体混凝土或后段局部漏缝地板两种形式，配铸铁食槽、自动饮水器（图3-2）。优点：每头母猪限位，方便饲养员操作，人工投料喂猪。缺点：母猪缺乏运动，肢体病问题严重，母猪淘汰率高，心肺功能弱化，应激反应大。饲养员手动投料，无法根据母猪的胎次、体况、妊娠天数等进行精确饲喂，规模化猪场母猪体况差异大，平均饲喂造成肥瘦不等，低效的饲喂造成饲料浪费大。

图 3-2　单体限位栏

3. 分娩哺育车间主要设备——高床分娩栏

高床分娩栏（图 3-3）用于母猪产仔和哺乳仔猪，由底网、围栏、母猪限位架、仔猪活动栏、仔猪保温箱、食槽组成。底网采用由直径 5 mm 的冷拔圆钢编成的网，或为 2.2 m×1.7 m（长×宽）的全塑料漏缝地板，下面附于角铁和扁铁，靠腿撑起，离地 20 cm 左右；母猪限位架的宽度一般为 0.60～0.65 m，高 1.0 m，位于底网中央，架前安装母猪食槽和饮水器；仔猪活动围栏每侧的宽度一般为 0.6～0.7 m，高 0.5 m 左右，内设有仔猪保温箱，保温箱内配备加热保温设备，防止仔猪被压死、减少疾病。分娩栏，也可设半漏缝地板，即母猪限位架前半部为水泥地面，仅在母猪后半部设漏缝板，两侧仔猪活动区则为全漏缝地板。

图 3-3　高床分娩栏

4. 仔猪保育车间主要设备——高床保育栏

高床保育栏（图 3-4），通常由围栏、自动食槽、自动饮水器和漏缝地板组成，相邻两栏共用一个双面自动食槽，每栏设自动饮水器，一般保育栏高 0.6 m，离地面 20～40 cm。这种保育栏能保持床面干燥清洁，减少仔猪的发病率，便于管理，但投资高,多被规模化猪场采用。栏圈面积因饲养头数不同而异。

图 3-4　高床保育栏

5. 育成、育肥猪车间主要设备——育成育肥猪栏

育成育肥栏有多种形式,栏圈结构主要有混凝土圈底、砖砌水泥沙浆抹面隔栏,混凝土圈底、钢管隔栏及不同材质的局部漏缝地板、钢管隔栏三种形式,混凝土圈底以栏圈为单位设不大于3%的坡度,栏高1.0~1.2 m;一般靠走道侧设食槽或栏圈中隔墙设双面自动料槽,顿饲或敞饲,设有自动饮水器供水;栏圈面积根据每栏饲养头数而定,一般为10~20 m^2(图3-5)。

图 3-5　育肥栏

(二)鸡的饲养设备

1. 育雏设备

育雏是禽类生产的关键环节之一,育雏方式有笼养育雏、平养育雏。育雏方式不同,所用的育雏设备的种类也不同。笼养育雏一般采用叠层式鸡笼,笼养育雏设备能充分利用空间,占地面积小,热能利用率高,便于饲养管理,工人劳动生产率高,但一次性投资大,适合大中型鸡场使用。平养育雏设备结构简单,投资少,适合小规模鸡场使用。平养育雏主要采用电热式或燃气式育雏伞。

(1) 叠层式电热育雏器

叠层式电热育雏器每层由加热笼、保温笼和运动笼三个部分组成,每一部分都是独立的,可以根据房舍结构和需要进行组合;每层笼内都设有电加热器和温度控制装置,可保证不同日龄雏鸡所需的温度。刚出壳的雏鸡只能在加热笼内活动。随日龄增加可逐渐减少饲养密度。加热笼和保温笼前后都有门封闭,运动笼前后则为网。雏鸡在加热笼和保温笼内时,平饲盘和真空饮水器放在笼内。雏鸡长大后保温笼门可卸下,并装上网,饲槽和水槽可安装在笼的两侧,每层笼下设有粪盘,人工定期清粪。电热育雏器一般为四层(图3-6),每组笼备有40个食槽,真空式饮水器12个,加湿水槽4个,红外线加热器总功率2 kW。可育1～15日龄蛋雏鸡1 400～1 600只,16～30日龄蛋雏鸡1 000～1 200只,31～42日龄蛋雏鸡700～800只。

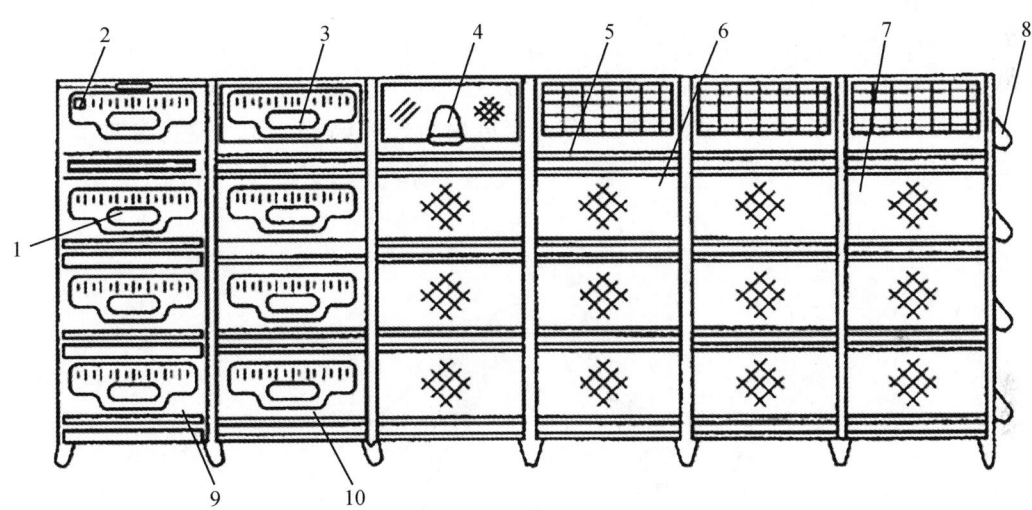

1—观察窗;2—水盘;3—温度计;4—真空式饮水器;5—粪盘;6—运动场中组;
7—运动场尾组;8—食槽;9—加热笼;10—保温笼。

图3-6 叠层式电热育雏器

(2) 叠层式育雏笼

叠层式育雏笼指无加热装置的普通育雏笼,间隙50～70 cm,笼高33 cm(图3-7)上、下层鸡笼完全重叠,通常是4层或5层,整个笼组用镀锌铁丝网片制成,由笼架固定支撑,层间可用刮板式清粪器或带式清粪器,将鸡粪刮至每列鸡笼的一端或两端,再由横向螺旋刮粪机将鸡粪刮到舍外;小型的层叠式鸡笼可用抽屉式清粪器,清粪时由人工拉出,将粪倒掉。此种育雏笼对于整室加温的鸡舍使用效果良好。能够充分利用鸡舍地面和空间,饲养密度大,冬季舍温高。缺点是各层鸡笼之间光照和通风状况差异较大,各层之间要有承粪板及配套的清粪设备,最上层与最下层的鸡管理不方便。

图 3-7　叠层式育雏笼

（3）电热育雏伞

电热育雏伞呈圆锥塔或方锥塔形（图 3-8），上窄下宽，直径分别为 30 cm 和 120 cm，高 70 cm。电热育雏伞的伞体可以用玻璃钢、塑料、纤维板等材料制成，热源主要为红外线灯泡和远红外板。伞内温度由电子控温器控制。这种育雏伞既可地面育雏，也可网上育雏。每伞可育 300～500 只雏鸡或 300～400 只雏鸭。

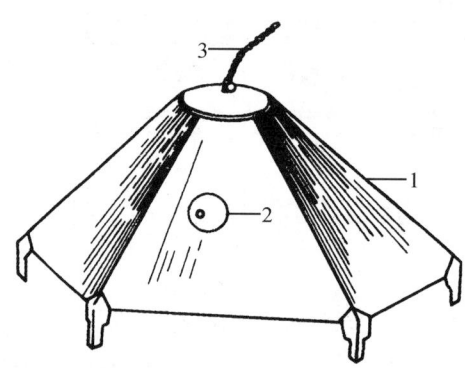

1—保温伞；2—调节器；3—电热线。

图 3-8　电热育雏伞

（4）燃气式育雏伞

燃气式育雏伞主要由辐射器和保温反射罩组成。可燃气体在辐射器处燃烧产生热量，通过保温反射罩向下反射远红外线，从而提高伞下温度，一般通过改变悬挂高度来调节地面温度。燃气式育雏伞使用的是气体燃料（天然气、液化石气和沼气等），故鸡舍要提供良好的通风条件，以免燃料燃烧不完全产生一氧化碳而造成雏鸡中毒。

2. 鸡的笼养设备

笼养设备包括鸡笼、笼架和附属设备（食槽、饮水器、盛粪板、集蛋带等）。

鸡笼是笼养鸡的基础设备，其结构和形式决定了笼养鸡的生产方式、饲养工艺及配套设备的形式、安装位置和尺寸。鸡笼因分类方法不同而有多种类型，如按其组装形式可分为全阶梯式、半阶梯式、层叠式、阶梯层叠综合式和单层平置式等；按其用途可分为产蛋鸡笼、育成鸡笼、育雏鸡笼、种鸡笼和肉用仔鸡笼。无论采用哪种形式，都应考虑以下几个方面：有效利用鸡舍面积，提高饲养密度；减少投资与材料消耗；有利于操作，便于鸡管理；各层笼内的鸡都能得到良好的光照和通风。

（1）产蛋鸡笼

目前我国生产的蛋鸡笼多为3层全阶梯或半阶梯组合方式（图3-9），有适用于轻型蛋鸡的轻型鸡笼和适用于中型蛋鸡的中型蛋鸡笼。

①笼架，是承受笼体的支架，由横梁和斜撑构成，一般用厚2.0～2.5 mm的角钢或槽钢制成。

②笼体。鸡笼是由冷拔钢丝经点焊成片，然后镀锌再拼装而成，包括顶网、底网、后网、隔网和笼门等。一般前网和顶网压制在一起，后网和底网压制在一起，隔网为单网片，笼门作为前网或顶网的一部分，有的可以取下，有的可以上翻。笼底网一般要有6°～10°角的坡度（即滚蛋角），伸出笼外12～16 cm形成集蛋槽。笼体的规格，一般前高40～45 cm，深度为45 cm左右，每个小笼养鸡3～5只。

③附属设备。有护蛋板、料槽及水槽等。护蛋板为一条镀锌薄铁皮，放于笼内前下方，下缘与底网间距5.0～5.5 cm，间距不能过大也不能过小，间距过大，鸡头可伸出笼外啄食集蛋槽中鸡蛋，间距过小，蛋不能滚落。

图3-9　阶梯式蛋鸡笼

（2）育成鸡笼

育成鸡笼也称青年鸡笼，主要用于饲养60～140日龄的青年母鸡，一般采用群体饲养。笼体组合方式多为3～4层半阶梯式或单层平置式。笼体由前网、顶网、后网、底网及隔网组成，每个大笼隔成2～3个小笼或者不分隔，笼体高度为30～35 cm，笼深45～50 cm，大笼长度一般不超过2 m。

(3) 种鸡笼

多采用 2 层半阶梯式或单层平置式。适用于种鸡自然交配的群体笼，前网高度 720～730 mm，中间不设隔网，笼中公、母鸡按一定比例混养；适用于人工授精的种鸡笼，分为公鸡笼和母鸡笼，母鸡笼的结构与蛋鸡笼相同。公鸡笼中没有护蛋板底网，没有滚蛋角和滚蛋间隙，其余结构与蛋鸡笼相同。

(4) 肉鸡笼

多采用层叠式，多用金属丝和塑料加工制成。目前以无毒塑料为主要原料制作的鸡笼，具有使用方便、节约垫料、易消毒、耐腐蚀等优点，特别是消除了胸囊肿病，价格比同类铁丝降低 30% 左右，寿命延长 2～3 倍。

(三) 牛的饲养设备

1. 牛床

牛床（图 3-10）是奶牛采食、挤奶和休息的场所，好的牛床可以减少蹄病、乳房炎、乳头损伤，建立良好的采食习惯，保证健康长寿和优质高产。牛床设计的最重要原则是保证奶牛舒服，保证奶牛有足够的空间站立、躺卧和休息。牛床不宜过短或过长，过短时乳牛起卧受限容易引起乳房损伤、发生乳房炎或腰肢受损等；牛床过长则粪便容易污染牛床和牛体。牛床也不宜过窄或过宽，太窄会导致牛起卧时相互踢伤，夏季也不利于牛体散热，增加热应激；牛床太宽，则使奶牛乱卧，冬季寒冷时也不利于奶牛保温。牛床应有一定的坡度，一般为 1%～3%，以利于向粪尿沟排水。但不宜过大，坡度过大容易发生子宫脱垂或胯脱，易流产。

图 3-10 牛床

牛床应具有坚实耐用，不硬不滑，有弹性，防潮，保温隔热，排水方便等特点，一般采用三合土、木板、石板、橡胶垫、塑料等。为增强牛床的保温性能和弹性，可在石板上铺垫草。

2. 拴牛架和隔栏

拴牛架由两竖一横的钢管组成，竖钢管间隔距离同牛床的宽度，下端固定在混凝土地面里，高度一般为 1.8～2.0 m，中端与横向钢管焊接在一起，每个埋钢管的下方均有 1 个上下移动的铁环，用于拴系奶牛。横向钢管距离地面的高度为 1.18～1.23 m。为了防止牛只互相侵占床位和便于挤奶，在牛床上设有隔栏，通常用弯曲的钢管制成。隔栏前端与拴牛架连在一起，后端固定在牛床的 2/3 处，栏杆高 80 cm，由前向后倾斜。牛的拴系方式分为两种，即链条拴系（软式）（图 3-11）和颈枷拴系（硬式）（图 3-12）。硬式多采用钢管制成，在拴系和释放奶牛的时候都比较方便，牛床可相应短一些。因此，造价和维护成本较低，但被固定的奶牛在站立和卧倒时不舒适。软式多用铁链，铁链拴牛通常采用固定式、直链式和横链式。一般采用直链式，因直链式简单实用，坚固且造价低。采用这种拴系方法，可使牛颈上下左右转动，采食、休息都很方便。

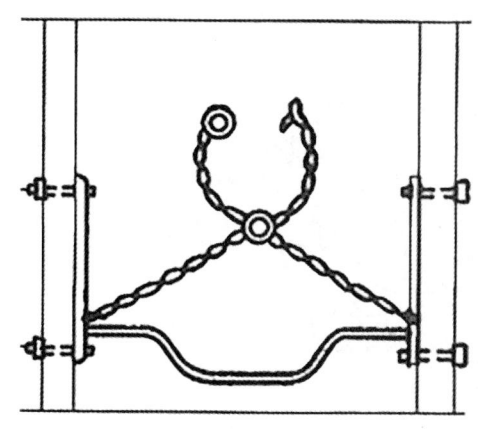

图 3-11　链条拴系　　　　　　　图 3-12　颈枷拴系

（四）羊的饲养设备

1. 栅栏

（1）分群栏

分群栏（图 3-13）在进行羊只鉴定、分群及防疫注射时使用，便于开展工作，抓羊时节省劳动力，一般可在适当地点修筑，或用栅栏临时隔成。分群栏有一窄长的通道，宽度比羊体稍宽，长度为 6～8 m，羊只在通道内不能转身向后，只能单行前进，在通道两侧可根据需要设置若干个小圈，圈门的宽度相同，由此门的开关方向决定羊只的去处。

（2）活动母仔栏

母仔栏是羊场产羔时使用的设施，有活动的和固定的两种，大多采用活动栏板，由两块栏板用合页连接而成。每块栏板高 1 m，长 1.2 m，栏板厚 2.2～2.5 cm，板宽 7.5 cm，然后将活动栏在羊舍一角成直角展开，并将其固定在羊舍墙壁上，供母羊和羔羊使用。活动母仔栏的数量可根据产羔母羊的多少而定，

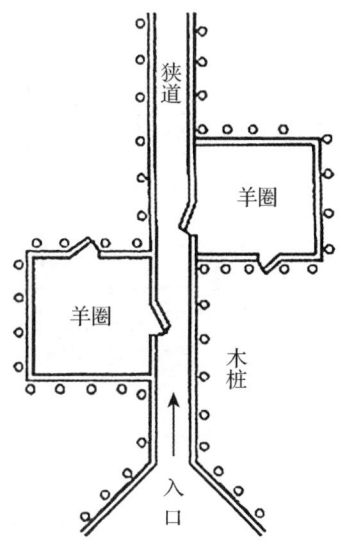

图 3-13　分群栏

一般10只母羊配备一个活动栏。如将两块栏板成直线安置，也可供羊只隔离使用，也可以围成羔羊补饲栏，应依需要而定。

（3）羔羊补饲栏

补饲栏一般可用木板制成，板间距离15 cm，用于给羔羊补饲，栅栏上留一小门，供小羔羊自由进出采食，补饲栏的大小根据羔羊数量多少而定。

2. 羊的药浴设施

药浴的目的是驱虫，是规模化养羊场的一项重要的管理措施。

（1）淋浴式药浴装置（图3-14）

药浴装置一般设在羊场专用的淋浴场，可同时容纳200～300只羊药浴，具有容量大、速度快、工作效率高且安全等特点。

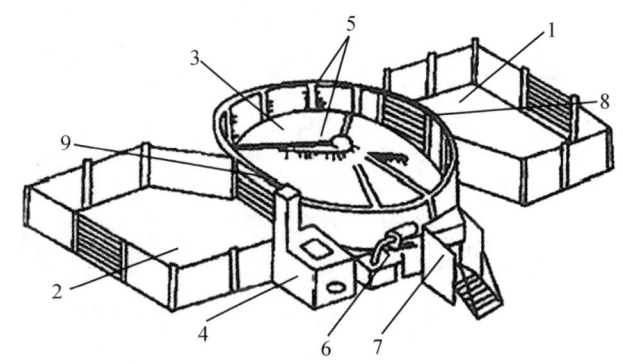

1—待浴羊栏；2—浴后羊栏；3—药浴淋场；4—炉灶及热水箱；5—喷头；
6—离心式水泵；7—控制台；8—药浴淋场入口；9—药浴淋场出口。

图3-14 淋浴式药浴装置

（2）大型药浴池

没有淋药装置或流动式药浴设备的羊场，在不对人、畜、水源、环境造成污染的地点建药浴池（图3-15），药浴池一般为长方形，似长而深的水沟，池深1.0～1.2 m，长10～12 m，上口宽0.6～0.8 m，底宽0.4～0.6 m，以单羊通过而不能转身为宜，用水泥、砖石等材料筑成。池的入口端为陡坡，以便羊只迅速入池，

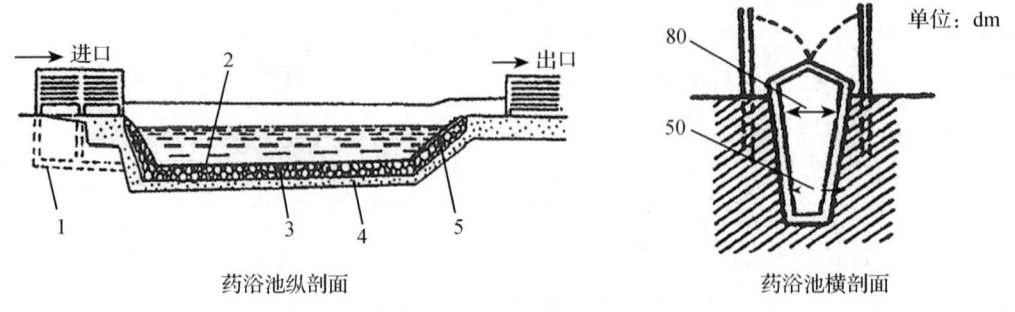

药浴池纵剖面　　　　　　　　　药浴池横剖面

1—基石；2—水泥面；3—碎石基；4—沙底；5—台阶。

图3-15 大型药浴池

出口端为台阶式缓坡，以便羊只攀登。入口端设储羊圈，出口设滴流台以使浴后羊身上多余药液流回池内。

（3）小型药浴槽、浴桶、浴缸

小型浴槽、浴桶或浴缸可同时容纳 2 只成年羊（或 3～4 只小羊）一起药浴，并可用门的开闭来调节入浴时间，适宜小型羊场使用。

（4）帆布药浴池

药浴池的形状为直角梯形，上边长 3.0 m，下边长 2.0 m，深 1.2 m，宽 0.7 m，用防水性能好的帆布加工制作而成。池的一端呈斜坡，便于羊只浴后走出；另一端垂直，防止羊只下池后返回。药浴池外侧有固定池套环，安装前按帆布药浴池的尺寸大小在地面挖一个等容积土坑，然后将撑起的帆布浴池放入，四边的套环用木棒固定，加入药液即可进行药浴。药浴完毕洗净帆布，晒干以备再用。这种帆布浴池体积小，轻便灵活，可以反复使用。

思政导学

集约化、科学化养殖是养殖业的必由之路，而机械化、自动化、智能化是发展现代养殖业的必由之路。我们要清楚地意识到先进的现代养殖设备对于规模化养殖的发展重要性，同时也看到我国的畜牧工程技术和国外发达国家存在的差距，要刻苦钻研，不断创新，为我国畜牧业的发展贡献力量。

二、人员准备

人员分组，每组 6 人，明确职责分工。

任务角色	任务内容
组长：	任务：
组员 1：	任务：
组员 2：	任务：
组员 3：	任务：
组员 4：	任务：
组员 5：	任务：

任务筹划

（一）内容筹划

猪的饲养设备，鸡的饲养设备，牛的饲养设备，羊的饲养设备。

（二）流程筹划

①了解现代养殖设施设备对现代规模化养殖的重要性。

②通过学习了解猪、鸡、牛、羊的饲养设备。

③能科学合理使用与养殖企业的不同生产方式、目的及规模相配套的饲养设备。

④按照任务的要求，撰写畜禽场饲养设备调研报告。

任务实施

步骤一：

步骤二：

步骤三：

步骤四：

任务检测

请扫码答题

任务评价

工作任务完成过程评价

班级：_____ 组别：_____ 姓名：_____

项目	评分标准	自我评价	小组评价	教师评价
畜禽的饲养设备（35分）	了解畜禽场的饲养设备（10分）			
	名称识别、规格了解（10分）			
	功能描述（15分）			

（续表）

项目	评分标准	自我评价	小组评价	教师评价
任务完成过程（40分）	能够根据工作任务分析并制订工作思路（10分）			
	查找资料、认真思考、积极动手动脑（10分）			
	团队协作良好，交流合作默契，互帮互助（10分）			
	小组分工明确，通过小组讨论与再学习较好地完成方案（10分）			
调研报告（15分）	能很好地展示实践成果（5分）			
	整体的效果（很好10分，较好7~9分，一般为3~6分，较差为0~2分）			
思政素养表现（10分）	通过对饲养设备学习，激发学生刻苦钻研、积极创新的精神和解决问题的能力（10分）			
合计				
自我评价与总结				
教师点评				

任务二　饲喂及饮水设施设备

假如你是一名畜牧生产的技术人员，某县要建设现代化养猪示范场、现代化鸡场、牛场、羊场各1个，现在在前期调研，向你咨询有关畜禽场的饲喂及饮水的设备，请撰写一份方案报告，全面介绍现代化养殖中使用的饲喂、饮水设备。

📖 **任务 工单**

班级：_____ 姓名：_____ 学号：_____

任务名称	畜禽场的饲喂、饮水设备方案报告
任务描述	根据实际情况，填写本任务的内容、目的、流程和方法。 任务内容：以上述畜禽场饲喂、饮水设备咨询为例，结合专业知识，简单拟一份有关畜禽场饲喂及饮水设备方案报告。 任务目的：通过本次任务学习，了解畜禽场的饲喂、饮水设备，了解设备名称和功能，并能在生产中根据实际情况合理科学选用。 任务流程：查阅资料信息，分组调查研究，小组讨论分析，撰写报告。 任务方法：查阅资料、分析讨论。
获取信息	要完成任务，需要掌握相关的知识。请收集资料，回答以下问题。 1. 畜禽的饲喂设备有哪些？ 2. 畜禽的饮水设备有哪些？
制订计划	
任务实施	按照预先制订的工作计划，完成本任务，并记录任务实施过程。 | 序号	完成的任务	遇到的问题	解决办法
---	---	---	---

任务准备

一、知识准备

（一）畜禽的饲喂机械设备

畜禽喂饲作业是畜禽饲养场的一项繁重工作，一般占总饲养工作量的30%~40%。喂饲机械设备的使用，可提高劳动效率，减轻劳动强度，满足规模化畜牧业的要求。

1. 饲槽

饲槽是养殖生产中的一种重要设备，因动物种类不同、畜禽的大小、饲养方式不同，对不同饲槽的要求也不同，但无论哪种类型的饲槽，均要求平整光滑、采食方便、不浪费饲料、便于清洗消毒。

（1）猪的饲槽

①间息添料饲槽。条件较差的一般猪场采用，分为固定饲槽、移动饲槽，一般为水泥浇注固定饲槽。饲槽一般为长形，每头猪所占饲槽的长度应根据猪的种类、年龄而定。较为规范的养猪场都不采用移动饲槽。集约化、工厂化猪场，限位饲养的妊娠母猪或泌乳母猪，其固定饲槽为金属制品，固定在限位栏上。

②长方体自动落料饲槽。多用于集约化、工厂化养猪场。长方体自动落料饲槽（图3-16）有单开式和双开式两种。单开式一面固定在走道隔栏或隔墙上；双开式则安放在相邻两栏的隔栏或隔墙靠走道端。自动落料饲槽一般以角钢和钢筋为骨架、碳钢板或镀锌铁皮包封制成。

③圆形自动落料饲槽。圆形自动落料饲槽（图3-17）用不锈钢制成，较为坚固耐用，底盘也可用铸铁或水泥预制件，适用于高密度、大群体养殖的育肥猪。

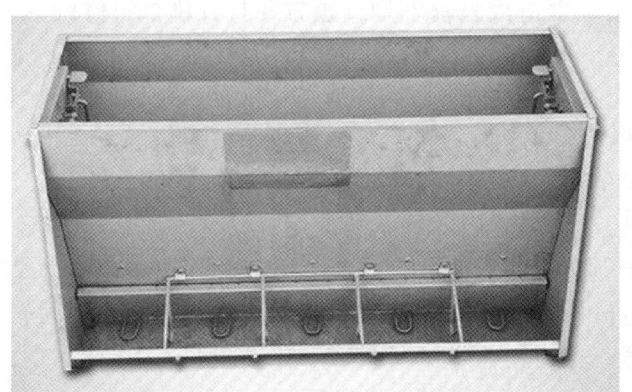

图3-16 长方体自动落料饲槽　　图3-17 圆形自动落料饲槽

（2）鸡的饲槽

①开食盘。用于1周龄前的雏鸡，大都是由塑料和镀锌铁皮制成。用塑料制成

的开食盘，中间有点状乳头，使用卫生，饲料不易变质和浪费。其规格为长 54 cm，宽 35 cm，高 4.5 cm。

②船形长饲槽。这种饲槽无论是平养还是笼养均普遍采用。其形状和槽断面，根据饲养方式和鸡的大小而不尽相同。一般笼养产蛋鸡的料槽多为船形，底宽 8.5～8.8 cm，深 6～7 cm（用于不同鸡龄和供料系统，深度不同），长度依鸡笼而定。

③干粉料桶。其构造是由一个悬挂着的无底圆桶和一个直径比圆桶略大些的底盘相连，并可调节桶与底盘之间的距离。料桶底盘的正中有一个圆锥体，其尖端正对吊桶中心，这是为了防止桶内的饲料积存于盘内。因此，这个圆锥体与盘底的夹角一定要大。另外，为了防止料桶摆动，桶底可适当加重些。

④盘筒式饲槽。有多种形式，适用于平养，其工作原理基本相同。我国生产的 9WT-60P 型螺旋弹簧喂食机所配用的盘筒式饲槽由料筒、栅架、外圈、饲槽组成。粉状饲料由螺旋弹簧送来后，通过锥形筒与锥盘的间隙流入饲盘。饲盘外径为 80 cm，范围内调节，可供 25～35 只产蛋鸡自由采食。

（3）牛的饲槽

饲槽位于牛床前，通常为通长饲槽，饲槽底平面高于牛床地面 5～10 cm，饲槽须坚固、光滑、不透水，便于洗涮。饲槽不宜过高或过低，过高不利于奶牛唾液的分泌和瘤胃发酵功能的稳定，过低，奶牛采食时，头颈部需降低，前肢向外分开，牛前肢内侧负重较大，容易引起蹄病的发生，另外奶牛所能采食到饲料的范围减小，饲养人员不得不多次将饲料推送到奶牛可以采食的范围内。采用全混合日粮（TMR）饲喂技术时，不设专用饲槽。

（4）羊的饲槽

①固定式饲槽。固定式长方形饲槽设置在羊舍或运动场，可根据羊舍结构进行设计建造。用砖石、水泥等砌成，平行排列，上宽下窄，槽底呈圆形，便于清理和洗刷，槽上宽 50 cm 左右，离地面 40～50 cm，槽深 20～25 cm。上方可设颈枷，固定羊头，可限制其乱占槽位抢食造成采食不均，也方便打针刷拭、修蹄等。颈枷可用钢筋制成，一般每隔 30～40 cm 设 1 个，上宽下窄（上宽 18 cm，下宽 10～12 cm），大小以能固定羊头为宜。在颈枷上方可设置 1 个活动木板或铁杆，当羊进入槽位，头伸进颈枷时，可将木板或铁杆放下系住，正好落在羊颈部上方。一般木板或铁杆距槽边距离为 25～30 cm。

固定式圆形饲槽一般在羊群运动场或专门的饲羊场使用，具有添加草料方便、不浪费、减少草屑对被毛的污染等优点。一般用砖石、水泥砌成，先在地面砌个 15 cm 的槽边，在槽底盘边上 15 cm 处砌向圆心一个馒头状的土堆，表面要坚固光滑。在土堆的基部四周每 15 cm 竖一块砖，在砖状土堆上，羊只从竖砖的中间采食，草料不断从土堆上滑下。

②移动式饲槽。移动式饲槽多数用木板或铁皮制成，要坚固耐用便于携带，以便饲喂草料，也可以供羊只饮水之用。

2. 干饲料饲喂机械设备

干饲料喂饲机械设备主要用于配合饲料（粉料、颗粒料）的喂饲。优点是设备简单,劳动消耗少,特别适于自由采食。但它只能用来喂饲全价配合饲料,不能利用青饲料和多汁饲料。这类机械设备在现代化养鸡场和养猪场应用最广泛。

干饲料自动饲喂机械设备主要包括贮料塔、输料机、喂料机(喂料车)三大部分。

(1)贮料塔

贮料塔(图3-18)用于贮存饲料,便于机械化饲喂。贮料塔放在畜禽舍的一端或侧面,一般用1.5 m厚的镀锌薄钢板冲压组合而成,上部为圆柱形,下部为圆锥形,以利于卸料。饲料在自身重力作用下,落入贮料塔下锥体底部的出料口,再通过饲料输送机将饲料送往畜禽舍内的喂食机,再由喂食机将饲料送到饲槽,供畜禽采食。

图3-18 贮料塔

(2)输料机

输料机是用来将饲料从畜禽舍外的贮料塔输送到畜禽舍内,然后分送到饲料车、食槽或自动食箱内的设备(图3-19)。常生产中常见的有螺旋搅龙式输料机和螺旋弹簧式输料机等。螺旋搅龙式输料机的叶片是整体的,生产效率高但只能作直线输送,输送距离也不能太长。因此,将饲料从贮料塔送往各喂食机时,需分成两段,即使用两个螺旋搅龙式输料机。螺旋弹簧式输料机可以在弯管内送料,不必分成两段,可以直接将饲料从贮料塔输送到喂食机。

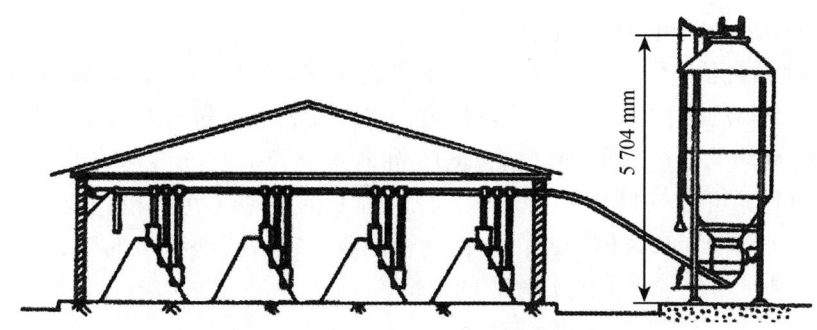

图3-19 贮料塔与输料机连接示意图

(3) 喂料机（喂料车）

喂料机是用来将饲料送入畜禽饲槽的设备。干饲料喂料机可分为固定式和移动式两类。

①固定式干饲料喂料机按照输送饲料的工作部件可分为螺旋弹簧式、索盘式和链板式三种。

螺旋弹簧式喂料机（图 3-20）多用于鸡的平养，也可用于猪、牛的饲养，主要由料箱、螺旋弹簧、输料管、盘筒式饲槽、带料位器的饲槽和传动装置等组成。其中，螺旋弹簧是主要输送部件，具有结构简单，能做水平、垂直和倾斜输送等特点。工作时，由电机经一级皮带传动，将动力传至驱动轴，带动螺旋弹簧旋转，将料箱中的粉料沿输料管螺旋式推进，顺序向每个盘桶式饲槽加料。当最末端的带料位器的饲槽被加满后，料位器自动控制电机使之停转，从而停止供料。当带料位器饲槽中的饲料被鸡采食后，饲料高度下降到料位器控制的位置以下时，电路重新接通，电机又开始转动，螺旋弹簧又依次向每个盘筒形饲槽补充饲料，如此周而复始地工作。

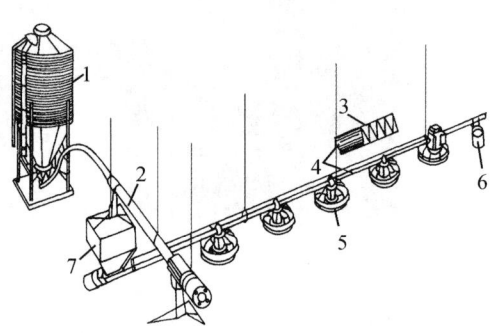

1—贮料塔；2—输料机；3—螺旋弹簧；4—输料管；5—盘筒式饲槽；
6—控制开关按钮接料筒；7—料箱。

图 3-20 螺旋弹簧式喂料机

索盘式喂料机可用于喂饲猪（图 3-21）、牛、羊和鸡的平养，也可用于其他禽类的喂饲，由料箱与驱动装置、索盘、饲槽或食盘、控制系统等组成。工作时驱动装置带动索盘，索盘通过料斗时将饲料带出，并沿输料管输送，再由斜管送入盘筒式饲槽，管中多余饲料由回料管进入料斗。

链板式喂料机（图 3-22）可用于鸡平养或笼养。输料机构的运动部件在饲槽内通过。链片由驱动机构驱动，通过装料箱，并以其表面推送饲料沿饲槽平面作环形运动，使饲料均匀分配在四周饲槽，同时将饲槽中剩余的饲料和鸡毛等杂物带回，通过清洁器时，可把饲料与杂物分离，被清理后的饲料送回料箱、杂物掉落地面。链板式喂料机饲槽为长饲槽，常由镀锌钢板制成。链板式喂料机的工作和停歇时间由定时器控制，常用于平养或笼养鸡的喂饲。

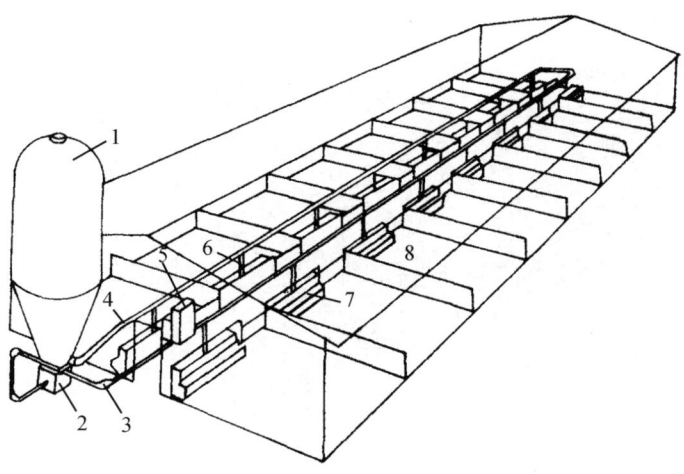

1—贮料塔；2—料箱；3—转角轮；4—管路；5—驱动装置；
6—落料管；7—自动饲槽；8—群饲猪栏。

图 3-21　索盘式猪用不限量干料喂料系统

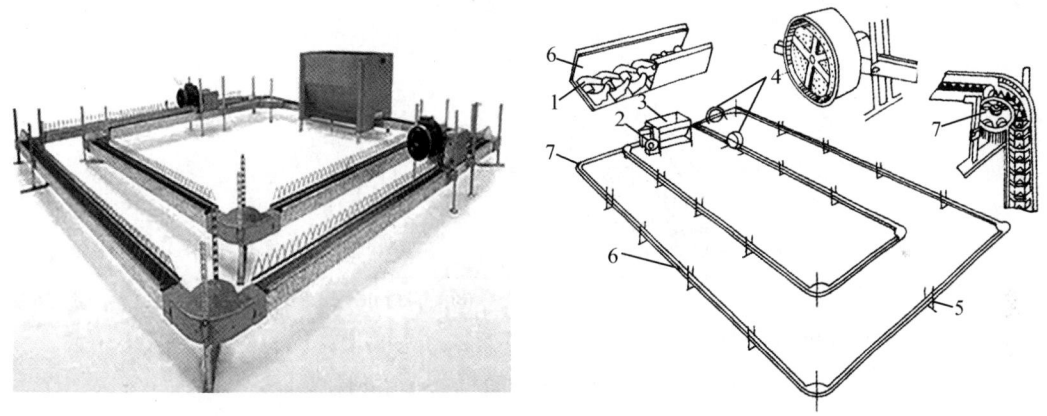

1—链板；2—驱动装置；3—料箱；4—饲料清洁筛；5—饲槽支架；6—饲槽；7—转角轮。

图 3-22　链板式喂料机（平养）

②移动式干饲料喂料机，也称喂料车，常用于猪、牛和鸡的笼养喂料。有牵引式（层叠式）（图3-23）、自走式（阶梯式）（图3-24）和播种式（阶梯式）（图3-25）三种。工作时喂料车移到输料机的出料口下方，由输料机将饲料从贮料塔送入喂料车的料箱，喂料车定期沿鸡笼或猪栏上方或者旁边的轨道向前移动将饲料分配到各饲槽进行喂饲。

3. 湿拌料喂饲机械设备

湿拌料喂饲机械设备有固定式和移动式两类。

（1）固定式湿拌料喂饲设备

固定式湿拌料喂饲设备有输送带式、穿梭式和螺旋输送器三种，主要用来饲喂奶牛和肉牛。

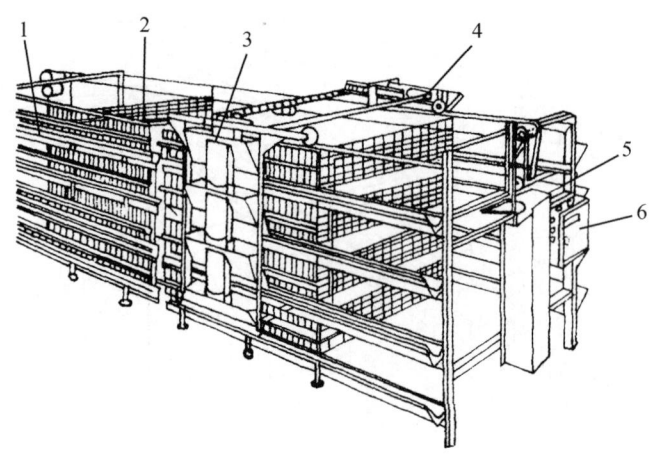

1—饮水槽；2—饲槽；3—料箱；4—牵引架；5—驱动装置；6—控制箱。

图 3-23　牵引式（层叠式）喂料机

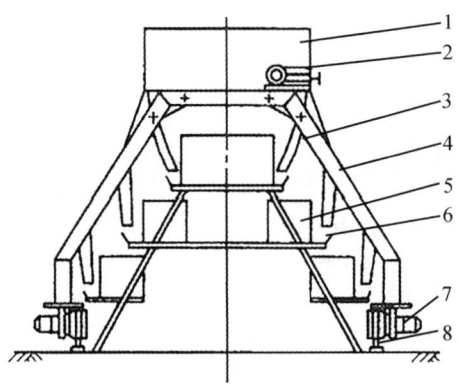

1—料箱；2—电动机；3—落料管；4—机架；5—鸡笼；6—饲槽；7—减速电动机；8—地轨。

图 3-24　自走式（阶梯式）喂料机

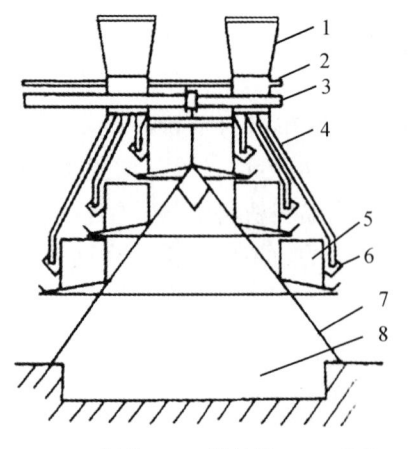

1—料箱；2—鼓轮轴；3—机架；4—落料管；5—鸡笼；6—饲槽；7—鸡笼架；8—粪沟。

图 3-25　播种式（阶梯式）喂料机

①输送带式喂料设备。输送带式喂料设备（图3-26），由输送带和在输送带上作往复运动的刮料板等组成。刮料板由电动机通过绞盘和钢索带动，刮料板移动速度为输送带速度（0.5 m/s）的1/10。

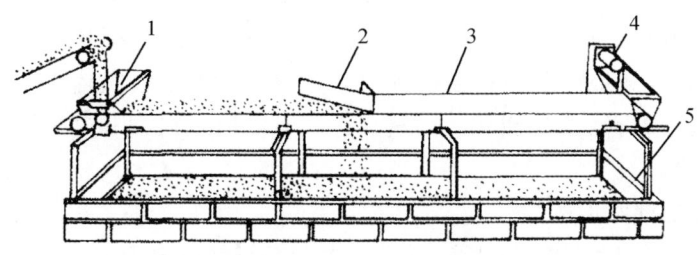

1—料斗；2—刮料板；3—输送带；4—驱动电动机；5—饲槽。
图3-26　输送带式喂料设备

②穿梭式喂料设备。穿梭式喂料设备，是沿饲槽上方铁轨作往复运动的链板式（或输送带式）输送器。输送器长度为饲槽长度的1/2。输送器的装料斗设在饲槽全长的中心线处。

③螺旋输送器式喂料机。螺旋输送器式喂料机，常作为设在运动场或围场喂饲点的一种饲料分配设备。螺旋输送器沿饲槽推送和分配饲料，先向离料斗最近的一端饲槽装料，并依次向前，直至饲槽最远端装满后由一端的料位开关切断电动机电路。

（2）移动式湿拌料喂饲设备

移动式湿拌料喂饲设备又称机动喂料车，有牛用和猪用两种。牛全混合日粮（TMR）（图3-27）多采用移动式湿拌料喂饲设备。

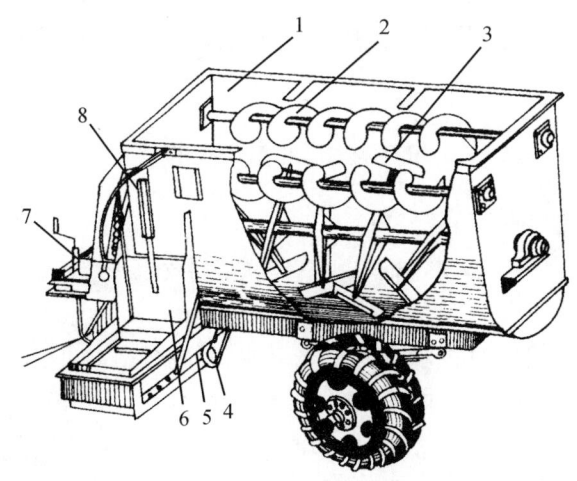

1—料箱；2—螺旋叶片；3—搅拌叶板；4—横向输送器的传动轮；5—装有输送器的卸料槽；
6—喂料量控制插门；7—支重器；8—控制插门启闭的液压油缸。
图3-27　全混合日粮（TMR）喂料车

4. 液态料饲喂机械设备

液态料饲喂机械设备主要用于猪的饲喂，其工艺原理主要是通过自动液态料程序系统计算一次饲喂所需要消耗的饲料总量，根据系统设定的饲料配方，自动控制输送机，将配方中各种原料按照一定的比例定量输送到搅拌罐中，同时通过水罐向搅拌罐中输送相应比例的水，在搅拌罐中进行充分混合均匀搅拌成液态料后，通过泵、阀门、管路定量地将液态料输送到单元的各个饲槽中，供猪进行采食。当完成输送后搅拌罐就进行清洗及酸雾、臭氧消毒，自动液态料饲喂过程完成，准备进行下一单元的饲喂。

（二）畜禽的饮水设备

畜禽场多采用自动饮水器，常用的饮水器有槽式、真空式、吊塔式、乳头式、鸭嘴式和杯式六种。

1. 槽式饮水器

槽式饮水器是最常见的一种饮水设备，可用于猪、鸡、牛、羊等动物的饮水。用于猪、牛、羊的饮水槽可用水泥、钢板、橡胶等制成，在舍外或舍内使用。养鸡饮水槽（图3-28）由镀锌板、搪瓷或塑料制成，每根长2 m，由接头连接而成，可用于笼养和平养。水槽断面为"U"形或"V"形，宽45~65 cm，深40~48 cm，水槽一头通入长流水，使整条水槽内保持一定水位供鸡只饮用，另一头流入管道将水排出鸡舍。

槽式饮水器的优点是结构简单，价格低廉供水可靠，但槽式饮水器存在水容易污染、易传染疾病、蒸发量大、水槽要定期清洗等缺点，逐渐趋于淘汰。

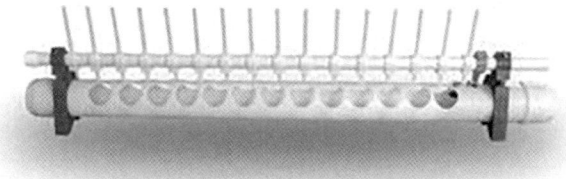

图3-28　鸡用饮水槽

2. 真空式饮水器

真空式饮水器主要用于平养雏鸡。真空式饮水器由贮水罐与水盘扣接而成，多为塑料制品（图3-29）。饮水盘上开个水槽。使用时将水罐倒过来装水，再将饮水盘倒覆其上，扣紧后一起翻转180°放置地面，空气由出水孔进入贮水罐内，水经出水孔流至水盘中。直到将孔淹没为止。当水盘内的水淹没出水孔时，贮水罐内有一定的真空度，水则停止流出，盘中保持一定的水位。鸡只饮水后，盘中水位下降，空气又从出水孔进入贮水罐内，使水罐内的气压增大，贮水罐内

图3-29　真空式饮水器

的水又流出补充，如此循环，直至贮水罐内的水全部流出为止。这样，饮水盘中始终能保持一定量的水，真空饮水器如需吊挂使用，水槽与水盘需要用螺扣连接或用其他方式固定。

真空式饮水器的优点是结构简单、价格低廉、使用方便，缺点是需要人工加水，增加劳动强度。水少时易被鸡弄翻，水洒落地面增加舍内湿度。每个真空式饮水器可供 50～100 只雏鸡饮水。容量大的真空式饮水器可供育成鸡和成鸡饮水或其他禽类饮水。

3. 吊塔式饮水器

吊塔式饮水器又称为钟式饮水器或普拉松式饮水器，主要用在蛋鸡育成阶段、肉仔鸡、种鸡和火鸡、鸭、鹅的平养方式。使用时用绳索把它从天花板上吊挂下来，可按鸡龄大小调节它吊装的高度。

吊塔式饮水器由饮水盘和控制机构两部分（图 3-30）。饮水盘是塔形的塑料盘，中心是空心的，边缘有环形槽供鸡饮水。控制出水的阀门体上端用软管和主水管相连，另一端用绳索吊挂在天花板上。饮水盘吊挂在阀门体的控制杆上，控制出水阀门的启闭。当饮水盘无水时，重量减轻、弹簧克服饮水盘的重量，使控制杆向上运动，将出水阀门打开，水从阀门体下端沿饮水盘表面流入环形槽。当水面达到一定高度后，饮水盘重量增加，加大弹簧拉力，使控制杆向下运动，将出水阀门关闭，水就停止流出。该饮水器的优点是适应性广，不妨碍鸡群活动，工作可靠，不需人工加水，吊挂高度可调，但每天用完后要刷洗消毒，操作较麻烦。

图 3-30　吊塔式饮水器

4. 乳头式饮水器

乳头式饮水器有锥面、平面、球面密封型三大类，可用于禽类的笼养和平养以及猪的饲养。乳头式饮水器由阀芯和触杆成，直接同水管相连。由于毛细管的作用，触杆部经常悬着一滴水，畜禽在饮水时触动触杆顶开阀芯，水便自动流出供其饮用，饮水完毕，触杆将水路封住，水即停止外流。其优点是有利于防疫，并可免除清洗工作，缺点是在饮水时容易漏水，造成水的浪费，使环境湿度增大和影响清粪作业。有鸡用乳头式饮水器（图 3-31）和猪用乳头式饮水器（图 3-32）。

5. 鸭嘴式饮水器

鸭嘴式饮水器（图 3-33）是目前养猪生产中常用的自动饮水器，外形近似鸭嘴，可以 45°角或水

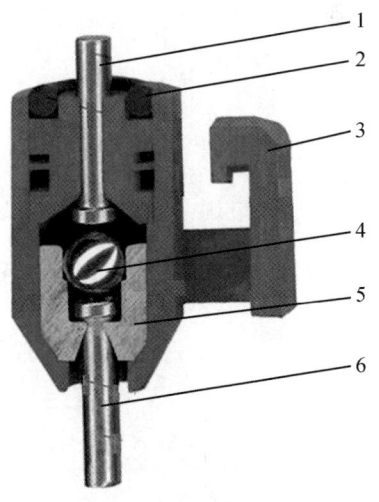

1—引水杆；2—密封圈；3—卡钩；
4—钢球；5—阀座；6—阀杆。

图 3-31　鸡用乳头式饮水器
（钢球阀杆式）

图 3-32 猪用乳头式饮水器

图 3-33 鸭嘴式饮水器

平安装。猪饮水时,将鸭嘴含入口内,挤压阀杆使之倾斜,阀杆端部的密封胶垫偏离阀体的出水孔,水则经滤网从出水孔流出,沿鸭嘴流入猪的口腔;当猪不咬动阀杆时,弹簧使阀杆恢复正常位置,密封垫又将出水孔堵死停止供水。鸭嘴式饮水器的材质有铸铁和全铜两种,其重量较轻、工作可靠,缺点是饮水时易漏水。

6. 杯式饮水器

杯式饮水器(图3-34、图3-35、图3-36、图3-37、图3-38)适合鸡、猪、牛、羊、兔等动物的饮水,因动物的嘴大小不同,所以不同动物用的饮水器形状、规格也不同。鸡用杯式饮水器有单独使用的,还有杯与乳头式饮水器结合的。

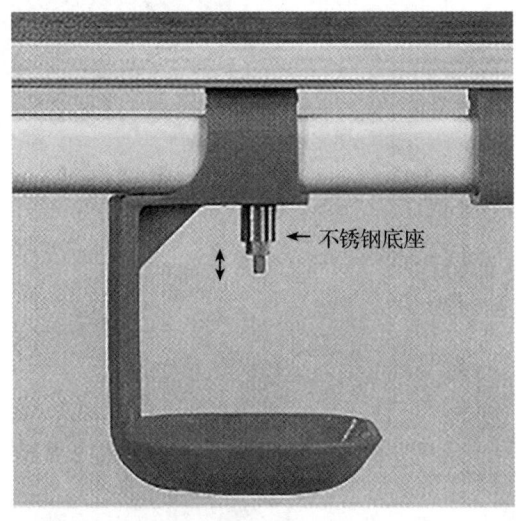

图 3-34 鸡用杯式饮水器

图 3-35 猪用杯式(碗)饮水器

图 3-36 牛用杯式饮水器

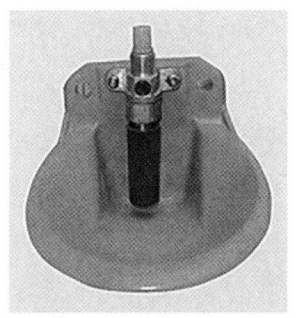
图 3-37 羊用杯式饮水器

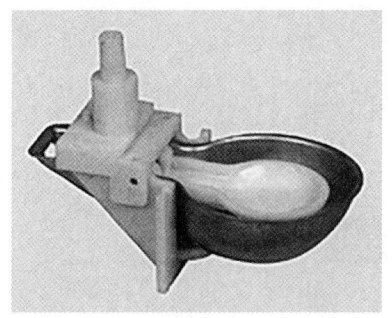
图 3-38 兔用杯式饮水器

二、人员准备

人员分组,每组 6 人,明确职责分工。

任务角色	任务内容
组长:	任务:
组员 1:	任务:
组员 2:	任务:
组员 3:	任务:
组员 4:	任务:
组员 5:	任务:

任务 筹划

(一) 内容筹划

畜禽饲喂设备,畜禽饮水设备。

(二) 流程筹划

①通过学习了解猪、鸡、牛、羊的饲喂、饮水的设备。

②能科学合理选用合适的饲喂、饮水设备。

③按照任务的要求,撰写畜禽场饲喂、饮水设备方案报告。

任务 实施

步骤一:

步骤二:

步骤三：

步骤四：

任务检测

请扫码答题

任务评价

工作任务完成过程评价

班级：_____　　　组别：_____　　　姓名：_____

项目	评分标准	自我评价	小组评价	教师评价
畜禽的饲喂饮水设备（35分）	了解常见的饲喂饮水设备（10分）			
	设备名称识别（10分）			
	设备应用描述（15分）			
任务完成过程（40分）	能够根据工作任务分析并制订工作思路（10分）			
	查找资料、认真思考、积极动手动脑（10分）			
	团队协作良好，交流合作默契，互帮互助（10分）			
	小组分工明确，通过小组讨论与再学习较好地完成方案（10分）			
方案报告（15分）	能很好地展示实践成果（5分）			
	整体的效果（很好10分，较好7~9分，一般为3~6分，较差为0~2分）			

（续表）

项目	评分标准	自我评价	小组评价	教师评价
思政素养表现（10分）	通过对饲养设备学习，激发学生刻苦钻研、积极创新的精神（10分）			
合计				
自我评价与总结				
教师点评				

任务三 清污设备配置

某养猪场年出栏生猪10 000头，建筑占地总面积约25亩。养殖场猪舍为传统猪舍，人工清粪，也无特定的污水与粪便的存放和处理设施。猪舍中产生的粪便露天堆放于场外空地，污水外排。针对养殖场目前存在的缺少粪便存放设施、缺乏污水收储与转运设施、处理后污水不能得到有效处理和再利用等问题展开治理，实现粪污的有效分类、收储、处理及利用，切实解决养殖场对周边河道、地下水、农业用地、人居环境造成的环境危害，保障和促进养殖场的健康发展。请为该猪场撰写一份清污改造方案。

班级：_____ 姓名：_____ 学号：_____

任务名称	猪场清污改造方案
任务描述	根据实际情况，填写本任务的内容、目的、流程和方法。 任务内容：以上述猪场为例，结合专业知识，撰写一份清污改造方案。 任务目的：通过本次任务学习，认识畜禽场的清污设备，了解名称和使用，并能在生产中合理地利用和设计。 任务流程：查阅资料信息，分组调查研究，小组讨论分析，撰写一份清污改造方案。 任务方法：查阅资料、调查研究。

（续表）

获取信息	要完成任务，需要掌握相关的知识。请收集资料，回答以下问题。 1. 畜禽场的清粪设备有哪些？ 2. 畜禽场粪污处理设施设备有哪些？
制订计划	
任务实施	按照预先制订的工作计划，完成本任务，并记录任务实施过程。 | 序号	完成的任务	遇到的问题	解决办法
---	---	---	---

任务准备

一、知识准备

（一）清粪设备

1. 清粪机

清粪机主要有刮板式、螺旋式和输送带式三种。

（1）刮板式清粪机

刮板式清粪机（图3-39）是一种常用的清粪机械，由电动机、减速器、绞盘、钢丝绳、转向滑轮、刮粪器等组成。刮粪器又由滑板和刮粪板组成。工作时，电动机驱动绞盘，通过钢丝绳牵引刮粪器。向前牵引时，刮粪器的刮粪板呈垂直状态，紧贴地面刮粪，到达终点时刮粪器碰到行程开关，使电动机反转，刮粪器也随之返回。此时刮粪器受背后的钢丝绳牵引，将刮粪板抬起越过粪堆，因而后退不刮粪。刮粪器往复走一次即完成一次清粪工作，通常刮粪板式清粪机用于双列鸡笼，一台刮粪时，另一台处于返回行程不刮粪，使粪便都被刮到畜禽同一端，再由横向螺旋式清粪机送出舍外。

刮板式清粪机在猪舍可用于地面明沟清粪，也可用于漏缝地板下的暗沟清粪。

在鸡舍可用于网上平养和笼养时的纵向粪沟清粪。

图 3-39 刮板式清粪机

（2）螺旋式清粪机

螺旋式清粪机是养鸡场清粪的配套设备。当纵向清粪机将鸡粪清理到鸡舍一端时，再由横向清粪机将刮出的鸡粪输送到舍外。清粪时，螺旋直接放入粪槽内，不用加中间支撑。

（3）输送带式清粪机

输送带式清粪由主动辊、被动辊、托辊和输送带组成，用于叠层式笼养鸡舍清粪。每层鸡笼下面安装一条输送带，上下各层输送带的主动辊可用同一动力带动。鸡粪直接落到输送带上，定期启动输送带将鸡粪送到鸡笼的一端，由刮板将鸡粪刮下，落入横向螺旋清粪机，再排出舍外。

2. 清粪车

清粪车可用于猪场清粪，也可用于牛场、高床笼养和平养鸡舍的清粪。由除粪铲、铲架、起落机构等组成（图 3-40）。除粪铲装于铲架上，铲架末端销连在手扶拖拉机的一个固定销轴上。扳动起落机构的手杆，通过钢丝绳、滑轮组实现铲粪。

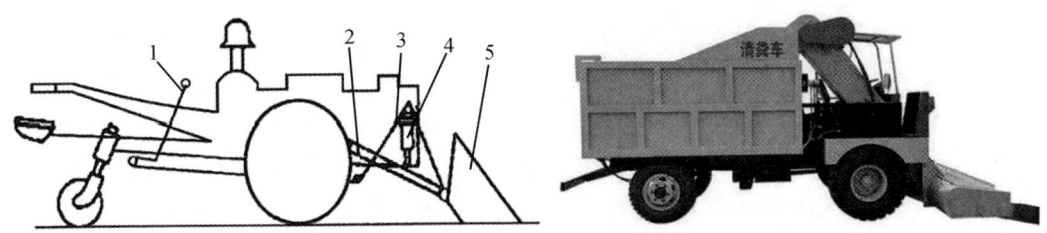

1—起落手杆；2—铲架；3—钢丝绳；4—深度控制装置；5—除粪铲。

图 3-40 清粪车

（二）粪污处理设施设备

1. 漏缝地板

漏缝地板（图 3-41）有塑料地板、复合材质地板、水泥地板、铸铁地板、钢筋漏缝地板，可用于猪、禽、羊等粪污处理设施。

图 3-41 漏缝地板

2. 固液分离机

固液分离机（图 3-42），通过专用液下无塞切割泵将粪池中粪抽送到固液分离机，将污水中的固性物与液体分离，分离出含水率为 40% 以内的固体粪和粪液。关键部件一般选用不锈钢材料制成，整机重量仅半吨且外形尺寸较小，是规模化养猪场理想的固液分离设备，能大幅度地提高固液分离与效益。常见的分离机有旋转筛压榨分离机和带压轮刷筛式分离机，其他的还有离心机、挤压式分机等。

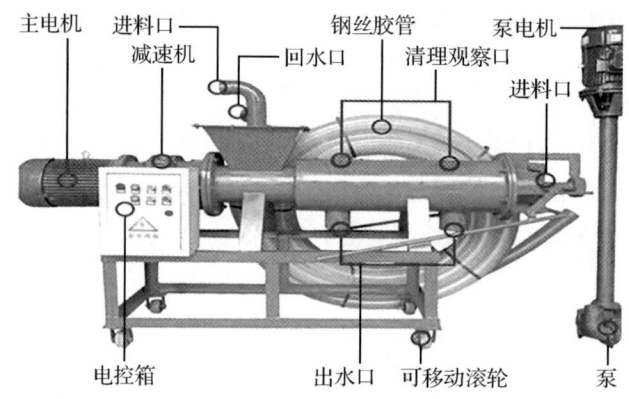

图 3-42 固液分离机

3. 化粪池

化粪池按照细菌分解类型的不同分为好氧性化粪池、厌氧性化粪池、兼性化粪池三种。

好氧性化粪池由好氧细菌对粪便进行分解，而兼性化粪池则上部由好氧细菌起作用，下部由厌氧细菌起作用。厌氧性化粪池主要由厌氧细菌进行粪便的分解，并进行沉淀分离。厌氧性化粪池的优点是不需要能量，管理少而节省劳动力，且能适应固体含量较高的粪液；缺点是处理时间长，要求池的容积大，对温度敏感，寒冷时分解作用弱，有臭味。

4. 沉淀池

沉淀池是应用沉淀作用去除水中悬浮物的一种构筑物。沉淀池可用于畜禽场污水处理。它的形式很多，按池内水流方向可分为平流式、竖流式和辐流式三种。

（1）平流式沉淀池（图 3-43）

由进、出水口，水流部分和污泥斗三个部分组成。平流式沉淀池多用混凝土筑造，也可用砖石圬工结构，或用砖石衬砌的土池。平流式沉淀池构造简单，沉淀效果好，工作性能稳定，使用广泛，但占地面积较大。若加设刮泥机或对比重较大沉渣采用机械排除，可提高沉淀池工作效率。

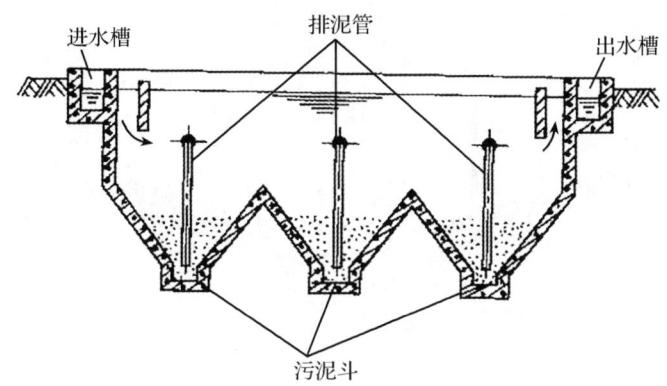

图 3-43　多斗平流式沉淀池

（2）竖流式沉淀池（图 3-44）

池体平面为圆形或方形。废水由设在沉淀池中心的进水管自上而下排入池中，进水的出口下设伞形挡板，使污水在池中均匀分布，然后沿池的整个断面缓慢上升。悬浮物在重力作用下沉降入池底锥形污泥斗中，澄清水从池上端周围的溢流堰中排出。溢流堰前也可设浮渣槽和挡板，保证出水水质。这种池占地面积小，但深度大，池底为锥形，施工较困难。

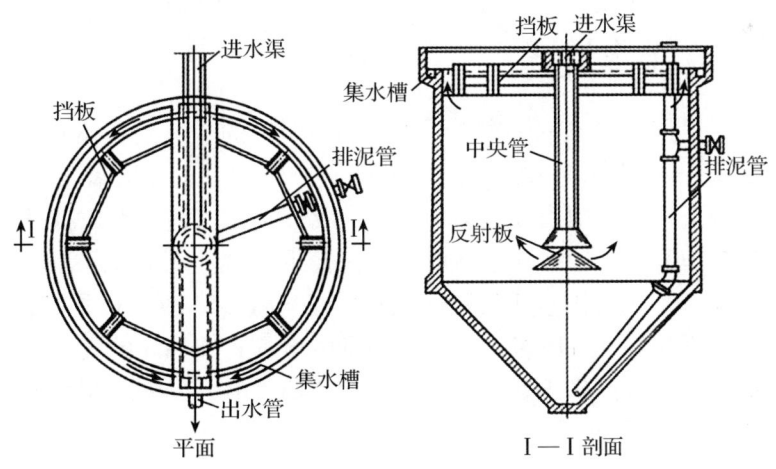

图 3-44　竖流式沉淀池

（3）辐流式沉淀池（图 3-45）

池体平面多为圆形，也有方形的。直径较大而深度较小，直径为 20～100 m，池中心水深不大于 4 m，周边水深不小于 1.5 m。污水自池中心进水管入池，沿半径方向向池周缓慢流动。悬浮物在流动中沉降，并沿池底坡度进入污泥斗，澄清水从池周溢流排出。

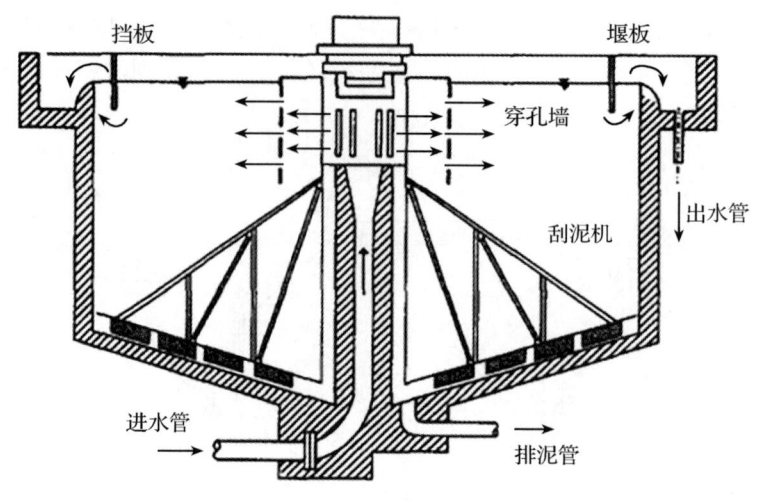

图 3-45　辐流式沉淀池

5. 储粪池或粪便堆放场

储粪池应选在生产区的下风向，靠近污道，便于粪便的清运。分为地上式、半地上式，也有采用全地下式。地上式一般高出地面 2 m，半地下式一般地面上下各 1 m，储粪池一般为长方形和正方形，设有进、出粪口，要求建 2 个以上，可轮换使用。由钢筋水泥底、四周砖墙和钢筋混凝土，并进行防水处理，底部留有渗沥液排出口通向污水池，上覆开放式或半开放式防雨上盖。

在干清粪方式下，可建粪便堆放场。粪便堆放场所容积为每 10 头猪（出栏）约 1 m^3，每 1 头肉牛（出栏）或每 2 头奶牛（存栏）约 1 m^3，每 1 000 只肉鸡（出栏）或每 250 只蛋鸡（存栏）约 1 m^3。

6. 沼气池

在我国农村，沼气发酵不仅作为农业生态系统中的一个重要环节，处理各种废弃物制成农家肥，而且获得生物质能用来照明或作为燃料。厌氧发酵一般在沼气池中进行，我国沼气发酵池类型较多，其中，水压式沼气池是在农村推广的主要池型。水压式沼气池是一种埋设在地下的立式圆筒形发酵池，池盖和池底是具有一定曲率半径的壳体，主要结构包括加料管、发酵间、出料管、水压间、导气管等几个部分。其工作原理为：产气阶段，发酵池内发酵产气，发酵间的气压随产气量增大而增大，造成水压间液面高于发酵间液面，使用沼气时，发酵间压力减小，水压间液体被压回发酵间。

7. 焚尸炉和化尸池

养殖场要在粪污处理区建设小型焚烧炉或化尸池，对废弃物和病死畜禽进行无害化处理。

小型焚烧炉设在专门场所，一般位于粪污处理区附近，主要用于蛋壳、死胎、胎衣、过期兽药、残余疫苗、疫苗瓶和要求必须进行焚烧处理的动物尸体（牛、猪等大动物需到无害化处理中心进行集中处理）的处理。

化尸池应建在生产区的下风向，且与生产区有一定的距离，主要用于小型动物尸体的处理。化尸池一般为地下圆井型，深 4～5 m，口径 2 m 左右，水泥底，四周用砖墙或钢筋混凝土，并进行防水处理，加盖防雨，并注意通风，使用时定期填加消毒药品。

思政导学

养殖场产生的废弃物主要是粪便、污水、垫料、加工副产物等，其中粪便和污水是最主要的废弃物。对其防治和处理应遵循减量化、无害化、资源化三项原则。养殖过程中产生的废弃物不能任意排放，否则会对周围的大气、水和土壤环境造成污染，必须加以适当的处理，合理利用，变废为宝，不能进行资源化利用的废弃物必须进行无害化处理，达标后排放，树立环保意识。

二、人员准备

人员分组，每组 6 人，明确职责分工。

任务角色	任务内容
组长：	任务：
组员 1：	任务：
组员 2：	任务：
组员 3：	任务：
组员 4：	任务：
组员 5：	任务：

任务筹划

（一）内容筹划

清粪设备，粪污处理设施设备。

（二）流程筹划

①通过学习了解畜禽场的清污设施设备。
②能科学合理地设计和利用清污设施设备。
③按照任务的要求，撰写养猪场粪污改造方案。

任务实施

步骤一：

步骤二：

步骤三：

步骤四：

任务检测

请扫码答题

任务评价

工作任务完成过程评价

班级：_____ 组别：_____ 姓名：_____

项目	评分标准	自我评价	小组评价	教师评价
畜禽场清污设备（35分）	了解常见的清污设备设施（10分）			
	名称识别（10分）			
	应用描述（15分）			
任务完成过程（40分）	能够根据工作任务分析并制订工作思路（10分）			
	查找资料、认真思考、积极动手动脑（10分）			
	团队协作良好，交流合作默契，互帮互助（10分）			
	小组分工明确，通过小组讨论与再学习较好地完成方案（10分）			

（续表）

项目	评分标准	自我评价	小组评价	教师评价
方案报告（15分）	能很好地展示实践成果（5分）			
	整体的效果（很好10分，较好7～9分，一般为3～6分，较差为0～2分）			
思政素养表现（10分）	通过清污设备的学习，树立保护环境的意识（10分）			
合计				
自我评价与总结				
教师点评				

任务四　环境调控设备配置

任务导入

某公司拟新建200头生产母猪自繁自育的商品猪场，要求建成一个小型工厂化示范猪场。请你查阅资料，为该猪场提供一个猪舍环境调控方案。

任务工单

班级：_____　姓名：_____　学号：_____

任务名称	猪舍环境调控方案
任务描述	根据实际情况，填写本任务的内容、目的、流程和方法。 任务内容：以上述拟建猪场为例，结合专业知识，简单拟一份猪舍环境调控方案。 任务目的：通过本次任务学习，认识畜禽场环境调控设备，了解名称以及在生产中的应用。 任务流程：查阅资料信息，分组调查研究，小组讨论分析，拟订方案报告。 任务方法：查阅资料、调查研究、拟订方案。

（续表）

获取信息	要完成任务，需要掌握相关的知识。请收集资料，回答以下问题。 1. 采暖设备有哪些？分别有什么特点？ 2. 降温设备有哪些？分别有什么特点？ 3. 通风设备有哪些？分别有什么特点？ 4. 采光设备有哪些？分别有什么特点？ 5. 清洗消毒设备有哪些？分别有什么特点？
制订计划	
任务实施	按照预先制订的工作计划，完成本任务，并记录任务实施过程。 | 序号	完成的任务	遇到的问题	解决办法 | |---|---|---|---| | | | | | | | | | | | | | | |

任务准备

一、知识准备

畜禽场的环境控制主要是通过对畜禽舍的温度控制、对环境空气质量的控制、畜禽舍内粪尿的处理方式以及生物安全控制来实现的。畜禽场的环境控制离不开先进的设施设备。随着我国改革开放和科学技术的进步，畜禽舍温度的控制设备、空气质量控制设备、畜禽舍内清粪设备、生物安全控制设备等都发生着巨大的变化，向着自动化程度越来越高、对环境的检测越来越精准、控制水平越来越先进、技术运用越来越综合的方向发展。

（一）采暖设备

为保障畜禽需求的适宜温度，在气温较低的或严寒的冬季畜禽舍必须采用供暖设备进行供暖，尤其是幼畜禽舍。

1. 电热板

电热板（图 3-46）主要用于仔猪的保温，电热板的材质有不锈钢、玻璃钢、塑料等，也可在仔猪躺卧区地板下铺设电热缆线，电缆线应嵌入混凝土内，均匀隔开不能相互交叉和接触，每 4 个栏设置一个恒温器。

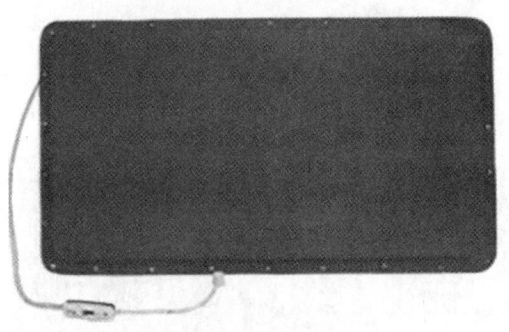

图 3-46　仔猪电热板

2. 热风炉供暖系统

热风炉供暖系统（图 3-47）是以空气为介质，煤或油为燃料，为空间提供无污染的洁净热空气，由热风炉、轴流风机、有孔通气管和调节风门等设备组成，风机将热风炉加热的空气通过管道送入畜禽舍。热风炉有燃油热风炉、燃煤热风炉和燃气热风炉三种。该设备结构简单、热效率高、送热快、成本低，使用方便、安全，是目前推广使用的一种采暖设备。

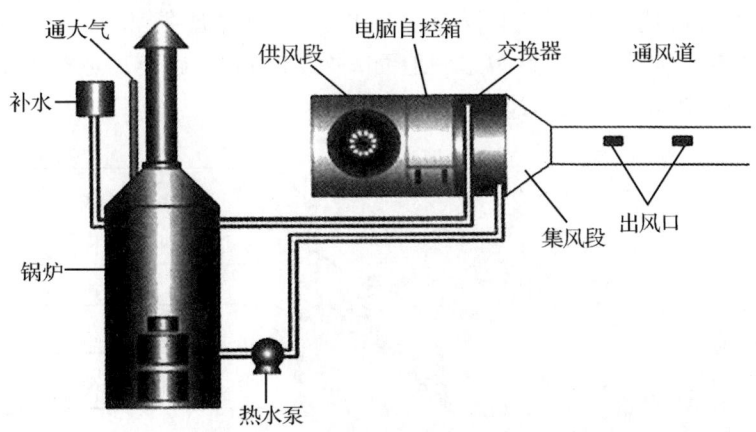

图 3-47　热风炉供暖系统

3. 暖风机供暖系统

暖风机主要由空气加热器和风机组成，空气加热器散热，然后风机送出，使舍内空气温度得以调节。暖风机有壁装式和吊挂式两种，壁装式常装在畜禽舍进风口处,对进入畜禽舍的空气进行加热处理;品挂式常吊挂在畜禽舍内,对舍内的空气进行局部加热处理,也有的是由风机将空气加热并由风管送入畜禽舍。

4. 电磁采暖炉

电磁采暖炉(图3-48)是一种将电能转化成热能的采暖设备,直接通过导热体在采暖管道中输送热满足供暖需求。电磁采暖炉是目前恒温采暖的最好设备,它的安全性高,极少出现安全隐患;寿命长,使用期10年;可随意设置供暖温度,智能设置开关时间;耗电量少,能减少部分不必要的热能损耗。

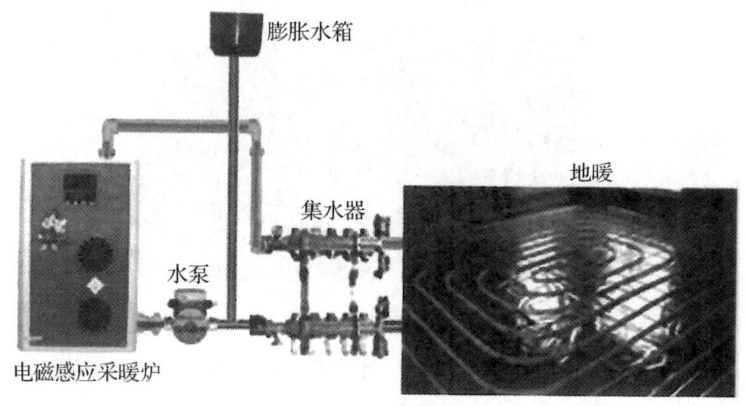

图3-48 电磁采暖炉供暖系统

5. 电热地暖

电热地暖(图3-49)是将电器元件预先埋设在畜禽舍地面以下,通过电能转化为热能进行局部供暖。首先,对地面进行平整,铺设20 mm保温层,其上铺设一层铝薄纸作为反射膜,核心工作是将电器元件按照设计要求安装固定在反射膜上,最后在电器元件上铺填厚度为30 mm的细石混凝土,最后铺填10 mm的素水泥沙浆压实,其使用寿命可达30年左右。为了实现电热地暖的温度控制,一般将电地暖的温度探头埋置在水泥地面内,距离水泥地面表面25.4 mm,距离加热电缆50.8 mm。然后配置上温控器就可以对电热地暖进行温度控制。

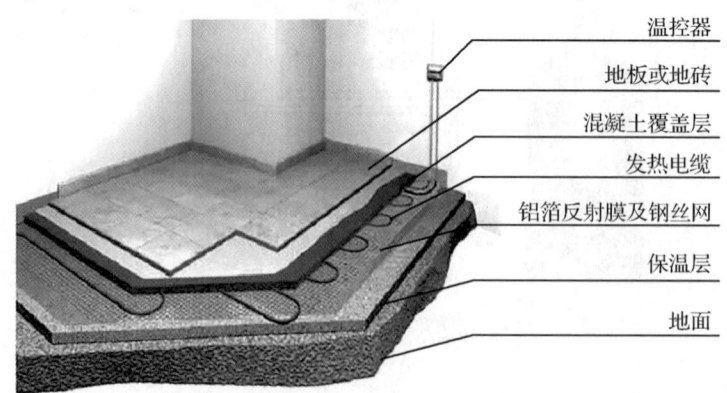

图3-49 电热地暖

在生产中,除以上供暖设备外,还有传统的采暖设备,如普通的燃煤火炉、蜂窝煤炉、红外线灯泡、土炕、火墙、地下烟道等。

（二）降温设备

畜禽场的降温一般结合通风采用机械降温为畜禽提供一个舒适的环境，蒸发降温是适合畜禽舍有效降温的措施，常用降温设备有湿帘风机降温系统、喷雾降温系统、喷淋降温系统和滴水降温系统。

1. **屋顶脉冲喷水降温系统**

如果畜禽舍屋面为彩钢瓦或者石棉瓦，在畜禽舍屋脊正中，架设一条塑胶水管（软硬均可），每相距 0.3～0.5 m 处钻一小孔，一端连接进水管并安上阀门，另一端封堵。当打开进水管阀门开关时，凉水注入水管并从各小孔喷涌而出，湿透冷却瓦面，水由液态转为气态，带走屋面热量，减少热传导。减少热辐射，从而达到舍内降温的目的。可于每天最闷热时候，定时开启阀门，淋水降温。此法简单易行，降温速度快，效果显著，一般在猪场安装使用，但用水较多。也可用冲栏高压水管于每天高温时段定时直接冲淋屋顶瓦面。

2. **喷雾降温系统**

常用的喷雾降温系统（图 3-50）主要由水箱、水泵、过滤器、喷头、管路及控制装置组成。所用的管路的材质为硬塑管或铁管，且架设于室内半空，水管上安装雾化喷头（喷头间距 0.5～1.0 m），当进水阀门打开后，高压水泵通过喷头将水喷成直径小于 100 pm 雾滴，雾滴在空气中迅速汽化和蒸发吸热，达到舍内降温的目的，也可同时在舍内每面墙上，每隔 10 m 安装一个壁扇，加强通风使水汽蒸发，可将舍内气温下降 6～8 ℃。此法具有设备简单，效果显著等优点，但易导致舍内湿度升高。

图 3-50　喷雾降温系统

3. **湿帘风机降温系统**（图 3-51）

由湿帘（水帘）、风机、循环水路与控制装置组成。湿帘厚度以 100～200 mm 适宜，地区气候特点不同，湿帘的厚度不同，一般干燥地区应选择较厚的湿帘，潮湿地区湿帘不宜过厚。

（1）工作原理

水箱中的水经水泵通过上水管送至喷水管中，喷水管的喷水孔把水喷向反水板，从反水板上流下的水均匀地淋湿整个湿帘。室外热空气由负压风机抽入栏舍时，经过布满冷却水的湿帘，冷却水由液态转化成气态的水分子，吸收空气中大量的热能从而使空气温度迅速下降，在与室内的热空气混合后，通过负压风机排出室外。此方法具有降温效果好、能耗低、通风透气、适用性强的优点。其降温效果与门窗密闭程度及湿帘纸质量密切相关，通常可使得猪舍内温度降低 8～10 ℃。利用湿帘风机降温需注意以下几点：一是门窗需密闭，防止热空气进入；二是室内风速需在 1.0～1.5 m/s，通常一个风机（1.1 kW 规格为 1.4 m×1.4 m）对应 6 m² 的湿帘可达到此要求；三是湿帘面积约为栏舍面积的 1/40。

（2）设备特点

主要设备为湿帘。湿帘采用新材料、利用空间交联技术具有高吸水、高耐水、抗霉变、耐腐蚀、使用寿命长等优点；蒸发表面积大，降温效率达 80% 以上，具有良好的渗透吸水性，可保证水均匀淋透整个湿帘墙。

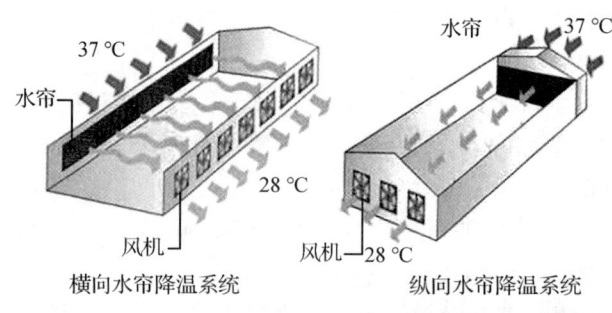

图 3-51　湿帘风机降温系统

4. 喷淋降温系统

通过局部喷淋结合纵向通风达到降温目的。由电磁阀、喷头、水管和控制器等组成。电磁阀在控制器控制下，每隔 30～50 min 开启 5～10 s，动物热时走过喷水区，使皮肤表面淋湿，通过通风蒸发达到降温的效果。主要用于猪舍和牛舍。

5. 滴水降温系统

滴水降温系统（图 3-52）适用于分娩舍母猪或定位栏妊娠母猪的降温。在产床或定位栏母猪头颈上方 40 cm 左右的高度安装滴水设备，安装一条硬塑管，一端与进水管相连，安装上水阀，另一端封堵，于水管正对母猪的颈肩位置钻一小孔。当进水阀门打开后，清水即从管孔中溢出，滴注于母猪头颈或颈肩部，借助滴水冷却和蒸发，达到猪体降温的目的。此法是目前规模化猪场产房母猪降温普遍采用的方法。此法配合负压机械通风使用效果更显著。

图 3-52　猪舍滴水降温系统

6. 空调系统

目前，也有部分新型畜禽场已使用养殖专用的空调系统（图 3-53），这类通风换气系统是将舍外空气经过过滤和降温后向舍内输送，将舍内高温和浑浊的空气排出室外，结合数字化管理和自动化技术，从而实现控制舍内气温、风速和空气质量的功能。

图 3-53　畜禽舍空调

（三）通风设备

规模化养猪、养鸡主要采用相对封闭的舍内饲养方式，为了畜禽能健康生长，舍内空气质量控制尤为重要，通风换气是舍内空气质量控制的核心，包括自然通风和机械通风。

机械通风就是用机械电力的办法，人为地形成畜禽舍内外的气压差，从而达到使空气流动的目的。机械通风有正压通风、负压通风和联合通风三种形式。正压通风就是送风，将送风机安置在单侧壁、双侧壁或屋顶下，风机的转动使得畜禽舍内压力增加，空气流向压力小的舍外。负压通风就是排风，将排风机安置在单侧壁、双侧壁或屋顶下，风机的转动使得畜禽舍内压力降低，畜禽舍外空气流向压力小的畜禽舍内。联合式通风就是在畜禽舍的对侧分别安置送风机和排风机，使得畜禽舍内外的压差增大，畜禽舍内通风量增加。畜禽舍机械通风设备主要是通风机，分轴流式和离心式两种。

在采用负压通风的畜禽舍里，使用轴流式风机，在正压通风的畜禽舍里，主要使用离心式风机。轴流式风机（图3-54）由叶轮、外壳、龟机及支座组成。叶轮由电机直接驱动。叶轮旋转时，叶片推动空气，将舍内的污浊空气不断地沿轴向排出，使舍内呈负压状态。此时舍外气压比舍内气压高，新鲜空气在压力差的作用下，从进气口进入。离心式风机（图3-55）的全压较高，常用于具有复杂管网的通风。离心式风机运转时，气流靠带叶片的工作轮转动时所形成的离心力驱动，故空气进入风机时和叶片轴平行，离开风机时与叶片轴垂直。

图3-54　轴流式风机

图3-55　离心式风机

除以上设备外，还有空调换气系统、空气过滤系统等更先进的设备。

（四）采光设备

畜禽舍的光照分为自然光照和人工光照。实行人工控制光照或补充照明是现代养禽生产中不可缺少的重大技术措施之一。光照时间、光照强度以及光照制度等光环境参数都是影响禽生产的重要环境因素，可以直接或间接影响生长发育、生产性能、繁殖性能。因此因鸡舍结构、饲养方式不同其控制方法也不相同，目前禽舍人工采光的灯具比较简单，主要有白炽灯、荧光灯和节能灯三种。白炽灯具成本低、耗损快的特点，一般25 W、40 W、60 W的灯泡能使舍内光照度均匀，但节能性差。荧光灯虽然成本高，但光效率高且光线比较柔和，一般使用40 W的荧光灯较多。节能灯具有节电节能的优点，一般使用8 W、15 W、25 W的较多。安装这些灯具时要分设电源开关，以便能调节育雏舍、产蛋舍等所需的不同光照度。

除此，还有可编程序定时控制器、微电脑时控开关控制器、全自动渐开渐灭型灯光控制器、全自动速开速灭型灯光控制器，在生产中可根据不同类型的鸡对光照的需要进行合理的选择，进行科学的补光。

（五）清洗消毒设施设备

畜禽场必须要有完善的清洗消毒设施设备，以保证畜禽健康。清洗消毒设施设备包括人员清洗消毒设施设备、车辆的清洗消毒设施设备和环境的清洗消毒设施设备。

1. 人员清洗消毒设施设备

一般在畜禽场入口处设置消毒池，外来人员和本场人员在进入场区前都应经过消毒池对鞋进行消毒方可进入场区。在生产区入口处设有消毒室，消毒室内设有更衣间、淋浴间、消毒池和紫外线消毒灯等。人员进入生产区必须进行严格的消毒。

2. 车辆清洗消毒设施

畜禽场的入口处应设置车辆消毒设施，主要包括车轮清洗消毒池和车身冲洗喷淋机。消毒池内的消毒液应勤更换，以保证消毒效果。

3. 环境清洗消毒设施设备

畜禽场常见的环境清洗消毒设施设备有高压清洗机、火焰消毒器、喷雾器、冲洗消毒车等。

（1）高压清洗机（图 3-56）

用于畜禽场内用具、地面、畜栏等的清洗，可产生 6~7 MPa 的水压，将水管与盛有消毒液的容器相连，还可进行畜禽舍的消毒。

（2）火焰消毒器（图 3-57）

利用煤油燃烧产生的高温火焰对畜禽舍设备及建筑物表面进行燃烧，达到消毒的目的。火焰消毒器的杀菌率高，消毒后的设备和物体表面干燥。在使用火焰消毒时，要做好防火工作，严禁使用汽油或者其他轻质易燃易爆燃料。

图 3-56　高压清洗机

图 3-57　火焰消毒器

（3）喷雾器（图 3-58）

用于对畜禽舍及设备的药物消毒。常用的人力喷雾器有背负式喷雾器和背负式压缩喷雾器。

图 3-58　喷雾器

（4）自动喷雾消毒机

自动喷雾消毒机（图 3-59）有人员消毒通道消毒机、全场喷雾消毒机、车辆消毒机。

图 3-59　自动喷雾消毒机

人员消毒通道消毒机是利用超声波高频振荡，将水分子打碎成雾状后，喷出。全场喷雾消毒机是利用超高压喷雾原理，将水加压后，输送到高压管道内，经雾化喷嘴喷出。车辆消毒通道是利用超高压喷雾原理，对过往车辆机身进行喷雾消毒。

自动消毒设备具有温度自动感应、智能控制消毒、定时循环控制消毒、自动加水、自动加药、自动泄压、缺水自动断电功能等优势。

二、人员准备

人员分组，每组 6 人，明确职责分工。

任务角色	任务内容
组长：	任务：
组员1：	任务：
组员2：	任务：
组员3：	任务：
组员4：	任务：
组员5：	任务：

 任务 筹划

（一）内容筹划

采暖设备，降温设备，通风设备，采光设备，清洗消毒设施设备。

（二）流程筹划

①通过学习了解畜禽场的环境控制设备。

②能科学合理地设计和利用。

③按照任务的要求，撰写养猪舍环境调控方案。

 任务 实施

步骤一：

步骤二：

步骤三：

步骤四：

任务 检测

请扫码答题

任务评价

工作任务完成过程评价

班级：_____　　组别：_____　　姓名：_____

项目	评分标准	自我评价	小组评价	教师评价
畜禽场环境调控设备（35分）	了解常见的环境调控设备（10分）			
	名称识别（10分）			
	应用描述（15分）			
任务完成过程（40分）	能够根据工作任务分析并制订工作思路（10分）			
	查找资料、认真思考、积极动手动脑（10分）			
	团队协作良好，交流合作默契，互帮互助（10分）			
	小组分工明确，通过小组讨论与再学习较好地完成方案（10分）			
方案报告（15分）	能很好地展示实践成果（5分）			
	整体的效果（很好10分，较好7~9分，一般为3~6分，较差为0~2分）			
思政素养表现（10分）	通过对环境调控设备的学习，树立环保的意识（10分）			
合计				

自我评价与总结	
教师点评	

项目四 畜禽舍环境调控

项目导读

本项目主要介绍畜禽舍光照、温度、湿度、通风换气、空气质量、饲养密度与垫料的调控。通过学习，重点掌握畜禽舍光照、温度、湿度、通风换气、空气质量、饲养密度与垫料的调控方法，学会畜禽舍先进环境控制技术，为畜牧场的健康生产、安全生产打好基础。

知识目标

清楚畜禽舍保证适宜的光照、温度、湿度、通风换气、空气质量、饲养密度等的意义；掌握对畜禽舍光照、温度、湿度、通风换气、空气质量、饲养密度调控的具体方法及措施。

技能目标

在畜禽生产实践中，会利用相关仪器设备准确测量采光系数、温度、湿度、气流、有害气体等指标；能够对畜禽舍内光照、温度、湿度、通风换气、空气质量、饲养密度及垫料科学管理。

素质目标

通过学习和课外拓展，使学生了解我国畜禽舍环境控制技术取得的成绩和环境控制技术方面所做的努力，同时学习国外最先进的畜禽场（舍）环境控制技术。以高标准、严要求的理念实施技能训练，培养学生的科学精神、工匠精神和"人一之我十之，人十之我百之"的精神，不断增强学生的职业责任心、社会责任感。

任务一　畜禽舍光照调控

任务导入

如图4-1所示，A是窗户上缘，B是畜禽舍地面中央的一点，C是墙壁与地面的交点，D是窗台。∠ABC是入射角，∠ABD是透光角。例如，BC=4 m，AC=2.28 m，DC=1.2 m测定入射角时，先测量AC和BC的长度，然后根据tan∠ABC=AC/BC，算出AC/BC的数值，可从函数表中查出∠ABC的角度。

则tan∠ABC=AC/BC=2.28/4=0.57，查函表tan为0.57时，∠ABC角度为30°。

求透光角时，先按上法求出∠DBC，然后用∠ABC-∠DBC，即得透光角∠ABD。

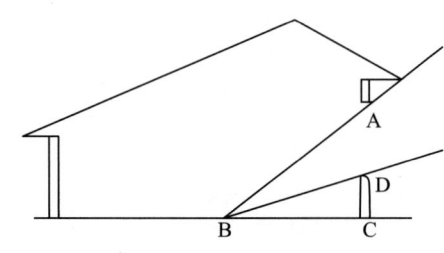

图4-1　入射角、透光角示意图

任务工单

班级：_____　　姓名：_____　　学号：_____

任务名称	畜禽舍光照调控
任务描述	根据实际情况，填写本任务的内容、目的、流程和方法。 任务内容：以上述养牛场畜禽舍采光照度调控问题为例，结合专业知识，简单拟一份畜禽舍采光照度调控方案。 任务目的：通过本次任务学习，熟悉光照对畜禽的影响，了解紫外线的有益作用和有害作用，明白畜禽舍自然光照和人工光照的区别，学会光照强度的控制和畜禽舍采光系数的测定。 任务流程：查阅资料信息，分组调查研究，小组讨论分析，拟订方案报告。 任务方法：查阅资料、给出建议。
获取信息	要完成任务，需要掌握相关的知识。请收集资料，回答以下问题。 1. 光照对畜禽的影响。 2. 自然光照和人工光照的区别。 3. 畜禽舍内采光系数的测定。 4. 各类畜禽舍内光照强度的控制。

(续表)

制订计划	
任务实施	按照预先制订的工作计划，完成本任务，并记录任务实施过程。 | 序号	完成的任务	遇到的问题	解决办法
---	---	---	---

任务准备

一、知识准备

光照是影响畜禽健康和生产力的重要环境因素之一，为了满足畜禽生产的需要，其光照时间和光照强度可根据畜禽要求或工作需要，加以严格控制。畜禽舍采光分自然采光和人工照明两种，自然采光的光照时间和强度有明显的季节性，一天之中也在不断地变化，使舍内光照度不均匀。开放舍或半开放舍墙壁有很大的开露部分，主要借助自然采光，人工光照补足；无窗式封闭型畜禽舍全靠人工照明来控制舍内的光照时间和光照强度，以满足畜禽生产对光照的需要。另外，光照还为人的工作和畜禽的活动（采食、起卧、走动等）提供方便。

（一）自然采光

自然采光取决于太阳直射光或散射光通过畜禽舍开露部分以及窗户而进入舍内的量。影响自然采光的因素主要有畜禽舍方位、舍外环境、采光系数、入射角、透光角和玻璃等。

1. 畜禽舍的方位

畜禽舍的方位直接影响着畜禽舍的自然采光及防寒防暑，因此应周密考虑确定畜禽舍方位。我国北方，建筑物朝向以坐北朝南为主，太阳光很大程度照射到畜禽舍内部可提高畜禽舍温度。

2. 舍外环境

畜禽舍附近若有高大的建筑物或大树，就会遮挡太阳的直射光和散射光，影响舍内的照度。因此，其他建筑物与畜禽舍的距离，应不小于建筑物本身高度的2倍。为防暑而在畜禽舍旁边植树时，应选用主干高大的落叶乔木，并且应妥善确定位置，尽量减少其遮光。舍外地面的反射能力的大小，对舍内的照度也有影响。据测定，裸露土壤对太阳光的反射率为10%～30%，草地为25%。

3. 采光系数

采光系数是指窗户的有效采光面积（即窗户玻璃的总面积，不包括窗棂）与地面面积之比（以窗户的有效采光面积为1）。畜禽舍的采光系数因畜禽的种类而不同，各种畜禽舍的采光系数见表4-1。为使采光均匀，在窗户面积一定时，增加窗户的数量可减小窗间距，以改善舍内光照的均匀度。将窗户两侧的墙棱修成斜角，使窗洞呈喇叭形，能显著提高采光面积。

表4-1 不同畜禽舍的采光系数

畜禽舍	采光系数	畜禽舍	采光系数
奶牛舍	1：12	成年绵羊舍	1：(15～25)
肉牛舍	1：16	羔羊舍	1：(15～20)
犊牛舍	1：(10～14)	成鸡舍	1：(10～12)
种猪舍	1：(10～12)	雏鸡舍	1：(7～9)
肥猪舍	1：(12～15)	母马及幼驹舍	1：10

4. 入射角

指地面中央一点到窗户上缘（或屋檐下端）所引的直线与地面水平线的夹角如图4-2所示。入射角越大，越有利于采光。为了保证畜禽舍的采光，入射角一般不小于25°。

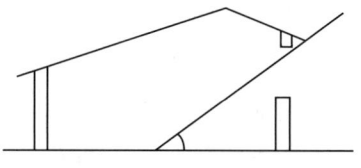

图4-2 入射角示意图

从防暑和防寒方面考虑，我国大部分地区夏季都不应有直射光线进入舍内，而冬季则希望阳光尽可能多地照射到畜床上。为了达到这种要求，可通过合理地设计窗户的大小和高度，即当窗户上缘外侧（或屋檐）与窗户内侧所引直线同地面之间的夹角小于当地夏至日的太阳高度角时，就可防止夏至前后太阳直射光进入舍内；当畜床后缘与窗户上缘（或屋檐）所引直线同地面之间的夹角大于当地冬至日的太阳高度角时，就可使冬至前后太阳光线进入舍内，直射在畜床上（图4-3）。

太阳高度角计算公式：$h=90-\varphi+\sigma$

式中：h——太阳高度角；

φ——当地的纬度；

σ——赤纬（夏至时为23°27′，冬至时为-23°27′，春分和秋分时为0°）。

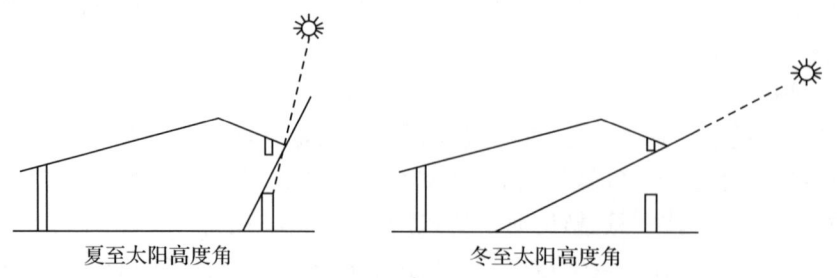

夏至太阳高度角　　　　　冬至太阳高度角

图4-3 根据太阳高度角设计窗户上缘的高度

5. 透光角

又叫开角，即畜禽舍地面中央一点向窗户上缘（或屋缘）外侧和下缘内侧引两条直线所形成的夹角，如图4-4所示。透光角愈大，愈有利于畜禽舍的采光。从采光效果看，立式窗户比卧式窗户为好。但立式窗户散热较多，不利于冬季的保温，所以在寒冷的地区，南墙设立式窗户、北侧墙设卧式窗户为好。为增大透光角，可以增大屋缘和窗户上缘的高度，以及降低窗台的高度等。但是，窗台高度过低，会使阳光直射于畜禽头部，不利于畜禽健康，尤其是马属动物，因此，马舍窗台高度以1.6～2.0 m为宜，其他畜禽以1.2 m左右为好。

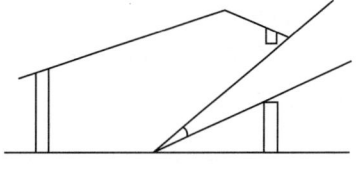

图4-4 透光角示意图

总之，为了保证舍内适宜的照度，畜禽舍的透光角一般不应小于5°。

6. 玻璃

一般玻璃可以阻止大部分的紫外线，脏污的玻璃可以阻止15%～50%的可见光，结冰的玻璃可以阻止80%的可见光。

7. 舍内反光面

畜禽舍内物体对进入舍内的光线的反射对舍内光照强度也有很大影响。当反射率低时，光线大部分被吸收，舍内就比较暗；当反射率高时，光线大部分被反射，舍内就比较明亮。据测定，白色表面反射率为80%，黄色表面为40%，深色仅为20%，砖墙约为40%。由此可见，舍内的表面（主要是墙壁和天棚）应当平坦，粉刷成白色，并经常保持清洁，以利于提高畜禽舍内的光照强度。

8. 舍内设施及栏围构造与布局

舍内设施如笼养鸡和兔的笼体、笼架以及饲槽，猪舍内猪栏的栏壁构造和排列方式等对舍内光照强度影响很大，故应给予充分考虑。

思政导学

在畜禽舍采光测定的过程中，特别是采光系数的计算中，学生要养成求真务实、勤于动手、严格操作，认真核实并记录数据的职业素养，并让科学精神根植于心中。

（二）人工光照

人工光照是在畜禽舍内安装光源进行照明，不仅应用于密闭式畜禽舍，也可用于自然采光的畜禽舍作为补充。其优点是可以人工控制，受外界因素影响小，但造价大，投资多。

1. 光源

①灯具的种类。主要有白炽灯、荧光灯（日光灯）和节能灯三种。

②灯具的分布。尽量减少灯的功率数而增加灯具的数量；灯距为灯高的1.5倍，近墙的灯距为内部灯距的一半；两排以上应左右交错排列。笼养家禽时，灯具除左

右交错排列外，还应上下交错排列来保证底层笼的光照强度。

灯的高度直接影响地面的光照强度，为使地面获得 10.76 lx 的照度，白炽灯的高度应按表 4-2 设置。

表 4-2　白炽灯安装高度

白炽灯 /W	15	25	40	60	75	100
有灯罩的高度 /m	1.0	1.4	2.0	3.1	3.2	4.1
无灯罩的高度 /m	0.7	0.9	1.4	2.1	2.3	2.9

通常灯高为 2.0 m、灯距为 3.0 m 左右，每 0.37 m^2 鸡舍 1 W 或每平方米鸡舍 2.7 W，可获得相当于 10.76 lx 的照度。多层笼养鸡舍为使底层有足够的照度，设计时照度应适当提高一些，一般设成 3.3～3.5 W/m^2。

2. 光照时间和光照强度（表 4-3 和表 4-4）

表 4-3　猪舍采光参数

猪群类别	自然光照		人工照明光照度 /lx	光照时间 /h
	采光系数	辅助照明 /lx		
种公猪	1:（12～10）	50～75	50～100	10～12
成年母猪	1:（15～12）	50～75	50～100	10～12
哺乳母猪	1:（12～10）	50～75	50～100	10～12
哺乳仔猪	1:（12～10）	50～75	50～100	10～12
保育仔猪	1:10	50～75	50～100	10～12
育肥猪	1:（15～12）	50～75	30～50	8～12

表 4-4　1 m^2 舍内地面设 1 W 光源提供的光照度

光源种类	荧光灯	白炽灯	卤钨灯	自整流高压水银灯
1 W 光源提供的光照度 /lx	12.0～17.0	3.5～5.0	5.9～7.0	8.0～10.0

3. 灯具要求

①照度足够。应满足畜禽最低照度的要求。蛋鸡、种鸡舍为 10 lx，肉鸡、雏鸡 5 lx，其他畜禽为便于人的工作考虑，地面照度以 10 lx 为宜。

②保持灯泡清洁。脏灯泡发出的光比干净灯泡减少约 1/3，因此，要定期对灯泡进行擦拭。同时，设置灯罩不仅保持灯泡表面的清洁，还可提高光照强度，使光照强度增加 50%。一般采用平型或伞形灯罩，避免使用上部敞开的圆锥形灯罩。

③其他要求。鸡舍内设置灯泡功率不可过大，应以 40～60 W 的白炽灯或 8～18 W 的节能灯为宜；灯具不可使用软线悬吊，以防被风吹动，使鸡受惊；设置可调变压器，使电灯在开、关时有渐亮、渐暗的过程。

4. 鸡的人工光照制度

现代鸡场人工控制光照已成为必要的管理措施，种鸡和蛋鸡基本相同，与肉用仔鸡不同。

（1）种鸡和蛋鸡的光照制度

光控可以使鸡适时性成熟，主要有两种方法。

①渐减渐增法。这是利用有窗鸡舍培育小母鸡的一种光照制度。先预计自雏鸡出壳至开产时（蛋鸡20周龄、肉鸡22周龄）的每日自然光照时数，加上7 h即为出壳后第三天的光照时数，以后每周光照时间递减20 min，到开产前恰为当时的自然光照时数（8～9 h），这有利于鸡的生长发育，可使鸡适时开产。此后每周增加1 h，直到光照时数达到16～17 h/d后，保持恒定。使鸡群的产蛋率持续升高，很快进入产蛋高峰，并可提高初产蛋重。

②恒定法。除第一周光照时间较长外，通过短期过渡，使其他育雏和育成期间（蛋鸡20周龄、肉鸡22周龄）每日光照时间为8～9 h并保持不变。开产前期光照骤增到13 h/d，以后每周延长1 h，达到16～17 h/d，保持恒定。此法操作简单，适用于无窗畜禽舍。

（2）肉用仔鸡的光照制度

光照的目的是提供采食时间，促进生长，光照强度不可太强，弱光可降低鸡的兴奋性，使其保持安静，有利于肉鸡的增重。

①持续光照制度。在雏鸡出壳后1～2 d通宵照明，3日龄至上市出栏，每日采用23 h光照，1 h黑暗。在饲养中后期，鉴于仔鸡已熟悉采食、饮水等位置，为节约电能，夜间也可不再开灯。

②间歇光照制度。即雏鸡在幼雏期间给予连续的光照，然后变为5 h光照，1 h黑暗；再过渡到3 h光照，1 h黑暗；最后变为1 h光照，3 h黑暗并反复进行。肉用仔鸡采用此法有利于提高采食量、日增重、饲料利用率和节约电力，但饲槽饮水器的数量需要增加50%。

（三）畜禽舍采光效果测定与评价

1. 数字式照度计的使用

（1）构造原理

照度计由光电探头（内装硅光电池）和测量表两部分组成。

当光电探头曝光时，由光的强弱产生相应的光电流，并在电流表上指示出照度数值（图4-5）。

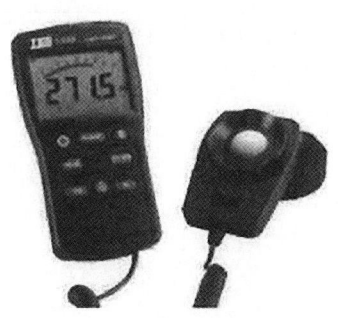

图4-5　数字式照度计

（2）操作步骤

①使用前检查量程开关，使其处于"关"的位置。

②将光电探头的插头插入仪器的插孔中。

③调零。依次按下电源键、照度键、量程键。若显示窗不是0，应进行调整；调零后，应把量程键关闭。

④测量。取下光电探头上的保护罩，将光电探头置于测点的平面上。将量程开关由"关"的位置依次由高挡拨至低挡处进行测定。测量时，为避免光引起光电疲劳和损坏仪表，应根据光源强弱，按下量程开关，选择相应的挡次进行观测。

⑤测量完毕,将量程开关恢复到"关"的位置,并将保护罩盖在光电探头上,拔下插头,整理装盒。

⑥测定舍内照度时,高度选择在离地面80~90 cm,一般以100 m² 布10个测点进行,测点不能紧靠墙壁,距墙0.1 m以上。

2. 畜禽舍采光效果测定与评价

调研某畜禽场,将相关信息填入表4-5。

表4-5 畜禽舍采光效果测定与评价

调研单位				地址		
畜禽种类				饲养头数		
采光系数测定	畜禽舍窗户数		窗户玻璃数	玻璃面积(长×宽)/m²		
	畜禽舍窗户总有效面积 /m²		窗户数×玻璃数×玻璃面积 =			
	畜禽舍地面面积			采光系数		
入射角和透光角测定(如右图)	H_1/m		S_1/m	$\tan\alpha = H_1/S_1$		图示
	H_2/m		S_2/m	$\tan(\alpha-\beta) = H_2/S_2$		
	查反函数表,得入射角 $\angle\alpha=$ ___ ;透光角 $\angle\beta=$					
光照强度测定(照度计法)	测定位置					平均值
	照度 /lx					
综合评价	评价依据: 评价结论: 测定人:					日期:___年___月___日

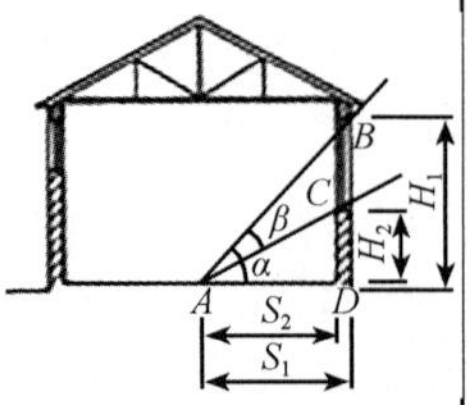

二、人员准备

人员分组，每组6人，明确职责分工。

任务角色	任务内容
组长：	任务：
组员1：	任务：
组员2：	任务：
组员3：	任务：
组员4：	任务：
组员5：	任务：

（一）内容筹划

光照对畜禽的影响，自然光照和人工光照的区别，畜禽舍内采光系数的测定，畜禽舍内光照强度的调控。

（二）流程筹划

①充分认识光照对畜禽生产的影响。

②正确利用自然光照和人工光照。

③准确测定畜禽舍的采光系数，会计算入射角、透光角等。

④结合当地气候条件，科学设置窗户，保证合理的光照强度。

步骤一：

步骤二：

步骤三：

步骤四：

任务检测

请扫码答题

任务评价

工作任务完成过程评价

班级：_____ 组别：_____ 姓名：_____

项目	评分标准	自我评价	小组评价	教师评价
畜禽舍采光控制（35分）	窗户面积的测量（10分）			
	采光系数的测定（15分）			
	光照强度的调控（10分）			
任务完成过程（40分）	能够根据工作任务分析并制订工作思路（10分）			
	查找资料、认真思考、积极动手动脑（10分）			
	团队协作良好，交流合作默契，互帮互助（10分）			
	小组分工明确，通过小组讨论与再学习较好地完成方案（10分）			
方案报告（15分）	能很好地展示实践成果（5分）			
	整体的效果（很好10分，较好7~9分，一般为3~6分，较差为0~2分）			

（续表）

项目	评分标准	自我评价	小组评价	教师评价
思政素养表现（10分）	通过采光照度调控的学习，树立求真务实的科学精神（5分）			
	通过学习实践，让学生认识到养殖业中光照对畜禽的重要性，通过正确应用光照对畜禽的影响，树立科学养殖理念，达到高产稳产（5分）			
合计				
自我评价与总结				
教师点评				

任务二　畜禽舍温度调控

任务导入

青海省某养羊场，地处海拔3 000 m，主要养殖青海半细毛羊，采用棚圈养殖，到了冬天，气温下降到 –20 ℃，且赶上产冬羔时期。如何做好圈舍的防寒保暖，让羔羊顺利过冬，母羊不掉膘。请制订一份防寒保暖的方案。

任务工单

班级：_____　　姓名：_____　　学号：_____

任务名称	畜禽舍温度调控
任务描述	根据实际情况，填写本任务的内容、目的、流程和方法。 任务内容：以上述养羊场羊舍温度调控问题为例，结合专业知识，简单拟一份畜舍温度调控方案。 任务目的：通过本次任务学习，熟悉决定畜舍温度高低的因素，明白冬季保温防寒的措施和夏季防暑降温的措施。 任务流程：查阅资料信息，分组调查研究，小组讨论分析，拟订温度调控方案。 任务方法：查阅资料、给出建议。

（续表）

获取信息	要完成任务，需要掌握相关的知识。请收集资料，回答以下问题。 1. 畜舍外围护结构的保温设计。 2. 畜舍的防寒保暖管理。 3. 畜舍外围护结构的隔热设计。 4. 畜舍防暑降温的措施。
制订计划	
任务实施	按照预先制订的工作计划，完成本任务，并记录任务实施过程。 <table><tr><td>序号</td><td>完成的任务</td><td>遇到的问题</td><td>解决办法</td></tr><tr><td></td><td></td><td></td><td></td></tr><tr><td></td><td></td><td></td><td></td></tr><tr><td></td><td></td><td></td><td></td></tr></table>

任务准备

一、知识准备

（一）畜禽舍防寒采暖措施

在我国东北、西北、华北等寒冷地区，由于冬季气温低，持续期长，对畜禽的生产影响很大。因此，必须采取有效的防寒保暖措施，主要包括外围护结构的保温设计、畜禽舍供暖和加强防寒管理等措施。

1. 加强外围护结构的保温设计

畜禽舍的防寒能力，在很大程度上取决于外围护结构的保温隔热性能，要根据地区气候差异和畜种的生理要求，选择适当的建筑材料和合理的畜禽舍外围护结构，这是畜禽舍保温隔热的根本措施。

（1）选择有利保温的畜禽舍形式

设计畜禽舍形式应考虑当地冬季严寒程度和饲养畜禽的种类及饲养阶段。例如，严寒地区宜选择设计封密式或无窗密闭式畜禽舍，既有利于保温防寒，同时便于实现机械化，提高劳动生产率。冬冷夏热地区，可选择开放式或半开放式畜禽舍，但在冬季，可搭设塑料薄膜使开露部分封闭或设塑料薄膜窗保温，加强畜禽舍的保温，以提高防寒能力。

（2）加强墙壁的保温隔热

墙壁是畜禽舍的主要外围护结构，失热量仅次于屋顶。因此，在寒冷地区，必须加强墙壁的保温设计。墙壁的保温隔热能力，取决于所用建筑材料的性质和厚度。如选用空心砖代替普通红砖，墙的热阻值可提高41%，而用加气混凝土块，则可提高6倍。现在一些新型保温材料已经应用于畜禽舍建筑上，如中间夹聚苯板的双层彩钢复合板、钢板内喷聚乙烯发泡、透明的阳光板等。设计时，应根据有关的热工指标要求，并结合当地的材料和习惯做法而确定，从而提高畜禽舍墙壁的保温御寒能力。

（3）门、窗的设计

门、窗的热阻值较小，同时门窗开启及缝隙会造成冬季的冷风渗透，失热量较多，对保温防寒不利。因此，在寒冷地区，在门外应加门斗，设双层窗或临时加塑料薄膜、窗帘等。在满足通风采光的条件下，门窗的设置应尽量少些。在受冷风侵袭的北墙、西墙可少设门、窗，一般可按南窗面积的1/4～1/2设置，这样对加强畜禽舍冬季保温有重要意义。

（4）加强地面的保温

地面的保温隔热性能，直接影响地面平养畜禽的体热调节，也关系到舍内热量的散失。因此地面的保温很重要。在生产中，应根据当地的条件尽可能采用有利于保温的地面。如在畜禽的畜床上加设木板或塑料垫等，以减缓地面散热。

思政导学

根据养殖畜种和当地气候条件，充分利用地方资源优势，科学设计畜禽舍，做到活学活用。从实际情况出发，在养殖过程中找出规律，并及时调整不合理处，以防影响畜禽的生产性能。

2. 加强防寒管理

对畜禽的饲养管理及畜禽舍的维修保养与越冬准备，直接或间接地对畜禽舍的防寒保暖起到不可忽视的作用。加强防寒管理的措施主要包括以下几方面。

①在不影响饲养管理及舍内卫生的前提下，适当加大饲养密度。

②控制舍内的气流，防止贼风的产生。

③控制舍内的湿度，保持空气干燥。在寒冷地区的冬季，应制订防潮措施，尽量避免畜禽舍内潮湿和水汽的产生，及时清除粪便和污水。

④使用垫料，改进地面的温热特性。垫料不仅具有保温吸湿、吸收有害气体、改善小气候环境，而且可保持畜体清洁、健康，因而是一种简便易行的防寒措施。

⑤加强畜禽舍入冬前的维修与保养，如封门窗、设置挡风障及堵塞墙壁缝隙等。

上述防寒管理措施，可根据畜牧场的实际情况加以利用。此外，寒冷时调整日粮的营养浓度，尤其是日粮中的能量浓度，对畜禽抵抗寒冷也具有重要的意义。

3. 畜禽舍的采暖

在采取各种防寒措施仍不能达到舍温的要求时，需人工供暖。畜禽舍的采暖主要分为局部采暖和集中采暖。

局部采暖是在畜禽舍内单独安装供热设备，如电热器、保温伞、散热板、红外线灯和火炉等；在雏鸡舍常用煤炉、烟道、保温伞、电热育雏笼等设备供暖；在仔猪栏铺设红外线灯电热毯或仔猪栏上方悬挂红外线保温伞。

集中式采暖是指集约化、规模化畜牧场，可采用一个集中的热源（锅炉房或其他热源），将热水、蒸汽或预热后的空气，通过管道输送到舍内或舍内的散热器。近几年来，通风供暖设备的研制已有新的进展，热风炉、暖风机在寒冷地区已经推广使用，有效地解决了保温与通风的矛盾。总之，无论采取何种取暖方式，应根据畜禽要求，采暖设备投资、能源消耗等，考虑投入与产出的经济效益而定。

（二）畜禽舍防暑降温措施

环境温度影响畜禽的健康和生产力，从生理上看，畜禽一般较耐寒而怕热。在生产中应避免高温，因高温对畜禽的健康和生产力的发挥会产生负面影响，而且危害比低温还大。所以，应采取有效措施，做好防暑降温工作，缓和高温对畜禽的影响，以减少经济损失。

畜禽舍的防暑降温主要采取加强畜禽舍外围护结构的隔热设计、畜禽舍的防暑和降温等措施。

1. 加强畜禽舍的外围护结构隔热设计

夏季造成舍内温度过高，原因在于过高的大气温度、强烈的日光照射、畜禽自身产生的热。因此，加强畜禽舍外围护结构的隔热设计，可有效地防止高温与太阳辐射对舍内温度的影响。

（1）屋顶隔热的设计

在炎热地区，特别是夏季，由于强烈的太阳辐射和高温，可使屋面（红瓦屋面）温度高达60～70℃，甚至更高。由此可见，屋顶隔热性能的好坏，对舍内温度影响很大。常用屋顶隔热设计的措施包括以下几方面。

①选用隔热性能好的材料，即选用导热系数小的材料。在综合考虑其他建筑学要求与取材方便的情况下尽量选用导热系数小的材料，以加强隔热。

②确定合理的结构。选用一种材料往往不能保证最有效的隔热，因此，从结构上综合几种材料的特点而形成较大的热阻来达到良好的隔热效果。充分利用几种材料合理确定多层结构屋顶。其原则是在屋顶的最下层铺设导热系数小的材料；其上为蓄热系数比较大的材料；最上层为导热系数大的材料。采用此种结构，当屋顶受太阳辐射变热后，热传到蓄热系数大的材料层而蓄积起来，再向下传导时，受到阻抑，从而缓和了热量向舍内传播。当夜晚来临时，被蓄积的热又可通过上层导热系

数大的材料层迅速得以散失。这样白天可避免舍温升高而导致过热。但这种结构只适宜夏热冬暖地区。而在夏热冬寒地区，则应将上层导热系数大的材料换成导热系数小的材料较为有利。

除此之外，无论在何种情况下，要具备良好的隔热作用，必须根据当地气候特点和材料性能保证足够的厚度。

③增强屋顶反射。增强屋顶反射，以减少太阳辐射热。舍外表面的颜色深浅和光滑程度，决定其对太阳辐射热的吸收与反射能力。色浅而平滑的表面对辐射热吸收少而反射多；反之则吸收多而反射少。深黑色、粗糙的油毡屋顶，对太阳辐射热的吸收系数值为 0.86；红瓦屋顶和水泥粉刷的浅灰色光平面均为 0.56；而白色石膏粉刷的光平面仅为 0.26。由此可见，采用浅色、光平屋顶，可减少太阳辐射热向舍内的传递是有效的隔热措施。

④采用通风屋顶。通风屋顶是将屋顶设计成双层，靠中间层空气的流动而将顶层传入的热量带走，阻止热量传入舍内的屋顶形式，如图 4-6 所示。其特点是空气不断从入风口进入，穿过整个间层，再从排风口排出。在空气流动过程中，把屋顶空间由外面传入的热量带走，从而降低了温度，减少了辐射和对流传热，有效地提高了屋顶的隔热效果。

热压通风　　　　　　　风压通风　　　　　　　平顶通风

图 4-6　屋顶示意图

为使通风间层隔热性能良好，要注意合理设计间层的高度和通风口的位置。对于夏热冬暖地区，为了通风畅通，可适当扩大间层的高度。一般坡屋顶高度为 120～200 mm，平屋顶为 200 mm 左右；在夏热冬冷的北方，间层高度不宜太大，常设置在 100 mm 左右，并要求间层的基层能满足冬季热阻，为了有效地保证冬季屋顶的保温，冬季可将山墙风口封闭，以利于顶棚保温。

（2）墙壁隔热的设计

炎热地区多采用开敞舍或半开敞舍，在这种情况下，墙壁的隔热没有实际意义。但在夏热冬寒地区，在设计畜禽舍墙壁时，须兼顾冬季保温。因此，墙壁必须具备适宜的隔热要求，既有利于保温，又有利于夏季防暑。

目前用新型材料设计的组装式畜禽舍，冬季为加强防寒，改装成保温型的封闭舍；夏季则拆去部分构件，成为半开放式舍，是冬、夏季两用且比较理想的畜禽舍，但使用的材料要求高，造价亦高。对于炎热地区大型封闭式畜禽舍的墙壁，则应按屋顶的隔热原则进行合理设计，尽量减少太阳辐射热。

2. 实行绿化与遮阳

①绿化防暑。绿化不仅起遮阳作用，对缓和太阳辐射、降低舍外空气温度也具有一定的作用。茂盛的树木能挡住 50%～90% 的太阳辐射热，草地上的草可遮

挡 80% 的太阳，可见，绿化的地面比未绿化地面的辐射热低 4～5 倍。绿化降温作用主要在于：植物通过蒸腾作用和光合作用，吸收太阳辐射热，从而降低气温；通过遮阳以降低太阳辐射；通过植物根部所保持的水分，可从地面吸收大量热能而降温。由于绿化的上述降温作用，能使畜禽舍周围的空气"冷却"，降低地面的温度，从而使辐射到外墙、屋顶和门、窗的热量减少，并通过树木的遮阳来阻挡阳光透入舍内而降低舍温。

种植树干高、树冠大的乔木可以绿化遮阳，还可搭架种植爬蔓植物，使南墙、窗口和屋顶上方形成绿荫棚。但绿化遮阳要注意合理密植，尤其是爬蔓植物，需注意修剪，以免生长过密，影响畜禽舍的通风与采光。

②遮阳防暑。遮阳是指阻挡太阳光线直接进入舍内的措施。畜禽舍遮阳常采用的方法有：挡板遮阳，是阻挡正射到窗口处阳光的一种方法，适于东向、南向和接近此朝向的窗户；水平遮阳，是阻挡由窗口上方射来的阳光的方法，适于南向和接近此朝向的窗户；综合式遮阳，利用水平挡板、垂直挡板阻挡由窗户上方射来的阳光和由窗户两侧射来的阳光的方法，适于南向、东南向、西南向及接近此朝向窗口。此外，可通过加长挑檐、搭凉棚、挂草帘等措施达到遮阳的目的。试验证明，通过遮阳可在不同方向的外围护结构上使传入舍内的热量减少 17%～35%。

3. 采取降温措施

在炎热的季节里，通过外围护隔热、绿化与遮阳措施均不能满足畜禽舍温要求的情况下，为避免或缓和因热应激而引起畜禽健康状况的异常及生产力下降，可采取必要的降温设备和可靠的降温措施。

①喷雾降温。利用机械设备向舍内直接喷水或在进风口处将低温的水喷成雾状，借助汽化吸热效应而达到畜体散热和畜禽舍降温的作用。采取喷雾降温时，水温越低、空气越干燥，则降温效果越好。此种降温方法在湿热天气不宜使用，因喷雾能使空气湿度提高，对畜体散热不利，同时还有利于病原微生物的滋生。

②喷淋降温。此种方法主要适用于猪、牛等畜禽舍在炎热条件下的降温。喷淋降温要求在舍内设喷头或钻孔水管，定时或不定时对畜禽进行淋浴。喷淋时，水易于冲透被毛而润湿皮肤，可直接从畜体及舍内空气中吸收热量，故利于畜体蒸发散热而达到降温的目的。

③蒸发垫降温。又称湿帘或水帘通风系统。该装置主要部件由湿帘、风机、水循环系统及控制系统组成。由水管不断向蒸发垫淋水，将蒸发垫置于机械通风的进风口，气流通过时，由于水分蒸发吸热，降低进入舍内的气流温度。

有资料报道，当空气温度和湿度分别为 30 ℃ 和 73% 时，可使舍温降低 3.1 ℃；当舍外空气温度和湿度分别为 33 ℃ 和 56% 时，可降低 5.8 ℃，由此可见，湿帘降温效果的大小，同空气温度和湿度有关，温度越高、湿度越低则降温效果越好。当舍外温度为 28～38 ℃ 时，湿帘可使舍温降低 2～8 ℃。因此，在炎热、干燥地区，采用湿帘风机降温系统的效果更为理想。

④冷风设备降温。冷风机是喷雾和冷风相结合的一种新型设备。冷风机技术参数各生产厂家不同，一般通风量为 6 000～9 000 m^3/h，喷雾雾滴可在 30 μm 以下，喷

雾量可达 0.15～0.20 m³/h。舍内风速为 1.0 m/s 以上，降温范围长度为 15～18 m，宽度为 8～12 m。这种设备国内外均有生产，降温效果比较好。

二、仪器设备

普通温度表、最高最低温度计（图 4-7）、数字式温度计（图 4-8）、最低温度计（图 4-9）。

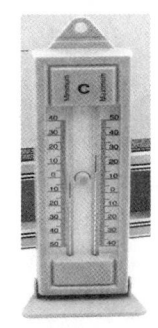 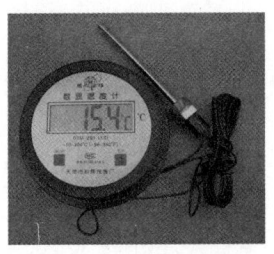 

图 4-7　最高最低温度计　　图 4-8　数字式温度计　　图 4-9　最低温度计

三、人员准备

人员分组，每组 6 人，明确职责分工。

任务角色	任务内容
组长：	任务：
组员 1：	任务：
组员 2：	任务：
组员 3：	任务：
组员 4：	任务：
组员 5：	任务：

任务筹划

（一）内容筹划

畜舍外围护结构的保温设计，畜舍防寒采暖管理，畜舍外围护结构的隔热设计，畜舍防暑降温管理。

（二）流程筹划

①通过调整畜舍外围护结构，让畜舍更加保温或凉爽。
②通过采取可行的技术措施，加强畜舍防寒或防暑管理。
③根据当地的气候环境，进行畜舍温度的科学调试。
④制订适合当地气候的畜舍温度调控方案。

 **任务实施**

步骤一：

步骤二：

步骤三：

步骤四：

 **任务检测**

请扫码答题

任务评价

工作任务完成过程评价

班级：＿＿＿＿＿＿＿＿＿＿　　组别：＿＿＿＿＿＿＿＿＿＿　　姓名：＿＿＿＿＿＿＿＿＿＿

项目	评分标准	自我评价	小组评价	教师评价
养羊场温度的控制（35分）	温度计的正确使用（10分）			
	各区域温度的测定（15分）			
	温度的调控措施（10分）			
任务完成过程（40分）	能够根据工作任务分析并制订工作思路（10分）			
	查找资料、认真思考、积极动手动脑（10分）			
	团队协作良好，交流合作默契，互帮互助（10分）			
	小组分工明确，通过小组讨论与再学习较好地完成方案（10分）			

（续表）

项目	评分标准	自我评价	小组评价	教师评价
方案报告（15分）	能很好地展示实践成果（5分）			
	整体的效果（很好10分，较好7~9分，一般为3~6分，较差为0~2分）			
思政素养表现（10分）	树立科学钻研精神和工匠精神（5分）			
	根据养殖畜种和当地气候条件，充分利用地方资源优势，科学设计畜禽舍，保证畜种健康（5分）			
合计				
自我评价与总结				
教师点评				

任务三　畜禽舍湿度调控

任务导入

青海省湟源县某小型养牛场，冬季为了提高圈舍内部温度，所有门窗全部关闭，采用水槽式饮水，圈舍内饲养密度大，粪便没有及时清除，导致圈舍内湿度大，最低湿度达50%左右，氨气浓度高，味道刺鼻。针对该养牛场存在的问题，制订一份牛舍湿度调控计划。

📖 **任务 工单**

班级：_____　　姓名：_____　　学号：_____

任务名称	牛场牛舍湿度调控
任务描述	根据实际情况，填写本任务的内容、目的、流程和方法。 任务内容：以上述养牛场牛舍为例，结合专业知识，简单拟一份畜舍湿度调控方案。 任务目的：通过本次任务学习，掌握畜禽舍内湿度的主要来源，了解畜禽舍湿度的调控思路。 任务流程：查阅资料信息，分组调查研究，小组讨论分析，拟订计划报告。 任务方法：查阅资料、给出建议。
获取信息	要完成任务，需要掌握相关的知识。请收集资料，回答以下问题。 1. 畜禽舍湿度的主要来源。 2. 畜禽舍排水系统的设置。 3. 湿度对畜禽的影响。 4. 畜禽舍内湿度管理。
制订计划	
任务实施	按照预先制订的工作计划，完成本任务，并记录任务实施过程。 <table><tr><th>序号</th><th>完成的任务</th><th>遇到的问题</th><th>解决办法</th></tr><tr><td></td><td></td><td></td><td></td></tr><tr><td></td><td></td><td></td><td></td></tr><tr><td></td><td></td><td></td><td></td></tr><tr><td></td><td></td><td></td><td></td></tr></table>

任务准备

一、知识准备

畜禽舍内经常有畜禽的大量排泄物及管理所用废水,这都会影响畜禽舍湿度。因此,保证这些污物、脏水及时排出,是控制畜舍湿度的重要措施。

(一)畜舍的排水系统

畜禽舍的排水系统性能不良,往往会给工作带来很大的不便,它不仅影响畜舍本身的清洁卫生,也可能造成舍内空气湿度过高,影响畜禽健康和生产力。畜禽每天排出的粪尿量很大。畜禽舍每天管理用水量也很多,畜禽舍设置排水系统能及时而经常地清除舍内污物、脏水,无论在冬季还是夏季舍内排水系统均是控制畜禽舍湿度的一个主要措施。

畜禽舍的排水系统因畜禽种类、畜舍结构、饲养管理方式等不同而有差别,一般可分为传统式和漏缝地板式两种类型。

1. 传统式排水系统

传统式排水系统是依靠手工清理操作并借助粪水自然流动而将粪尿及污水排出的,传统式排水系统常采取粪尿固体部分人工清理,液体部分自流的方式。一般由畜床、排尿沟、降口、地下排出管及粪水池组成。

(1)畜床

畜床是畜禽在舍内采食、饮水及躺卧休息的地方,质地一般为水泥建造。为使尿水顺利排出,畜床向排尿沟方向应有适宜的坡度,一般牛舍为 1.0%~1.5%,猪舍为 3%~4%。

(2)排尿沟

排尿沟是承接和排出畜床流出来的粪尿和污水的设施。

①位置。对于牛舍、马舍来讲,对头式畜舍,一般设在畜床的后端,紧靠除粪道,与除粪道平行;对尾式畜禽舍,一般设在中央通道(除粪道)的两侧;对于猪舍、羊舍来讲,常将排尿沟设于中央通道的两侧。

②建筑要求。排尿沟一般用水泥砌成,要求其内表面光滑不漏水、便于清扫及消毒,形式为方形或半圆形的明沟,且朝降口方向有 1%~1.5% 的坡度,沟的宽度和深度根据不同畜种而异,宽度一般为 15~30 cm,深度为 8~12 cm。例如,牛舍沟宽为 30~50 cm;猪舍及犊牛舍沟宽为 13~15 cm。宽度和深度过大、易使畜禽肢蹄受伤或使孕畜流产,有的在排尿沟上设置栅状铁算。

(3)降口(水漏)、沉淀池和水封

①降口。排尿沟与地下排出管衔接部分,通常位于畜禽舍的中段,为了防止粪草落入堵塞,上面应有铁算子,铁算子应与排尿沟同高。降口数量依排尿沟长度而定,通常以接受两端各 10~12 m 粪尿的排尿沟为限。

②沉淀池。在降口下部,排出管口以下形成的一个深入地下的延伸部,因畜禽

舍弃水及粪尿中多混有固体物，用水冲入降口，如果不设沉淀池，则易堵塞地下排出管，沉淀池为水泥建造的密闭式长方形池，水池深应为40～50 cm。

③水封。用一块板子斜向插入降口沉淀池内，让流入降口的粪水顺板流下，先进入沉淀池临时沉淀，再使上清液部分由排出管流入粪水池的设施。同时，在降口内设水封，还因排出管口以下沉淀池内始终有水，可以防止粪水池中的臭气经地下排出管逆流进入舍内。水封的质地有铁质，木质或硬塑三种。

（4）地下排出管

地下排出管是与排尿沟呈垂直方向并用于将各降口流出来的尿液及污水导入舍外粪水池的管道，要求有3%～5%的坡度，直径大于15 cm，伸出到舍外的部分，应埋在冻土层以下。在寒冷地区，对排出管的舍外部分应采取防冻措施，以免管中液体结冰。如果地下排出管自畜禽舍外墙至粪水池的距离大于5 m时，应在墙外设一个检查井，以便在管塞时进行疏通，但需注意检查井的保温（图4-10）。

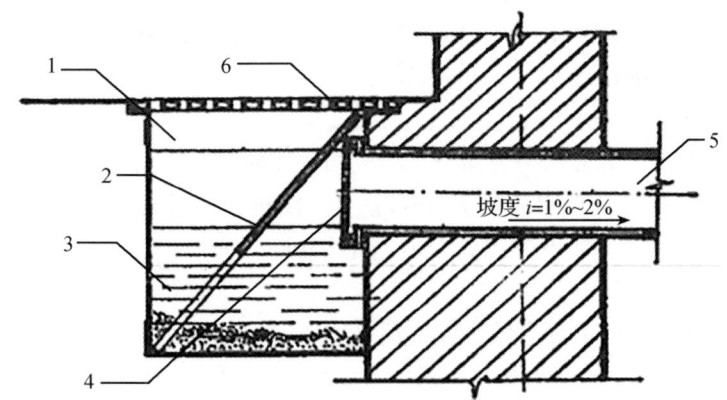

1—通长地沟；2—铁板水封，水下部分为细铁箅子或铁网；3—沉淀池；
4—可更换的铁网；5—排水管；6—通长铁箅子或沟盖板。

图4-10 畜禽舍排水系统沉淀池和排出管

（5）粪水池

粪水池是贮积舍内排出的畜尿，污水的密闭式地下贮水池，一般设在舍外地势较低处，只在运动场及饲料调配室相反的一侧，距离舍外墙5 m以上，粪水池的容积和数量可根据舍内畜禽种类、头数、舍饲期长短及粪水存放时间而定，一般按贮积20～30 d，容积20～30 m^3 来修建。粪水池一定要离饮水井100 m以外。粪水池及检查井均应设水封。

2. 漏缝地板式排水系统

漏缝地板式排水系统由漏缝地板和粪尿沟两部分组成。

（1）漏缝地板

漏缝地板即在地板上留出很多缝隙，粪尿落到地板上，液体部分从缝隙踩踏下去，少量残粪人工用水略加冲洗清理。这与传统式清粪方式相比，可大大节省人工，提高劳动生产效率。

畜禽舍漏缝地板分为局部漏缝地板和全漏缝地板两种形式，常用钢筋水泥或金属、硬质塑料制作，其尺寸见表4-6。

表4-6 各种畜禽的漏缝地板尺寸

畜禽种类	畜禽年龄	缝隙宽/mm	板条宽/mm	备注
牛	10 d至4月龄	25～30	50	板条横断面为上宽下窄梯形，而缝隙是下宽上窄梯形；表中缝隙及板条宽度均指上宽，畜禽舍地面可分全漏缝或局部漏缝地板
牛	5～8月龄	35～40	80～100	
牛	9月龄以上	40～45	100～150	
猪	哺乳仔猪	10	40	板条厚25 mm，距地面高0.6 m。板条占舍内地面面积2/3，另1/3铺垫草
猪	育成猪	12	40～70	
猪	中猪	20	70～100	
猪	育肥猪	25	70～100	
猪	种猪	25	70～100	
羊		18～20	30～50	
种鸡		25	40	

（2）粪尿沟

粪尿沟位于漏缝地板的下方，用以贮存由漏缝地板落下的粪尿，随时或定期清除。一般宽度为0.8～2 m，深度为0.7～0.8 m，向粪水池方向具有3%～5%的坡度。

（二）畜禽舍的防潮措施

在多雨潮湿地区，要保持舍内空气干燥是困难的，只有在建筑和管理等各方面采取综合措施，才能使空气的湿度状况有所改善。防止畜禽舍空气湿度过大的基本措施有以下几方面。

①畜牧场场址应选择在高燥、排水良好的地区。

②为防止土壤中水分沿墙上升，在墙身和墙脚交界处设防潮层。

③坚持定期检查和维护供水系统，确保供水系统不漏水，并尽量减少管理用水。

④及时清除粪尿和污水，经常更换污湿垫料，有条件的最好训练家畜（如猪）定点排粪尿或在舍外排粪排尿。

⑤加强畜禽舍外围护结构的隔热保暖设计，冬季应注意畜禽舍保温，防止气温降至露点温度以下。

⑥保持正常的通风换气，并及时排除潮湿空气。

⑦使用干燥垫料，如稻草、麦秸、锯末、干土等，以吸收地面和空气中的水分。

思政导学

畜牧场排水系统的先进与否，直接关系着畜禽的健康及其生产成绩的高低。而污水处理更是我国重大的"民生工程"；该领域条件艰苦、人才匮乏。而郝晓地教授在国外求学期间时刻心系祖国，关心民生福祉，毕业后放弃国外优渥的科研环境和生活条件，毅然选择了回国任教，为我国水处理领域带来了最前沿的理论与技术，从而推动了我国环境科学与工程学术研究水平快速与国际接轨。作为新时代的大学生，要积极弘扬和传承这种爱国主义精神，不断构筑民族自信、文化自信。南水北调工程主要解决我国北方地区，尤其是黄淮海流域的水资源短缺问题。东、中线一期工程干线总长为 2 899 千米，已经完工并向北方地区调水。三峡工程是当今世界上最大的水利枢纽工程。它的防洪效益、装机容量、建筑规模、施工难度、施工期流量、泄洪能力、船闸级数及总水头、升船机的规模和难度、移民规模等许多指标都突破了世界水利工程的纪录。这些工程都可以让学生有充分的文化自信，同时也坚定了实现中华民族伟大复兴的目标。

二、仪器设备、材料与工具

干湿球温湿度计（图 4-11）、通风干湿球温湿度计（图 4-12）。

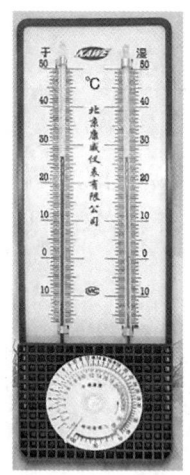

图 4-11　干湿球温湿度计

图 4-12　通风干湿球温湿度计

三、人员准备

人员分组，每组 6 人，明确职责分工。

任务角色	任务内容
组长：	任务：
组员 1：	任务：

（续表）

任务角色	任务内容
组员2：	任务：
组员3：	任务：
组员4：	任务：
组员5：	任务：

 任务 筹划

（一）内容筹划

畜禽舍湿度的主要来源，畜禽舍排水系统的设置，湿度对畜禽的影响，畜禽舍内湿度管理。

（二）流程筹划

①了解畜禽舍湿度的主要来源。

②熟悉畜禽舍排水系统的设置。

③了解湿度对畜禽的影响。

④制订畜舍内湿度管理计划。

 任务 实施

步骤一：

步骤二：

步骤三：

步骤四：

请扫码答题

任务评价

工作任务完成过程评价

班级：_____ 组别：_____ 姓名：_____

项目	评分标准	自我评价	小组评价	教师评价
养牛场湿度的控制（35分）	温湿度表的正确使用（10分）			
	畜舍排水系统的设置（15分）			
	畜舍防潮管理（10分）			
任务完成过程（40分）	能够根据工作任务分析并制订工作思路（10分）			
	查找资料、认真思考、积极动手动脑（10分）			
	团队协作良好，交流合作默契，互帮互助（10分）			
	小组分工明确，通过小组讨论与再学习较好地完成方案（10分）			
计划报告（15分）	能很好地展示实践成果（5分）			
	整体的效果（很好10分，较好7~9分，一般为3~6分，较差为0~2分）			
思政素养表现（10分）	培养精益求精的科学态度（5分）			
	强调湿度对畜禽生产的影响，要求正确调控湿度，树立科学养殖理念（5分）			
合计				
自我评价与总结				
教师点评				

任务四　畜禽舍通风换气调控

案例 1

在高山高原地区，随着海拔的升高，大气压力呈几何级数下降，大气中氧气的含量也迅速减少，导致动物肺泡氧气不足，动脉血液氧气含量减少，引起动物的"高山病"。表现为皮肤血管和口腔、鼻腔、耳部黏膜血管扩张，甚至破裂出血，呼吸、心跳加快，多汗，机体疲乏，精神萎靡等。慢性"高山病"还表现为右心室肥大，胸下部水肿，肺动脉高血压等。"高山病"影响家畜的长途贩运、异地引种与繁殖。

家畜对低气压也可以逐步适应。其适应机制为通过提高肺通气量以提高微血管中氧气的含量；减少血液的储存量和增加血液的生成量，以增加血液循环量；加强心脏活动，提高氧气利用率。海拔高度差异较大的异地引种，可以采取海拔逐级向上变化，每级适应半年左右时间后再向更高海拔引种的方式进行。

试制订一份引种方案，将荷斯坦奶牛引种到海拔 3 000 m 的青海省刚察县。

案例 2

青海某小型奶牛场，由于冬季气候寒冷，为了提高畜禽舍内温度，采取将全部门窗关闭措施，温度提高了，但圈舍内部粪污没有及时清除，加之水槽饮水，圈舍湿度过大，氨气浓度过高，从而影响了牛的健康及产奶量。

试制订一份圈舍通风换气调控方案。

班级：_____　姓名：_____　学号：_____

任务名称	养牛场牛舍通风换气调控
任务描述	根据实际情况，填写本任务的内容、目的、流程和方法。 任务内容：以上述养牛场牛舍通风换气调控问题为例，结合专业知识，简单拟一份畜禽舍通风换气调控方案。 任务目的：通过本次任务学习，明白畜禽舍通风换气的意义，会计算舍内通风换气量，熟悉自然通风和机械通风的原理及应用，能制订畜禽舍通风换气的调控方案。 任务流程：查阅资料信息，分组调查研究，小组讨论分析，拟订方案报告。 任务方法：查阅资料、给出建议。

(续表)

获取信息	要完成任务，需要掌握相关的知识。请收集资料，回答以下问题。 1. 畜禽舍通风换气的意义。 2. 通风换气量的计算。 3. 自然通风和机械通风的原理及应用。 4. 制订畜禽舍通风换气调控方案。
制订计划	
任务实施	按照预先制订的工作计划，完成本任务，并记录任务实施过程。 | 序号	完成的任务	遇到的问题	解决办法
---	---	---	---

任务准备

一、知识准备

畜禽舍通风换气是畜禽舍空气环境控制的一个重要方面。适当地通风换气，在任何季节都是必要的。在冬季畜禽舍密闭的情况下，引进舍外新鲜空气，排除舍内污浊空气，能防止舍内潮湿和病原微生物的滋生蔓延，保证畜禽舍空气清新，是改善畜禽舍小气候不可缺少的重要手段。

（一）通风换气的意义

通风是指在高温条件下，通过加大气流排出舍内热量，增加畜禽舒适感，缓和高温的影响。因此，常在夏季进行通风，可促进畜体的蒸发散热和对流散热，能缓和高温的不良影响，是有效的防暑降温措施。换气是指在低温、畜禽舍密封的条件下，引进舍外新鲜空气，排出舍内污浊空气。因此，常在冬季进行换气。可将一个空间的污浊空气排出并引进新鲜空气，达到控制该空间环境空气质量的作用。通风换气的作用有以下4点。

①可使舍内温度符合在舍畜禽要求，并使舍内温度分布均匀及缓和高温对畜禽的影响。

②通过舍内外空气的对流，排除舍内过多的水汽，使相对湿度保证在适宜范围。

③排除舍内的灰尘、微生物、二氧化碳、氨气、硫化氢等，改善舍内空气质量。

④通过舍内外空气对流，保证畜禽体热得失平衡。

冬季的通风换气要使舍内能维持稳定的适宜温度和气流。如果气温和气流不稳定，则意味着舍内湿度出现不稳定。舍温高时所含有的水汽，当舍温下降时可达到饱和，并在外围护结构的内侧凝结，舍内出现低温高湿的不良影响。如果舍外空气温度显著低于舍内气温时，换气时必然导致舍温剧烈下降，在这种情况下，如无补充热源，就无法组织有效的通风换气。因此，在寒冷季节畜禽舍通风换气的效果，既取决于畜禽舍的保温性能，也取决于舍内的防潮措施及卫生状况。

（二）通风换气量的计算

1. 根据二氧化碳计算通风量

二氧化碳是畜禽营养物质代谢的尾产物，是舍内空气污浊程度的一种间接指标。因此，可以根据畜禽产生的二氧化碳量计算通风换气量。

用二氧化碳计算通风量的原理是：根据舍内畜禽产生的二氧化碳总量，求出每小时需由舍外导入多少新鲜空气，可将舍内聚积的二氧化碳冲淡至畜禽环境卫生学规定范围。

根据畜禽环境卫生学的规定，舍内空气中允许含有二氧化碳的量为 1.5 L/m³（C_1），自然状态下大气中二氧化碳含量为 0.3 L/m³（C_2）。亦即从舍外引入 1 m³ 空气然后又排出同样体积的舍内污浊空气时，可同时排出的二氧化碳量为 C_1-C_2，当已知舍内含有二氧化碳总量时，即可求得换气量。其公式为：

$$L=\frac{1.2 \times mk}{C_1-C_2}$$

式中：L——通风换气量（m³/h）；

m——舍内畜禽头数；

k——每头畜禽产生的二氧化碳量（L/h）；

C_1——舍内二氧化碳的允许量（1.5 L/m³）；

C_2——舍外空气中二氧化碳含量（0.3 L/m³）；

1.2——附加系数，考虑舍内微生物的活动产生的及其他来源的二氧化碳。

生产应用时，根据二氧化碳算得的通风量，只能将舍内过多的二氧化碳排除舍外，但不能保证排除舍内多余的水汽。故此法只适用于温暖、干燥地区。在潮湿地区，尤其是寒冷地区应根据水汽和热量来计算通风量。

2. 根据水汽计算通风换气量

舍内畜禽通过呼吸和皮肤蒸发，时刻都在向舍内空间散发水汽，舍内潮湿物体也蒸发水汽。这些水汽在舍内聚积，导致舍内水汽含量过大，从而导致舍内潮湿。因此，可以根据畜禽产生的水汽量计算通风换气量。用水汽计算通风换气量的依据，就是通过由舍外导入比较干燥的新鲜空气，将舍内潮湿空气排出舍外。根据舍内外空气的绝对湿度之差和舍内畜禽产生的水汽总量，计算排出舍内多余水汽所需的通风换气量。其公式为：

$$L = \frac{Q_1 + Q_2}{q_1 - q_2}$$

式中：L——通风换气量（m^3/h）；

Q_1——畜禽在舍内产生的水汽总量（g/h）；

Q_2——潮湿物体蒸发的水汽量（g/h）；

q_1——舍内空气温度保持适宜范围时，所含的水汽量（g/m^3）；

q_2——舍外大气中所含的水汽量（g/m^3）。

由潮湿物体表面蒸发的水汽，按畜禽产生水汽总量的10%（猪舍按25%）计算。

生产应用时，对于群养畜禽来讲，用水汽算得的通风换气量往往大于用二氧化碳算得的量，故在潮湿、寒冷地区用水汽计算通风换气量较为合理。

3. 根据热量计算通风换气量

畜禽在呼出二氧化碳、排除水汽的同时，还在不断地向外放散热能。因此，可根据热平衡法计算通风换气量。其原理为：在夏季为了防止舍温过高，必须通过通风将过多的热量驱散；而在冬季如何有效地利用这些热能温热空气，保持在舍温不变的前提下，通过通风将舍内产生的热量、水汽、有害气体、灰尘等排出。其公式为：

$$L = \frac{Q - \sum KF \times \Delta t - W}{0.24 \times \Delta t}$$

式中：L——通风换气量（m^3/h）；

Q——畜禽产生的可感热（J/h）；

Δt——舍内外空气温差（℃）；

0.24——空气的热容量 [$J/(m^3 \cdot ℃)$]；

$\sum KF$——通过外围护结构散失的总热量 [$J/(m^3 \cdot ℃)$]；

K——外围护结构的总传热系数 [$J/(m^2 \cdot h \cdot ℃)$]；

F——外围护结构的面积（m^2）；

$\sum$——各外围护结构失热量相加符号；

W——由地面及其他潮湿物体表面蒸发水分所消耗的热能，按畜禽总产热的10%（猪按25%）计算。

根据热量计算通风换气量，实际是根据舍内的余热计算通风换气量，这个通风量只能用于排除多余的热能，不能保证在冬季排除多余的水汽和污浊空气。故生产应用时只能用于清洁干燥的畜禽舍。

4. 根据通风换气参数计算通风换气量

近年来，一些国家为各种畜禽制订了通风换气技术参数，这对畜禽舍通风换气系统的设计，特别是对大型畜禽舍机械通风系统的设计提供了方便。各种家畜通风换气量技术参数见表 4-7 及表 4-8。

表 4-7 各种畜禽通风换气量技术参数

动物种类		体重 /kg	每头（只）畜禽推荐通风需要量 / (m³/h)		
			冬季	温暖季节	夏季
猪	母猪带仔	182	34	136	850
	保育前期仔猪	5～14	3	17	43
	保育后期仔猪	14～34	5	26	60
	生长猪	34～68	12	41	128
	育肥猪	68～100	17	60	204
	妊娠母猪	148	20	68	225
	公猪	182	24	85	306
奶牛	0～2月龄		26	85	126
	2～12月龄		34	102	221
	12～24月龄		51	136	305.8
	24月龄以上母牛	450	61	204	570
蛋鸡		0.5	0.2	0.8	1.7～2.5
		2.0	1.0～1.2		9.4
		2.5	1.2～1.4		11.2
		3.5			14.4
肉鸡	0～7日龄		0.1	0.3	0.7
		0.5	0.2	0.8	1.7
	大于7日龄	0.2	0.2		
		0.8	0.6		
		2.2	1.2～1.3		
		2.7	1.4～1.5		12.2

注：1. 由于配种猪舍的饲养密度低，每头种猪的推荐通风量为 510 m³/h。
    2. 引自 GB/T 26623—2011《畜禽舍纵向通风系统设计规程》。

表 4-8 猪舍通风量与风速

猪舍类别	通风量 /（m³/h）			风速 /（m/s）	
	冬季	春秋季	夏季	冬季	夏季
种公猪舍	0.35	0.55	0.70	0.30	1.00
空怀妊娠母猪舍	0.30	0.45	0.60	0.30	1.00
哺乳猪舍	0.30	0.45	0.60	0.15	0.40
保育猪舍	0.30	0.45	0.60	0.20	0.60
生长育肥猪舍	0.35	0.50	0.65	0.30	1.00

注：引自 GB/T 17824.1—2022《规模猪场建设》。

在生产中，以夏季通风换气量为畜禽舍最大通风换气量，冬季通风换气量为畜禽舍最小通风换气量，故畜禽舍采用自然通风系统时，在北方寒冷地区应以最小通风换气量，即冬季通风换气量为依据确定通风口面积；采用机械通风时，必须根据最大通风换气量，即夏季通风换气量确定总的风机风量。因为在最冷时期，通风系统应尽可能多地排除产生的水汽，而尽可能少地带走热量，所以应按最小通风换气量计算；在最热时期，应尽可能排出热量，并能在家畜周围造成一个舒适的气流环境，故应按最大通风换气量计算。

此外，还可根据换气次数来确定通风换气量。换气次数是指 1 h 换入新鲜空气的体积为畜体容积的倍数。一般规定，畜禽舍冬季换气应保持 3～4 次，不超过 5 次。这种方法只能做粗略估计，不太准确。

（三）自然通风设计

畜禽舍自然通风分无管道与有管道两种形式。无管道自然通风是靠门、窗所进行的通风换气，它只适用于温暖地区或寒冷地区的温暖季节。在寒冷地区的封闭舍中，由于门窗紧闭，需靠专门通风管道进行换气。这里着重介绍后者。

1. **自然通风类型**

（1）**风压通风**

以风压为动力的自然通风。

①原理。当外界有风时，畜禽舍的迎风面的气压将大于大气压，形成正压；而背风面的气压将小于大气压而形成负压，空气必从迎风面的开口流入，从背风面的开口流出，即形成风压通风（图 4-13）。只要有风就有自然通风现象。

②通风量的决定因素。决定因素有风与开窗墙面的夹角、风速、进风口和排风口的面积。

（2）**热压通风**

以热压为动力的自然通风。

①原理。舍内空气被畜体、采暖设备等热源加热，膨胀变轻，热空气上升聚积于畜禽舍顶部或天棚附近而形成高压区，使畜禽舍上部气压大于舍外，这时屋顶如有缝隙或其他通道，空气就逸出舍外（图 4-14）。

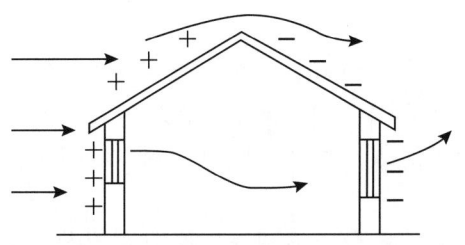
图4-13 风压通风原理示意图

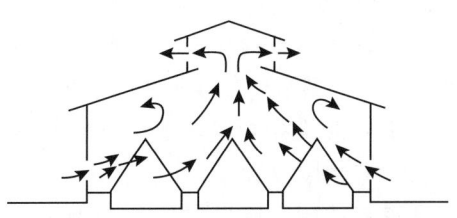
图4-14 热压通风原理示意图

②通风量的决定因素。大小取决于舍内外温差、进风口和排风口的面积、进风口和排风口中心的垂直距离。

2. 自然通风设计

自然通风设计的方法主要在于确定进气口和排气口的面积。

（1）设计原理。以热压通风来确定进排气口的面积。

（2）面积确定

①排气口总面积计算公式如下。

根据空气平衡方程 $L=3\,600\,FV$，导出：$F=L/3\,600\,V$

式中：F——排气口总面积（m^2）；

L——通风换气量（m^3/h）；

V——排气管中的风速（m/s）。

V可用下列公式计算：

$$V=0.5\sqrt{\frac{2gh(t_n \times t_w)}{273+t_w}}$$

式中：0.5——排气管阻力系数；

g——重力加速度（9.8 m/s^2）；

h——进、排气口中心的垂直距离（m）；

t_n——舍内空气温度（℃）；

t_w——舍外舍内空气温度（℃）（冬季最冷月平均气温，可查当地气象资料）。

故将g值代入整理后可得热压通风量：

$$L=7\,968.94F\sqrt{\frac{h(t_n-t_w)}{273+t_w}}$$

每个排气管的断面积一般采用（50 cm×50 cm）～（70 cm×70 cm）的正方形。

②进气口的面积。一般按排气口面积的70%～75%设计。每个进气管的面积为（20 cm×20 cm）～（25 cm×25 cm）的正方形或与之面积相近的矩形。

理论上讲，排气口面积应与进气口面积相等，但通过门窗缝隙或畜禽舍孔洞以及门窗启闭时，会有一部分空气进入舍内，所以，进气口面积往往小于排气口面积。

掌握进气口的面积在生产上便于计算设计方案或评价已建成畜禽舍的通风量能否满足要求，也可根据所需通风量计算排气口面积。

③通风管的构造及安装。

进气管。用木板做成，断面呈正方形或矩形。均匀（一侧）或交错（两侧）安装在纵墙上，距墙基 10～15 cm 处，彼此间的距离为 2～4 m，墙外进气口向下弯有利于避免形成穿堂风或冬季冷空气直接吹向畜体。进气口设有铁网，墙里侧设有调节板以控制风量大小。

排气管。用木板做成，断面为正方形，管壁光滑，不漏气、保温。常设置在屋脊正中或其两侧并交错，下端从天棚开始，紧贴天棚设有调节板以控制风量，上端突出屋脊 50～70 cm，排气管间的距离在 8～12 m，在排气管顶部设有风帽，可以防止降水或降雪落入舍内，同时能加强通风换气效果，风帽的形式有屋顶式（无百叶）和百叶风帽。

在北方地区，为防止水汽在排气管壁表面凝结，在总面积不变的情况下，适当扩大每个排气管的面积而减少排气管的个数能使自然通风投入成本少，但受自然风速影响大，只能用于小型养殖场。

（四）机械通风设计

1. 风机类型

①离心式风机。其特点是不具有逆转性，压力较强，可以改变气流方向。在养殖业中不常用。

②轴流式风机。其特点是具有逆转性，可以改变气流方向，可以送风，也可以排风。在养殖业中较常用。

2. 通风类型

（1）负压通风

把轴流式风机安装在排气口处，将舍内空气抽出舍外，造成舍内气压低于舍外，舍外空气由进风口自然流入，是生产中常用的通风形式。负压通风投资少，效率高，但要求畜禽舍封闭程度好，否则气流难以分布均匀，易造成贼风。

根据风机安装的位置不同，将负压通风分为屋顶排风形式、侧壁排风形式和穿堂风式排风形式三种（图 4-15、图 4-16）。

（2）正压通风

把离心式风机安装在进气口，通过管道将空气压入舍内，造成舍内气压高于舍外，舍内空气则由排风口自然流出。正压通风可对空气进行加热、降温或净化处理，但不易消灭通风死角，设备投资也较大（图 4-17）。

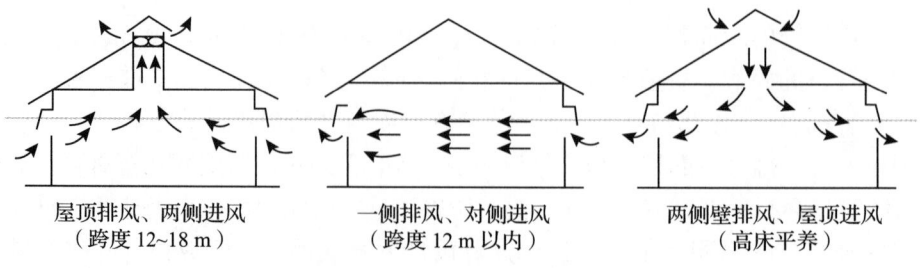

图 4-15　负压通风形式

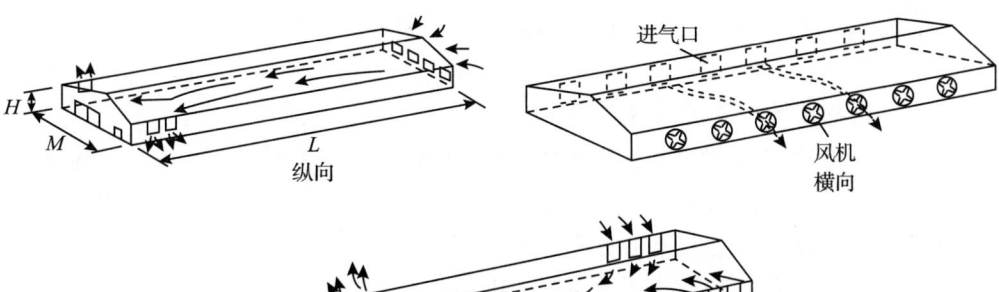
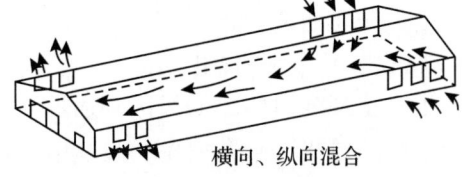

图 4-16 横向、纵向负压通风形式

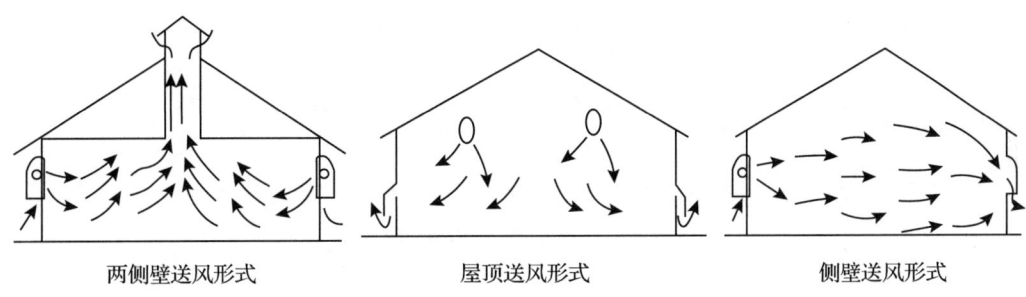

图 4-17 正压通风形式

（3）联合通风

进风口和排风口同时安装风机，同时可进风与排风，一般用于跨度很大的畜禽舍。

3. 机械通风设计

机械通风（特别是正压通风）计算和设计复杂，一般应由专业人员承担设计。负压通风设备简单，我国采用较多。

（1）确定负压通风的形式

当畜禽舍跨度为 8～12 m 时，可一侧墙壁排风（装风机）而由对侧墙壁进风；畜禽舍跨度大于 12 m 时，宜采用两侧墙壁（装风机）排风、屋顶进风或屋顶排风、两侧墙壁进风形式。

（2）风机的选择

常用轴流式风机，特殊情况下用离心式风机；风机总功率等于实际通风量，其计算方法为：

实际通风量 = 畜禽舍最大通风换气量 + 10%～15% 风口阻耗。

（3）确定风机数量

风机个数 = 风机总功率 / 每台风机功率。

常用的风机型号为 4～7 号风机（依据叶轮直径来确定 400～700 mm）。例如，4 号风机风量为 42 m^3/min，6 号风机风量为 117 m^3/min。

一般风机设于一侧纵墙上，按纵墙长度（值班室、饲料间不计），每7～9 m设一台。

（4）风机的安装、管理与注意事项

①风机与风管壁间的距离保持适当，风管直径大于风机叶片直径5～8 cm为宜。

②风机不能安装在风管中央，应在里侧；外侧装有防尘罩、里侧装有安全罩。

③风机不能离门太近，防止通风短路。

④定期清洁除尘、加润滑剂；冬季防止结冰。

⑤风速均匀恒定，不宜出现强风区、弱风区和通风换气的死角区。

⑥畜禽舍内不宜安装高速风机，且舍内冬、夏季节通风的风速应有较大差异。

⑦风机型号与通风要求相匹配，不宜采用大功率风机。

⑧进风口和排风口距离适当，防止通风短路。

⑨选择风机时要求噪声小，有防腐、防尘和过压保险装置。

思政导学

畜舍需要进行通风换气，将舍内污浊的空气排出，但是与此同时会带来大气污染，讨论这两者之间如何有效平衡，培养学生辩证思维能力。

二、仪器设备

干湿球温湿度表、通风干湿球温度表、热球式电风速仪（图4-18）、空盒气压表。

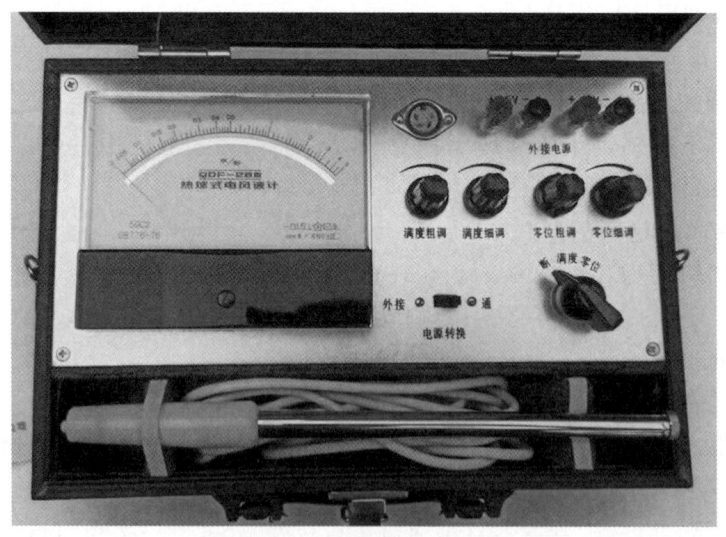

图4-18 热球式电风速仪

三、人员准备

人员分组，每组6人，明确职责分工。

任务角色	任务内容
组长：	任务：
组员1：	任务：
组员2：	任务：
组员3：	任务：
组员4：	任务：
组员5：	任务：

 任务 筹划

（一）内容筹划

畜禽舍通风换气的意义，畜禽舍通风换气量的计算，自然通风和机械通风的原理及应用，畜禽舍通风换气的调控。

（二）流程筹划

①了解畜禽舍通风换气的意义。

②掌握畜禽舍通风换气量的计算。

③了解自然通风和机械通风在生产中的应用。

④制订畜禽舍通风换气的调控方案。

 任务 实施

步骤一：

步骤二：

步骤三：

步骤四：

任务 检测

请扫码答题

任务评价

工作任务完成过程评价

班级：_____ 组别：_____ 姓名：_____

项目	评分标准	自我评价	小组评价	教师评价
牛舍通风换气的调控（35分）	气压的测量（10分）			
	自然通风和机械通风方式的选择（15分）			
	通风换气的调控（10分）			
任务完成过程（40分）	能够根据工作任务分析并制订工作思路（10分）			
	查找资料、认真思考、积极动手动脑（10分）			
	团队协作良好，交流合作默契，互帮互助（10分）			
	小组分工明确，通过小组讨论与再学习较好地完成方案（10分）			
方案报告（15分）	能很好地展示实践成果（5分）			
	整体的效果（很好10分，较好7～9分，一般为3～6分，较差为0～2分）			
思政素养表现（10分）	通过学习实践，强调通风换气对畜禽的重要性；以气流、气压测定，培养学生耐心专注、精益求精的敬业精神（5分）			
	畜舍通风将舍内污浊空气排出，在一定程度上危害环境。引导大家思考：两者之间如何有效平衡？让学生意识到保护环境的重要性；同时培养学生的辩证思维能力（5分）			
合计				
自我评价与总结				
教师点评				

任务五　畜禽舍空气质量调控

任务导入

某小型养牛场,由于冬季气温较低,为了保证畜禽舍内部温度,所以门窗关闭,粪污没有及时清除,水槽饮水,饲养头数较多,圈舍内部味道刺鼻,经过仪器检测,氨气浓度已达到 70 mg/m^3,我国劳动卫生标准规定空气中的氨气含量最高不得超过 30 mg/m^3。针对该牛场存在的问题,制订一份空气质量调控方案。

任务工单

班级:_____　　姓名:_____　　学号:_____

任务名称	牛舍空气质量调控
任务描述	根据实际情况,填写本任务的内容、目的、流程和方法。 任务内容:以上述养牛场牛舍空气质量调控问题为例,结合专业知识,简单拟一份牛舍空气质量调控方案。 任务目的:通过本次任务学习,熟悉畜禽舍内微粒、微生物和主要有害气体;明白它们对畜禽的危害,学会畜禽舍空气质量的调控方案的制订。 任务流程:查阅资料信息,分组调查研究,小组讨论分析,拟订论证报告。 任务方法:查阅资料、给出建议。
获取信息	要完成任务,需要掌握相关的知识。请收集资料,回答以下问题。 1. 畜禽舍内的微粒及危害。 2. 畜禽舍内的微生物及危害。 3. 畜禽舍内的主要有害气体及危害。 4. 制订畜禽舍空气质量调控方案。
制订计划	

（续表）

任务实施	按照预先制订的工作计划，完成本任务，并记录任务实施过程。		
	序号	完成的任务	遇到的问题	解决办法

任务准备

一、知识准备

（一）畜禽场空气和畜禽舍中的微粒

1. 畜禽场空气和畜禽舍中微粒的种类

畜禽场内空气微粒的种类和数量随自然环境、季节特点、土壤性质和植被等因素而变化，因动物种类、饲养密度、饲料类型、饲养管理方式、畜禽舍内湿度不同而存在差异。

畜禽场空气和畜禽舍中的微粒分为无机微粒和有机微粒两大类。无机微粒主要是扬起的干燥粉尘；有机微粒很复杂，有外界产生的孢子、花粉、植物碎片、腐殖质，有粪粒、饲料粉尘、被毛的细屑、皮屑、喷嚏飞沫等。畜禽场空气和畜禽舍中微粒主要以有机微粒为主。

2. 畜禽舍内微粒的来源

畜禽舍中的微粒，一部分由畜牧生产过程产生，另一部分由外界气流带入。

畜禽的走动、管理人员清扫畜床和地面、翻动或更换垫草垫料、分发干草和粉料、刷拭畜体等，都可使舍内微粒大量增加。

在封闭式畜禽舍内，病菌可通过微粒传播，使疾病迅速蔓延。

空气中微粒的含量可用密度法和重量法来度量，密度法是指单位体积空气中的微粒数，一般用每立方米所含微粒个数表示（个$/m^3$）；重量法是指单位体积空气中所含微粒的毫克数，一般用 mg/m^3 表示。

据统计，畜禽舍空气中微粒一般在 $1 \times 10^3 \sim 1 \times 10^6$ 粒$/m^3$，在翻动垫草或干饲草时，数量可以增加数十倍。

3. 微粒对家畜生产与健康的影响

（1）微粒对畜禽健康的直接危害

微粒降落在家畜体表上，可与皮脂腺和汗腺分泌物、细毛、皮屑、微生物混合在一起，黏结在皮肤上，引起皮肤瘙痒和发炎。同时堵塞皮脂腺和汗腺出口，使分泌受阻，从而导致皮肤干燥脆弱，易于损伤和破裂。微粒还影响畜体蒸发散热和体热调节。

尘埃微粒长期作用于眼睛，可使眼睛干燥发涩，引起角膜炎、结膜炎。如前所述，尘埃微粒吸入呼吸道，还可引起尘肺病。

(2) 微粒可作为有害气体的载体侵入动物体内

微粒在潮湿环境下可吸附水汽，也可吸附氨气、二氧化硫、硫化氢等有害气体，这些吸附了有害气体的微粒进入呼吸道后，刺激呼吸道黏膜引起黏膜损伤。微粒体积越小，吸收有害气体后对呼吸系统的危害越大。

(3) 微粒可作为病原微生物的载体

微生物多附着在空气微粒上运动与传播，畜禽舍中的微生物随尘埃等微粒的增多而增多。

(4) 微粒对动物生产的影响

一方面，尘埃等微粒通过影响畜禽机体健康而影响畜禽优良生产性状的充分发挥；另一方面，微粒也可直接影响动物的产品，比如在毛皮动物生产中，过分干燥的环境，加之尘埃的作用，会极大地降低毛绒品质与板皮质量。

4. 消除或减少畜禽舍空气微粒的措施

①在畜牧场四周种植防护林带，减小风力，阻滞外界尘埃的产生；对畜牧场场内进行绿化，路旁种植草皮、灌木、乔木，高矮结合，尽量减少裸地面积，以减少尘粒的产生。

②饲料车间、干草垛应远离畜禽舍，且避免在畜禽舍上风向，以减少饲料粉尘对畜禽舍空气的污染。

③在畜禽舍内分发干草和翻动垫料要轻，以减少尘粒的产生。

④尽量减少干粉料饲喂动物，改用颗粒饲料，或者拌湿饲喂。

⑤禁止带畜干扫畜禽舍地面，禁止在畜禽舍中刷拭家畜。

⑥适当减少饲养密度，可以减少空气微粒的产生。

⑦定时通风换气，及时排除舍内微粒及有害气体。

⑧必要时进风口可安装滤尘器，或采用管道正压通风，在风管中设除尘、消毒装置，对空气进行过滤，以减少微粒量。

(二) 畜禽舍空气中的微生物

一方面畜禽舍中有机微粒多，空气流动缓慢，有利于微生物附着；另一方面畜禽舍中各种液滴、飞沫也比较多，飞沫水分经过蒸发后形成滴核，滴核由蛋白质、盐类和黏液组成，微生物附着在滴核内，并受黏液与蛋白质的保护。因此，微生物可以在滴核中长期存在。畜禽舍内缺乏紫外线照射，温度和湿度又适宜于微生物繁衍，因而畜禽舍内的微生物无论从种类上还是数量上都比舍外多，并可在空气中长期存在。

1. 畜禽舍空气微生物种类及危害

(1) 非病原微生物

空气中常见的一些微生物是非病原微生物，如青贮饲料干渣碎屑飞粒中的乳酸菌、酵母菌，一些能分解纤维素的担子菌孢子、霉菌孢子等。

（2）病原微生物种类及其危害

尽管健康畜禽所在的畜禽舍空气中一般病原微生物很少。但在病畜的附近和兽医院周围空气，有大量的病原微生物。主要是病畜鸣叫、打喷嚏、咳嗽时喷出含有病原体的微细泡沫飞散到空气中，或者其带有病原体的分泌物和排泄物干燥后随尘埃进入空气中，病原微生物在空气中繁衍。带有病原微生物的飞沫和尘埃被易感动物接触后引发相应的疾病，如吸入后容易引起呼吸道传染病（结核、肺炎、流行性感冒）。有时会使新鲜创面发生化脓性感染，甚至引起全身感染。

2. 减少畜禽场空气微生物的措施

为了减小病原微生物对畜牧生产带来的危害，充分发挥优良畜禽的生产潜力，保证畜产品的质量和人民身体健康，发展高产、优质、高效的绿色畜牧产业，必须减少畜牧场的有害微生物。

第一，在选择畜禽场场址时，应远离传染病源，如医院、兽医院、皮革厂、屠宰场等各种加工厂，防止这些场所病原微生物对畜牧业生产造成损害。

第二，畜禽场周围应设防护林带，并以围墙封闭，防止一些小动物把外界疾病带入场内；畜禽场应与公路主干线保持安全距离，以专用道与主干公路相连，防止过往车辆带来病原；畜禽场内部要分为管理区、生产区、病死畜及粪便处理区，以防病原微生物的蔓延。

第三，在畜禽场的大门设置消毒及车辆喷雾消毒设施，保证外出车辆不带入病原；在各生产功能区入口处，各畜禽舍入口处及过往通道设置消毒池及紫外灯，尽量减少带入病原微生物的机会。

第四，场内要绿化，畜禽舍内要保持清洁，减少尘埃粒子。

第五，定时通风换气，减少一切有利于微生物生存的条件，必要时采用除尘器净化空气，除尘可大幅度减少空气中微粒和微生物数量。除尘器后，空气中微粒净化率平均可达 87.3%（气流速度 v=2.2 m/s）和 94.8%（v=1.0 m/s）。用滤菌器计数，禽舍微生物的净化效率平均为 81.7%。

第六，定期和不定期消毒。消毒是畜禽场及畜禽舍消除微生物的重要手段。消毒畜禽舍时，一般常用的消毒液有 10%～20% 的生石灰乳，含有效氯 2%～5% 的漂白粉，2%～5% 氢氧化钠溶液，3%～5% 克辽林溶液，20%～30% 草木灰水及 2%～5% 福尔马林溶液。另外，也可用甲醛熏蒸法对畜禽舍空气进行消毒。

（三）畜禽舍空气中的有害气体

畜禽舍空气中有害气体主要有氨气、硫化氢、二氧化碳、一氧化碳、甲烷和其他一些异臭气体。因为它们对人、畜禽均有直接毒害或因不良气味刺激人的感官而影响工作效率，所以统称为有害气体。其中，最常见和危害较大的是氨、硫化氢和二氧化碳。

1. 畜禽舍空气中有害气体的卫生标准

畜禽舍空气中有害气体的卫生标准见表 4-9 至表 4-12。

表 4-9　猪舍空气卫生指标

猪舍类别	氨/（mg/m³）	硫化氢/（mg/m³）	二氧化碳/（mg/m³）	细菌总数/（个/m³）	粉尘/（mg/m³）
种公猪舍	25	10	1 500	6	1.5
空怀妊娠母猪舍	25	10	1 500	6	1.5
哺乳母猪舍	20	8	1 300	4	1.2
保育猪舍	20	8	1 300	4	1.2
生长育肥猪舍	25	10	1 500	6	1.5

注：引自 GB/T 17824.1—2022《规模猪场建设》

表 4-10　禽场空气环境质量

项目	缓冲区	场区	禽舍	
			雏禽舍	成禽舍
氨气（NH_3）/（mg/m³）	2	5	10	15
硫化氢（H_2S）/（mg/m³）	1	2	2	10
二氧化碳（CO_2）/（mg/m³）	380	750	1 500	1 500
可吸入颗粒物（PM_{10}）/（mg/m³）	0.5	1	4	4
总悬浮颗粒物（TSP）/（mg/m³）	1	2	8	8
恶臭（稀释倍数）	40	50	70	70

表 4-11　牛舍空气中有害气体标准含量

舍别	二氧化碳/%	氨/（mg/m³）	硫化氢/（mg/m³）	一氧化碳/（mg/m³）
成乳牛舍	0.25	20	10	20
犊牛舍	0.15～0.25	10～15	5～10	5～15
育肥幼牛舍	0.25	20	10	20

表 4-12　羊舍空气中有害气体标准

项目	羊舍		场区	缓冲区
	羔羊	成年羊		
氨气（NH_3）/（mg/m³）	12	≤18	≤5	≤2
硫化氢（H_2S）/（mg/m³）	≤4	≤7	≤2	≤1
二氧化碳（CO_2）/（mg/m³）	≤1 200	≤1 500	≤700	≤400

（续表）

项目	羊舍		场区	缓冲区
	羔羊	成年羊		
可吸入颗粒物（PM_{10}）/（mg/m^3）	≤ 1.8	≤ 2	≤ 1	≤ 0.5
总悬浮颗粒物（TSP）/（mg/m^3）	≤ 8	≤ 10	≤ 2	≤ 1
恶臭	≤ 50	≤ 50	≤ 30	10～20
细菌总数 /（个 /m^3）	≤ 20 000	≤ 20 000		

2. 畜禽舍内有害气体调控措施

畜禽舍空气中有害气体对畜禽的影响是长期的，即使有害气体浓度很低，也会使畜禽体质变弱，生产力下降。因此，控制畜禽舍空气中有害气体的含量，防止舍内空气质量恶化，对保持畜禽健康和生产力有重要意义。

（1）科学规划，合理设计

畜禽场场址选择和建场过程中，要进行全面规划和合理布局，避免工厂排放物对畜禽场环境的污染；合理设计畜禽场和畜禽舍的排水系统、粪尿和污水处理设施及绿化等环境保护设施。

（2）及时清除粪尿

畜禽粪尿必须及时清除，防止在舍内积存和腐败分解。不论采用何种清粪方式，须排除迅速、彻底，防止滞留，并便于清扫，避免污染。

（3）保持舍内干燥

潮湿的畜禽舍、墙壁和其他物体表面可以吸附大量的氨和硫化氢，当舍温上升或潮湿物体表面逐渐干燥时，氨和硫化氢会挥发出来。因此，在冬季应加强畜禽舍保温和防潮管理，避免舍温下降，导致水汽在墙壁、天棚上凝结。

（4）合理通风换气

将有害气体及时排出舍外，是预防畜禽舍空气污染的重要措施。

（5）使用垫料或吸收剂

各种垫料吸收有害气体的能力不同，麦秸、稻草、树叶较好。肉鸡育雏时也可使用磷酸、磷酸钙、硅酸等吸收剂吸附有害气体。

思政导学

畜舍空气环境不好，不仅影响畜禽健康和生产力的发展，而且对周围环境造成不良影响，甚至引发严重的公共卫生安全事件，尤其是一些人兽共患病的发生等。因此，要求学生对微粒、微生物及有害气体有正确的认识，提高学生的健康意识，引导学生关注公众健康，培养良好的社会责任感，为将来更好地服务社会打下坚实的基础。

二、仪器设备

二氧化碳测定器、检气管、吸收管架、移液管和干燥塔、大气采样瓶、"U"形和喷泡式气体吸收管、氢氧化钡溶液、草酸标准溶液、1%酚酞酒精溶液。

三、人员准备

人员分组，每组6人，明确职责分工。

任务角色	任务内容
组长：	任务：
组员1：	任务：
组员2：	任务：
组员3：	任务：
组员4：	任务：
组员5：	任务：

 任务 筹划

（一）内容筹划

畜禽舍中的微粒，畜禽舍中的微生物，畜禽舍内的有害气体，畜禽舍空气质量的调控。

（二）流程筹划

①了解畜禽舍中的微粒及危害。

②熟悉畜禽舍中的微生物及危害。

③清楚畜禽舍中的有害气体及危害。

④学会畜禽舍空气质量的调控。

 任务 实施

步骤一：

步骤二：

步骤三：

步骤四：

任务检测

请扫码答题

任务评价

工作任务完成过程评价

班级：_____　　组别：_____　　姓名：_____

项目	评分标准	自我评价	小组评价	教师评价
养牛场空气质量的控制（35分）	畜禽舍中的微粒及危害（10分）			
	畜禽舍中的微生物及危害（15分）			
	畜禽舍中的有害气体及危害（10分）			
任务完成过程（40分）	能够根据工作任务分析并制订工作思路（10分）			
	查找资料、认真思考、积极动手动脑（10分）			
	团队协作良好，交流合作默契，互帮互助（10分）			
	小组分工明确，通过小组讨论与再学习较好地完成方案（10分）			
方案报告（15分）	能很好地展示实践成果（5分）			
	整体的效果（很好10分，较好7~9分，一般为3~6分，较差为0~2分）			
思政素养表现（10分）	养成耐心、专注、敬业的工匠精神（5分）			

项目	评分标准	自我评价	小组评价	教师评价
思政素养表现（10分）	要求学生对微粒、微生物及有害气体有正确的认识，提高学生的健康意识和健康教育，引导学生关注公众健康，培养良好的社会责任感（5分）			
合计				
自我评价与总结				
教师点评				

任务六　畜禽舍饲养密度与垫料控制

任务导入

某小型养鸡场，采用笼养方式饲养各年龄段蛋鸡，其中1～3周龄雏鸡，每平方米笼养54只，4～6周龄的雏鸡每平方米笼养50只，6～11周龄的育成鸡每平方米笼养35只，11～20周龄的育成鸡每平方米笼养21只。试评价该养鸡场的饲养密度，如饲养密度过大，请制订一份饲养密度调整方案。

任务工单

班级：＿＿＿＿＿＿　姓名：＿＿＿＿＿＿　学号：＿＿＿＿＿＿

任务名称	畜禽舍饲养密度调控
任务描述	根据实际情况，填写本任务的内容、目的、流程和方法。 任务内容：以上述养鸡场饲养密度调控问题为例，结合专业知识，简单拟一份鸡舍饲养密度调控方案。 任务目的：通过本次任务学习，了解饲养密度对畜禽生产的影响，熟悉不同畜种不同年龄阶段饲养密度的确定，学会饲养密度的调控方案的制订。 任务流程：查阅资料信息，分组调查研究，小组讨论分析，拟订方案报告。 任务方法：查阅资料、给出建议。

(续表)

获取信息	要完成任务，需要掌握相关的知识。请收集资料，回答以下问题。 1. 饲养密度对畜禽生产的影响。 2. 不同畜种不同年龄阶段饲养密度的确定。 3. 垫料的种类、作用和铺换方法。 4. 饲料密度和垫料管理方案的制订。
制订计划	
任务实施	按照预先制订的工作计划，完成本任务，并记录任务实施过程。 | 序号	完成的任务	遇到的问题	解决办法
---	---	---	---

任务准备

一、知识准备

（一）饲养密度

饲养密度是指舍内畜禽密集的程度，一般用每头畜禽所占用的地面面积来表示，对家禽有时也用每平方米地面面积所饲养的只数来表示，它是影响畜禽舍空气环境卫生指标的因素之一。

1. 饲养密度对畜禽舍空气环境的影响

（1）舍温

在同一幢畜禽舍内，饲养密度大，畜禽散发出来的热量总和就多，舍内气温高；饲养密度小则舍内气温低。因此，为了防暑防寒，在必要和可能的情况下，夏季可适当降低饲养密度，冬季可适当提高饲养密度。

（2）湿度

在同一幢畜禽舍内，饲养密度大时，由地面蒸发和畜体排出的水汽量较多，舍内地面较潮湿；密度小时则比较干燥。

（3）对舍内微粒、微生物、有害气体含量和噪声强度的影响

在同一幢畜禽舍内，饲养密度大，微粒、微生物、有害气体的数量就多，噪声也比较频繁和强烈；密度小时则相反。

另外，饲养密度决定了每头畜禽活动面积的大小，畜禽相互发生接触和争斗机会的多少，这些对畜禽的起卧、采食、睡眠等行为都有直接影响。因此，确定适宜的饲养密度是为畜禽创造良好外界环境条件，调控畜禽舍空气环境的一个重要措施。

思政导学

在畜禽舍饲养密度调控学习中，培养学生精益求精的科学精神。尤其是在各个年龄段不同畜禽，饲养密度确定时，一定要严谨认真，合理确定。

2. 适宜的饲养密度

在生产中必须根据具体情况具体分析，介绍几种畜禽常用的饲养密度方案，供参考（表4-13至表4-17）。

表 4-13　每头种猪所需面积

单位：m²

猪舍形式			母猪	公猪
封闭舍每头面积	混凝土实地面		2.8～3.3	3.3～3.7
	局部漏缝地面		1.9	2.3
	全部漏缝地面		1.4	1.9
	分娩栏		0.6～1.8	
棚舍每头面积	棚下休息处		2.3～2.8	2.8～3.3
	棚外活动场	（混凝土地面）	1.9	2.8
		（土地面）	9.3～19.0	14～23

表 4-14　每头生长肥育猪所需面积

猪舍形式		断奶～35 kg	35～55 kg	55 kg 以上
封闭舍每头面积（每栏10～20头）/m²	漏缝地面（局部式全部）	0.4	0.6	0.7～0.9
	混凝土实地面	0.4	0.7	0.8～0.9

（续表）

猪舍形式		断奶～35 kg	35～55 kg	55 kg 以上
棚舍每头面积（每栏 20～25 头）/m²	棚下地面	0.6	0.7	0.7
	混凝土活动场地	0.7	0.1	1.1～1.4
放牧：每平方千米放牧地猪数		5 000～7 000	3 500～5 000	2 500～3 500
凉棚（m²/头）		0.5	0.6～0.7	0.7～1.1

表 4-15　每头肉牛所需面积

单位：m²

牛别	繁殖母牛	犊牛（每栏养数头）	断奶小牛	一岁小牛
每头面积	4.65	1.86	2.79	3.72
牛别	肥育牛（肥育期平均体重 340 kg）		肥育牛（肥育期平均体重 431 kg）	
每头面积	4.18		4.65	
牛别	公牛（牛栏面积）	分娩母牛（分娩栏面积）	母牛（牛栏面积）	
每头面积	11.12	9.29～11.12	2.04	

表 4-16　每只羊所需面积

单位：m²

羊舍地面类型		公羊（80～130 kg）	母羊（68～91 kg）	母羊带羔羊（2.3～14 kg）		肥育羔羊（14～50 kg）
羊舍地面每只面积	实地面	1.9～2.8	1.1～1.5	1.4～1.9*	0.14～0.19（供羔羊补料用）	0.74～0.93
	漏缝地面	1.3～1.9	0.74～0.93	0.93～1.1*		0.37～0.46
露天场地每只面积	土地面	2.3～3.7	2.3～3.7	2.9～4.6		1.9～2.9
	铺砌地面	1.5	1.5	1.9		0.93

注：* 产羔率超过 170%，每只羊占地面面积增加 0.46 m²。

表 4-17　鸡适宜饲养密度

单位：m²

地面平养		笼养		网上平养	
周龄	每只面积	周龄	每只面积	周龄	每只面积
0～6	20	0～1	60	0～6	24
7～14	12～10	1～3	40	6～18	14
15～20	8～6	4～6	34		
		6～11	24		
		11～20	14		

（二）垫料

垫料是指畜禽生活的畜床或地面上铺垫的材料。在畜牧生产中，选择合适的垫料是改善畜禽舍内环境的一项辅助性措施，对控制畜禽舍良好的空气环境有一定的作用（表4-18）。

表4-18　垫草用量对舍内空气卫生状况和牛的产奶量的影响

牛舍编号	2 kg 垫草			4 kg 垫草		
	相对湿度/%	含氨量/(mg/kg)	产奶量/L	相对湿度/%	含氨量/(mg/kg)	产奶量/L
10号	78.7	22.9	3.6	73.7	14.7	4.2
12号	77.1	15.1	3.2	70.6	11.2	3.6
13号	68.9	27.6	5.3	67.0	15.9	6.0
14号	77.4	87.6	7.1	74.2	19.2	7.9

1. 垫料应满足的条件及其种类

（1）条件

导热性差、吸水性强，柔软、无毒副作用，对皮肤无刺激性，有肥料价值，来源充足，成本低。

（2）种类

①秸秆类。常用的有稻草、麦秸等。稻草的吸水力为324%，麦秸为230%，二者都很柔软，且价廉来源广。注意腐败或被病菌污染的垫料不能用。为提高吸水能力，最好切短使用。

②野草、树叶，二者吸水力均为200%～300%。树叶柔软适用，野草常夹杂较硬的枝条，易刺伤皮肤和乳房。也易混入有毒植物，用前要注意检查与清理杂质。

③刨花、锯末。其优点是吸水性很强，约为420%，导热性小、柔软。缺点肥料价值低。

④干土。导热性小，吸收水分和有害气体的能力强，且来源广泛，取之不竭，北方农村广泛使用，缺点是容易污染畜禽被毛和皮肤，易使舍内尘土飞扬。

⑤泥炭。导热性小，吸水性达600%以上，吸氨能力达1.5%～2.5%，本身呈酸性，有较强的杀菌作用。缺点与干土相同。

2. 垫料的作用

①保暖。垫料通常是农副产品，如稻草、麦草等秸秆，它们的导热性一般都较低，冬季在导热性强的地面上铺上垫料，可以明显降低畜体向地面的热传导。垫料越厚，效果越好。例如，冬季刚出生的犊牛、仔猪和雏鸡，若放在温室里，且铺设垫草或垫料则培育效果好。

②吸潮。垫料的吸水能力均为200%～400%，只要勤铺勤换，就能避免尿液流失，保持地面干燥；同时，垫料还可吸收空气中的水汽，有利于降低舍内空气湿度。值得注意的是，在畜禽舍建设过程中，地基和基础的吸水能力也要加强。

③吸收有害气体。多数垫料（如各种秸秆、树叶等）可以直接吸收有害气体，同时，垫料在吸收了畜禽粪尿后，对氨气、硫化氢的溶解能力增强，能降低有害气

体浓度，改善舍内空气新鲜度。

④柔软、弹性大。畜禽舍地面一般较硬，铺上垫料后，柔软舒适，可以改善地面或畜床的舒适程度，避免坚硬的地面对孕畜、幼畜和病弱畜禽引起碰伤和褥疮的发生。

⑤保持畜体清洁。经常更换和翻转垫料，可以吸收和掩盖畜禽粪尿，减少粪尿与畜体直接接触，降低畜禽体外寄生虫病的发生率，保持畜体清洁干燥。

⑥用后可做肥料或饲料。一般垫料中混有粪便，用后可做肥料。用苜蓿、麦草、稻草等农作物秸秆作育雏垫料时，使用后能提高粗蛋白质的含量，是很好的鱼饲料。

3. 铺垫方法

①常换法。及时将湿污垫料拣出来，换上新鲜干净的。这种方法有利于保持舍内清洁，但垫料用量大、费工、费时，有时换垫料时引起的灰尘较多，若跨度较大的畜禽舍使用垫料时，可用机械直接开进畜禽舍清除垫料。

②厚垫法。每天或数天增铺一些新垫料，直到春末天暖后或一个饲养期结束后一次性清除。这种方法保暖性好、省工省力，肥料质量好，且在长时间生物学发热过程中，能提高地温，垫料内也将形成大量维生素 B_{12}；但舍内有害气体含量高。同时，由于舍内湿度高，有利于寄生虫、微生物的生存和繁殖，因此，畜禽易患呼吸道疾病、寄生虫类病、传染性胃肠疾病等。

二、工具

卷尺、计算器。

三、人员准备

人员分组，每组 6 人，明确职责分工。

任务角色	任务内容
组长：	任务：
组员 1：	任务：
组员 2：	任务：
组员 3：	任务：
组员 4：	任务：
组员 5：	任务：

任务筹划

（一）内容筹划

饲养密度对畜禽生产的影响，饲养密度的确定，垫料的种类、作用和铺换，饲料密度及垫料管理方案的制订。

（二）流程筹划

①掌握饲养密度对畜禽生产的影响。

②根据不同畜种、不同年龄阶段，确定饲养密度的大小。

③熟悉垫料的种类、作用及铺换方法。

④根据实际情况，制订饲料密度及垫料管理方案。

任务实施

步骤一：

步骤二：

步骤三：

步骤四：

任务检测

任务检测

任务评价

工作任务完成过程评价

班级：_____ 组别：_____ 姓名：_____

项目	评分标准	自我评价	小组评价	教师评价
禽场饲养密度的控制（35分）	饲养密度对畜禽的影响（10分）			
	饲养密度的测定（15分）			
	饲养密度的调控（10分）			

（续表）

项目	评分标准	自我评价	小组评价	教师评价
任务完成过程（40分）	能够根据工作任务分析并制订工作思路（10分）			
	查找资料、认真思考、积极动手动脑（10分）			
	团队协作良好，交流合作默契，互帮互助（10分）			
	小组分工明确，通过小组讨论与再学习较好地完成方案（10分）			
方案报告（15分）	能很好地展示实践成果（5分）			
	整体的效果（很好10分，较好7~9分，一般为3~6分，较差为0~2分）			
思政素养表现（10分）	培养学生科学设计、合理规划的能力（5分）			
	通过了解饲养密度对畜禽健康生产的重要性，学会正确掌握饲养密度，做到既保持畜禽舍内空气新鲜，又能发挥最大生产潜能（5分）			
合计				

自我评价与总结	

教师点评	

项目五　畜禽场污染防治

项目导读

本项目主要介绍了畜禽场用水污染、土壤污染、饲料污染、噪声污染的种类、特点、危害及防治措施。通过学习，重点掌握各种污染的防治措施，为畜禽场的健康生产、安全生产打好基础。

知识目标

掌握畜用水的卫生要求和消毒处理；熟悉土壤的组成、污染及污染的防治措施；了解饲料中常见的毒害物及防治措施，并能进行卫生质量的鉴定；掌握噪声来源、大小的测试，熟悉噪声的危害和控制方法。

技能目标

在畜禽生产实践中，能够合理利用洁净水、科学处理污水；结合土壤污染特点，能够做好土壤污染的防治工作；面对以假乱真的市场乱象，能够正确把关饲料质量；根据养殖畜种的要求，能够有效规避噪声对畜禽的不良影响；

素质目标

践行习近平生态文明思想，引导学生树立环境保护意识、安全生产理念。

任务一　用水污染防治

任务导入

请调查湟源县周边是否存在水污染问题，同时为学院提供一份用水污染防控的方案。

任务工单

班级：_____　　姓名：_____　　学号：_____

任务名称	制订水污染防治方案
任务描述	根据实际情况，填写本任务的内容、目的、流程和方法。 任务内容：调查湟源县周边是否存在水污染问题；结合专业知识，并为学院简单拟一份污水防控的方案。 任务目的：通过本次任务学习，了解水源的种类，熟悉水的污染与自净过程，掌握饮用水的卫生标准及评价方法，熟悉污水的处理措施。 任务流程：查阅资料信息，分组调查研究，小组讨论分析，拟订报告、方案。 任务方法：查阅资料、给出建议。
获取信息	要完成任务，需要掌握相关的知识。请收集资料，回答以下问题。 1. 清楚水源的种类。 2. 熟悉水的污染与自净。 3. 掌握饮用水卫生标准及评价方法。 4. 清楚污水的处理措施。

(续表)

制订计划	
任务实施	按照预先制订的工作计划，完成本任务，并记录任务实施过程。 | 序号	完成的任务	遇到的问题	解决办法
---	---	---	---

任务准备

一、知识准备

水是畜禽最重要的环境因素之一，也是畜禽有机体的重要组成部分，又是有机体进行各种生理活动与维持生命的必需物质。畜禽饮水、饲料的加工调制、畜禽舍用具的清洗、畜体的清洁和花草灌溉都需要大量的水。当水质不好或水体受到污染时，轻者会导致畜禽的生产性能下降，重者将危及动物的健康，甚至会导致动物的死亡。因此，为保证畜禽健康，不断提高生产力，必须充分满足畜禽对饮水的需要。

（一）水源的种类

水在自然界的分布广泛，能够被利用的淡水水源归纳起来可分为地面水、地下水、降水三大类，它们三者之间可以互相补充、相互转换，共同参与了自然界的水循环。

1. 地面水

地面水包括江、河、湖、塘及水库水等，主要由降水或地下水汇集而成，其水质及水量受自然条件的影响较多，易受污染，特别是容易受到工业废水及生活污水的污染。近年来，因水源被污染而导致人畜健康受到危害的案例屡见不鲜。因此，地面水的保护问题，必须引起高度重视。

地面水因来源广、水量充足，本身有较好的自净能力，是使用较广泛的水源。但需注意，在条件许可时，应尽量选用水量大且流动的地面水为水源。因为活水比死水自净能力强，水量大的比水量小的自净能力强。尤其供饮用的地面水一般应进行人工净化和消毒处理。

2. 地下水

地下水是降水和地面水经过地层的渗滤和贮积而成的。经过地层过滤，水中所含的各类杂质绝大部分已被滤除，且受到污染的机会较少，水质比较清洁。如果水源在深层，地下水被污染的机会更少，水质水量都较稳定，是最好的水源。但地下水易受地质化学成分的影响，硬度一般比地面水大，有时会含有毒矿物质，从而引起地方性疾病。因此，使用前应进行必要的检测和分析。

3. 降水

降水是大气中落到地面的固体或液体形式的水，主要有雨、雪、霜、露等。它受地理位置、大气环流、天气系统条件等综合因素影响较大。在降落时，降水吸收了空气中的杂质及可溶性气体，从而易受到污染。如内陆的降水可混入大气中的灰尘、细菌；靠近海岸的降水可混入海水飞沫；城市与工业区的降水可混入工业废气等。降水收集不易、贮集困难，水量受季节影响较大。因此，除缺水严重的地区外，降水一般不作为饮用水水源。

（二）水的污染与自净

水的污染大致分为自然污染与人为污染。水体中的生物生长、繁殖以及自然因素如火山喷发、山洪暴发、雨水侵蚀等形成的污染均属于自然污染。向江河、湖泊排放大量未经处理的工业废水、灌溉污水、生活污水和各种废弃物而造成水质恶化，则属于人为污染。以下主要阐述人为因素对水体的污染。

1. 水体污染物的种类及危害

（1）有机物污染

生活污水、畜产污水、食品工业以及造纸废水等都含大量的腐败质有机物，因排出量大，受害范围广泛，要受到重视。当水中氧气充足时，有机氮在好氧菌的作用下被分解为硝酸盐类的无机物；当水中溶氧耗尽时，有机物进行厌氧分解，产生甲烷、硫化氢、硫醇等，使水质恶化变臭，不适于饮用。腐败质有机物在水中会使水混浊，同时会分解产生一些优质营养素。当营养物质浓度过高、水质过肥时，水体便会富营养化，使水生生物大量繁殖，加重水的浑浊度，加剧溶解氧消耗，甚至产生恶臭，威胁贝类、藻类的生存，造成鱼类死亡。此外，在畜禽粪便、生活污水等废弃物中往往含某些病原微生物和寄生虫卵，而水中大量有机物为其提供了生存和繁殖条件，由此可能会造成疾病的传播和流行。

（2）微生物污染

水源被病原微生物污染后，可引起某些传染病的传播与流行，如猪丹毒、猪瘟、棘球蚴病、马鼻疽、布氏杆菌病、炭疽病等。水体被微生物污染的主要原因是病畜或带菌者的排泄物、尸体和兽医院、医院的污水，以及屠宰场、制革厂和洗毛厂的废水。介水传染病的发生和流行，取决于水源污染的程度、病原菌在水中的生存时间等因素。天然水有自净作用，因此偶然的一次污染通常不会造成持久性的介水传染，但经常的、大量的污染极易造成传染病的介水传染。

（3）有毒物质污染

常见的无机类毒物有铅、汞、砷、铬、镉、镍、铜、锌、氟、氰化物以及各种酸和碱等，有机类毒物有酚类化合物、聚氯联苯、有机氯农药、有机磷农药、合成洗涤剂、有机酸和石油等。水体受有毒物质污染的主要原因有：排入了各种未经处理的工业废水；农田广泛施用农药，被雨水带入水体；多矿地区因地层含大量的砷、铅、和氟等矿物质，致使该地区水中毒物含量增加。

各种不同性质的毒物污染水体后，可产生下列不良影响。

①引起中毒。一些毒物如铅、砷、汞、氟、有机磷农药和氰化物等，具有较大的毒性，当其污染水体后，往往能使饮用这种水的畜禽中毒，并可影响鱼类生存。一般情况下，毒物在水中浓度不是很高，因此由饮水而引起急性中毒的现象比较少见；但当水源经常受到污染时，水中较低含量的毒物可通过饮用引起畜体慢性中毒，如铅中毒、砷中毒和氟中毒等。

②恶化水的感官性状。有些毒物如酚类、石油等，在一般浓度下虽对机体无直接毒害，但会使水发生异臭、怪味、颜色、泡沫、油层等，妨碍水的正常使用。

③妨碍水体的自净作用。铜、锌、镍、铬等化学物质在水中会抑制微生物（它们能使水中有机物分解与氧化）的生长和繁殖，从而阻碍水的天然自净过程，影响水体卫生。

（4）致癌物质污染

主要来自石油、颜料、化工和燃料等工业废水，常见的如砷、铬、镍、铍和苯胺等。有的致癌物质还能在水中的悬浮物、基底污泥和水生生物体内蓄积。

（5）放射性物质污染

天然水中放射性物质含量极微，一般对机体无害。但人为污染，如放射性元素侵入水体后，可使水质受到破坏，甚至危害机体健康。

2. 水体的自净作用

水体受污染后，由于本身的物理、化学和生物学等多种因素的综合作用，会逐渐消除污染，这个过程，称为水的自净。水的自净作用，一般有以下几个方面。

（1）混合稀释作用

污染物进入水体后，与水逐渐混合而降低其浓度；有时可稀释到难以检出或不足以引起毒害作用的程度。

（2）沉降和逸散

水中悬浮物因重力作用而逐渐下沉，比重越大，颗粒越大，水流越慢，沉降越快。附着于悬浮物上的细菌和寄生虫卵也随同悬浮物一起下沉。悬浮状态的污染物被水中的胶体颗粒、悬浮的固体颗粒、浮游生物等吸收，可发生吸附沉降。有些污染物，如砷化物，易与水中的氧化铁、硫化物等结合而发生"共沉淀"。溶解性物质也可以被生物体所吸收，在生物死亡后随残体沉降。此外，污染水体的一些挥发性物质，如酚、金属汞、二甲基汞、硫化氢和氢氰酸等，在阳光和水流动等因素的作用下可逸散而进入大气。

（3）日光照射

日光可提高水温，促进有机物的生化分解作用。日光中的紫外线具有杀菌作用，但由于紫外线的穿透力较弱，其杀菌作用有限，尤其是当水体较浑浊时，其作用就更加有限。

（4）有机物的分解

在微生物作用下，水中的有机物进行有氧或厌氧分解，最终使复杂有机物变为简单物质，称为生物性降解。此外，水中有机物也可通过水解、氧化和还原等反应进行化学性降解。当水中溶解氧充足时，有机物在好氧细菌作用下进行氧化分解，有氧分解进行得较快，使含有的氮、碳、硫和磷等化合物分解为二氧化碳、硝酸盐、硫酸盐和磷酸盐等无机物，这些最终产物无特殊臭味。当溶解氧不足时，有机物在厌氧细菌作用下进行的厌氧分解比较缓慢，会生成硫化氢、氨和甲烷等具有臭味的气体。从卫生角度来看，有氧分解比厌氧分解好，故应限制向水体中任意排污，保持水中常有足够的溶解氧，防止厌氧分解。

（5）水栖生物的颉颃作用

水栖生物种类繁多，在水中的生活能力和生长速度也不同，而且由于生存竞争彼此相互影响，进入水体的病原微生物常受非病原微生物的颉颃作用而易于死亡或发生变异。此外，水中多种原生动物能吞食很多细菌和寄生虫卵，如甲壳动物和轮虫，它们能吞食细菌、鞭毛虫以及有些碎屑。

（6）生物学转化及生物富集

某些污染物质进入水体后，可以通过微生物的作用使物质转化。随着物质的转化，使其毒性升高或降低，水体污染的危害性也同时加重或减弱。生物学转化中最突出的例子是无机汞的甲基化。此外，水体中的污染物被水生生物吸收后，可在体组织内浓集，又可通过食物链：浮游植物→浮游动物→贝、虾、小鱼→大鱼，逐渐提高生物组织内污染物的聚集量（提高几倍到几十万倍）。凡脂溶性、进入机体内又难于异化的物质，都有在体内浓集的倾向，如有机氯化合物、甲基汞和多环芳香烃等。

综上所述，通过水的自净过程，可使水体的污染程度逐渐减轻或变为无害，具体表现为：有机物转变为无机物；致病微生物死亡或发生变异；寄生虫卵减少或失去其生命力而死亡；毒物的浓度降低或对机体不造成危害。因此，在进行污水净化及水源卫生防护时，可充分利用水体的自净能力。但该能力有一定的限度，无限制地向水体中排污也会使这种能力丧失，造成严重污染。所以必须执行污水排放的卫生规定，并搞好水源防护。

（三）水质卫生要求及评价

1. 饮用水的卫生要求

（1）生活饮用水卫生标准

GB 5749—2022《生活饮用水卫生标准》是全国通用的强制性标准，制定此标准的基本卫生学原则：保证流行病学的安全，即要求饮用水中不含病原微生物和寄生虫卵，以防止介水传染病和寄生虫病的发生和传播；水中所含化学物质对机体无害，即要求水中所含有害物质的浓度和微量元素的含量对机体健康不会引起急性、慢性中毒或其他不良影响；水的感官性状良好，要求感官无不良刺激。

GB 5749—2022
《生活饮用水卫生标准》

关于畜禽饮用水的卫生标准，目前我国还没有明确的规定，但可参照生活饮用水标准执行。对农村和条件较差的牧场，在执行上述标准时，允许有灵活性，即要求毒理学指标必须符合卫生标准，而其他指标如暂时还达不到标准时，一方面应尽可能采取措施提高给水的水质，另一方面要避免提出不切实际的要求。

（2）畜禽场的用水量

包括人的生活用水、生产用水和灌溉、消防用水等。

①人的生活用水。指职工每日所消耗的水，其中包括饮用、洗衣、洗澡及卫生用水。其用水量，因生活水平、卫生设备、季节与气候等而不同。一般可按每人每日 20～40 L 计算。

②畜禽的用水。指畜禽每日用水量（表 5-1），其中包括畜禽饮用、饲料调制、畜体清洁、刷洗食槽及用具、畜禽舍清扫等所消耗的水。

表5-1　各种畜禽每日用水量　　　　　　　　　　　　　　　单位：L

畜种	舍饲期每日每头（只）畜禽用水量	放牧期每日每头（只）畜禽用水量
乳牛	70～120	60～70
育成牛	50～60	50
犊牛	30～50	30
种母马	50～75	50
种公马、役马	60	50
马驹	40～50	25
带仔母猪	75～100	50
妊娠母猪、公猪	45	40
育成猪	30	25
幼猪、肥猪	15～20	15
成年母羊	10	5
羔羊	5	3

畜禽场的用水量很不均衡，随季节和温度的不同而变化。例如，夏季比冬季用水多，夜间用水量少，上班后增加。因此，为了长期、充分地保证用水，在计算畜禽场用水量及安装设施时，必须按单位时间内最大消耗量来计算。

2. 饮用水的卫生评价

（1）感官性状指标

饮水的色、浑浊度、臭、味和肉眼可见物等一般卫生性状，通常可用眼、鼻、舌等感觉器官直接观察（也可用仪器检查），故称他们为感官性状指标。

①色。清洁的水一般无色。水有异色，通常是受各种物质污染的结果。一般用钴铂比色法测定，以"度"表示。我国规定饮水色度不超过 15 度。肉眼观察无色。

②浑浊度。清洁的水是透明的。浑浊的水通常是受到污染的结果，不仅感官性

状不好，被污染的浑浊水大多适合微生物的生存，且有引起介水传染病的危险。浑浊度以1L蒸馏水中含有1 mg二氧化硅（一般以一定规格的白陶土比浊液为标准）为1个浑浊度单位。我国饮水卫生标准规定浑浊度不得超过5度，即肉眼看起来清澈透明。

③臭。清洁的水没有异臭，而被污染的水往往会产生不正常的臭。水臭通过嗅觉判断描述臭的性质。一般用无、微弱、弱、明显、强、很强六个等级来描述臭的强度。我国饮水卫生标准规定饮水不得有异臭。

④味。清洁的水适口而无味。当水中溶有地层的各种盐类时，会出现咸、涩、苦或铁味等。当水受到生活污水或工业废水污染时，也会产生各种异味。因此，当水有异味时，应首先查明原因，再作卫生评价。水味与水臭一样，可用味觉来描述，按六个等级表示强度。我国规定，饮水不得有异味。

⑤肉眼可见物。指水中含有的肉眼可见的微小生物和悬浮颗粒。它是水质不清洁的标志。饮用水中不得含有肉眼可见物。

（2）一般化学指标

① pH值。天然水的pH值，一般在7.2～8.6之间。当水质出现过碱过酸反应时，则表示水有可能受到污染了。当水源受到有机物及各种酸、碱废水污染时，pH值将发生明显变化。另外，水的pH值过高，将会引起水中溶解盐类的析出而恶化水的感官性状，并降低氯化消毒的效果；若水的pH值过低时，则会加强水对金属（铁、铅、铝）的溶解，甚至有较大的腐蚀作用。我国规定饮水的pH值为6.8～8.5。

②硬度。水的硬度是指溶于水中的钙、镁等盐类的总含量。一般分为碳酸盐硬度和非碳酸盐硬度，二者之和称为总硬度。也可分为暂时硬度和永久硬度。暂时硬度是指把水煮沸，可以除去的硬度。因为水在煮沸时，水中重碳酸盐放出二氧化碳变成碳酸盐而沉淀，但由于钙、镁的碳酸盐并不能完全沉淀，所以暂时硬度往往小于碳酸盐硬度。水煮沸后不能除去的硬度为永久硬度。

水的硬度以"度"来表示。我国规定1 L水中含有相当于10 mg氧化钙的钙、镁离子量称为1度。也可采用将钙、镁离子总量折合成氧化钙，以mg/L为单位表示。水的硬度低于8度时称为软水；8～16度称为中等硬水；17～30度称为硬水；30度以上称为极硬水。

地下水的硬度一般比地面水高。水的硬度与水流经地区的地质条件有关，如流经石灰岩层或其他钙、镁盐层时，可使水的硬度增加；有机物或工业废水的污染，也会使水的硬度突然变化。因此，硬度有时也作为水质被污染的评价指标。

水的硬度对人、畜并无多大直接影响，但要遵循习惯。长期习惯于软水的人、畜，临时改饮硬水则会引起胃肠功能紊乱，经一定时间后可逐渐适应。硬水对机体也有间接影响，如硬水煮食不易烂、不易消化、水垢多等。过软的水质缺乏机体需要的无机盐，水味不好。我国规定饮水总硬度不超过25度；即以氧化钙计算，不超过250 mg/L。

③铁、锰、铜、锌。地下水含铁量较地面水高。饮水中含铁对机体并无毒害，但含铁量过高的水具有特殊的气味，会影响饮用。在水中重碳酸亚铁含量

超过 0.3 mg/L 时，易被氧化成黄褐色的氢氧化铁，使水浑浊。这种水在乳品生产中，可使乳制品产生不良气味，使干酪产生锈斑。我国规定饮水中铁含量不得超过 0.3 mg/L。

水中的锰通常与铁同时出现，它在水中不易氧化，难以排出，锰的氧化物还能使水呈黑色。我国规定，水中锰含量不得超过 0.1 mg/L。

天然水中含铜量很少，只有流经含铜地层的水，铜含量才增多。水中含铜超过 1.5 mg/L，就会使水产生金属异味。长期饮用高铜量的水，可引起腹部不适和肝脏病变。我国规定，饮水中含铜不得超过 1 mg/L。

水中含锌量达到 10 mg/L，可引起水质浑浊；超过 5 mg/L 时，出现金属异味。我国规定饮水中含锌不得超过 1 mg/L。

④氯化物。自然界的水一般都含有氯化物，其含量随地区的不同而不同。同一地区内，特别是同一个水源中，其含量往往是比较恒定的。水中氯化物来源有几种情况：水源流经含有氯化物的地层；水源受工业废水或生活污水的污染；靠海的地面水或地下水受到潮汐和海风的影响，海水侵入土壤和地面水，都会使氯化物含量增加。当水中氯化物含量突然增加时，即表明有被污染的可能，若氮化物也同时增加，更能说明受到粪便污染。地下水中氯化物减少，有可能是地面水流入。饮水中氯化物过高会使水带咸味并影响胃液的分泌。一般认为饮水中氯化物含量不宜超过 200 mg/L。

⑤硫酸盐。地下水中通常含有少量来自地层矿物质的硫酸盐，而且多以硫酸钙、硫酸镁的形态存在，硫酸盐含量大的水永久硬度很高。当水中硫酸盐含量突然增加时，则表明水有被生活污水、工业废水或化肥硫酸铵等污染的可能。水中硫酸盐含量超过 400 mg/L 时，水有苦涩味，易引起胃肠功能障碍。一般认为，饮水中硫酸盐以不超过 250 mg/L 为宜。

⑥含氮化合物。当天然水被人、畜粪便污染时，其中含氮有机物在水体微生物的作用下，逐渐被分解变为简单的化学物质。氨是无氧条件下的最终产物。若有氧存在，氨将进一步被微生物转化为亚硝酸盐、硝酸盐而变成无机物。在上述有机氮逐渐转变成氨氮、亚硝酸盐氮和硝酸盐氮（简称"三氮"）的过程中，有机物不断减少，随人、畜粪便进入水中的病原微生物也逐渐消亡。因此，"三氮"的测定，可以帮助了解水体污染和自净的进展情况，以及污染性质是动物性的还是植物性的。

氨氮。动物有机物的含氮量一般比植物有机物高。同时，人、畜粪便中含氮有机物很不稳定，容易分解为氨。因此，水中氨氮含量升高时，即有可能存在人、畜粪便的污染，而且提示污染时间还不太久。但是，流经沼泽地或泥炭地的地面水源可因植物有机物的分解而致氨氮含量增高；含铁高的地下水中硝酸盐与低价铁作用以后也可以还原为氨。工业废水和农田氮肥污染水体后，也可使氨氮量增加。因此，水中发现氨时，须先判明其来源，再决定其卫生意义。一般水中氨氮含量不应超过 0.05 mg/L。

亚硝酸盐氮。氨经过氧化形成亚硝酸盐。若水中亚硝酸盐氮含量过多，表明有机物的分解过程还在继续进行，污染的危险依然存在。但同时应注意，自然原因如雷雨也会形成亚硝酸盐；沼泽水和深层地下水的硝酸盐也可以还原为亚硝酸盐，这些与污染无关。因此，须先弄清来源才能做出正确评价。亚硝酸盐氮既是水体污染指标，又是一种化学毒物。良好的饮水不应含有或仅有痕量（0.002 mg/L）。

硝酸盐氮，是含氮有机物分解的最终产物。少数情况也可能来自地层或沼泽地。若水体中仅硝酸盐含量高，而氨氮和亚硝酸盐氮含量都低，则说明污染时间已久，自净已结束，或者表示这些硝酸盐氮可能来自地层而非污染。硝酸盐是水体被污染的指标之一，一定条件下还可还原为亚硝酸盐，有使动物中毒的危险，应限制其在饮水中的含量不超过 10 mg/L。

在实践中，发现水体中"三氮"增加时，首先要排除与人、畜粪便无关的来源，再根据水中"三氮"的变化规律进行综合分析。通过"三氮"在水中分别出现、动态变化的分析，可以间接了解水体的污染与自净状况（表5-2）。

表5-2 "三氮"在水体检测中的卫生学意义

氨氮	亚硝酸盐氮	硝酸盐氮	卫生学意义
＋	－	－	表示水体受到新近污染
＋	＋	－	水受到较新近污染，分解在进行中
＋	＋	＋	一边污染，一边自净
－	＋	＋	污染物分解，趋向自净
－	－	＋	分解，完成（或来自硝酸盐土层）
＋	－	＋	过去污染已基本自净，目前又有新污染
－	＋	－	水中硝酸盐被还原成亚硝酸盐
－	－	－	清洁水或已自净

⑦溶解氧（DO）。空气中的氧溶解在水中，称为溶解氧。溶解氧在水中的含量与空气中氧的分压和水温有关，其中水温影响最大。正常情况下清洁地面水的溶解氧接近饱和。当水被有机物污染后，有机物先氧化分解消耗水中溶解氧，甚至耗尽；然后继续进行厌氧分解会使水质恶化、发臭。因此，溶解氧含量可以作为判断水体是否受到有机物污染的间接指标，但地下水例外。

⑧生化需氧量（BOD），指水中有机物在好氧性细菌作用下进行生物化学分解时所消耗的氧量。水中有机物含量越高，生物氧化过程所消耗的氧也越多，而且有机物含量高时，所含微生物及病原菌也越多。因此，通过生物需氧量的测定，可以间接评定水被有机物污染的程度，也可作为细菌污染的判断指标。水中生物氧化过程与水温有关，水温越高，生物氧化作用越剧烈，所需时间也越短。有机物的生物氧化过程很复杂，全部完成需要较长的时间，通常用"5日生化需氧量"（BOD_5）来表示，即 20 ℃下培养 5 d，1 L 水中溶解氧减少的量。清洁的江、河水 BOD_5 一般不超过 2 mg/L。

⑨耗氧量（COD）。指用化学方法氧化 1 L 水中的有机物所消耗的氧量。被氧化的包括水中能被氧化的有机物和还原性有机物，而不包括化学上较为稳定的有机物。此法测定快速，能相对地反映出水中有机物含量，但完全脱离了水中微生物分解有机物的条件。

⑩挥发性酚类。天然水中并不含挥发性酚，它主要来自工业污染。这类物质本身的毒性并不大，但可使水带异臭。氯化消毒时，形成氯酚，更具恶臭。我国规定，饮水中挥发性酚含量不得超过 0.002 mg/L。

（3）毒理学指标

指水质标准中所规定的某些毒物，其含量超过标准便会直接危害机体，引起中毒。

①氟化物。水中含氟量低于 0.5 mg/L 时会引起龋齿，而超过 1.5 mg/L 时则可引起氟中毒。因此，饮水卫生标准中规定含氟量不应超过 1.0 mg/L，适宜浓度为 0.5～1.0 mg/L。

②氰化物。水中氰化物主要来源于各种工业废水。长期饮用氰化物含量较高的水，可引起慢性中毒，表现出甲状腺机能低下等一系列症状。饮水中氰化物含量不得超过 0.05 mg/L。

③砷。天然水中微量的砷对机体无害，而含量较高则有剧毒。水中砷含量增高主要因为工业污染，也与地层内含砷量高有关。饮水中砷含量不得超过 0.04 mg/L。

④硒。水中含硒量与土壤中的含硒量有关。饮水中含硒量不得超过 0.01 mg/L。

⑤汞。水中的汞主要来自工业废水（如用汞仪表厂、氯碱厂等）。含汞废水进入水体后，汞能迅速沉淀（特别是硬度较高的水中）于底泥中长期沉积，而水暂时净化；一旦底泥泛起，又再次污染水体。沉积于水底淤泥中的无机汞经厌氧微生物的生物甲基化作用，可转化为毒性更强的甲基汞（有机汞之一），甲基汞部分沉积于淤泥中，部分溶于水中，再经生物富集作用，最后通过"食物链"给人和动物带来更大的危害。饮水中汞含量不得超过 0.001 mg/L。

⑥镉。天然水中不含或含少量的镉，水中的镉主要来源于锌矿（镉与锌常相伴存在）和镀镉废水的污染。镉和镉化合物都是化学毒物。当饮水中镉含量达到 0.035～0.260 mg/L 时，长期饮用可引起危害。饮水中镉含量不应超过 0.01 mg/L。

⑦铬。天然的清洁水不含铬，水中铬的来源主要是电镀、印染和制革等含铬工业废水的污染。铬一般以六价铬和三价铬两种形式存在，六价铬毒性比三价铬高出 100 多倍。据报道，铬除了引起中毒外，还有致癌作用。水中六价铬含量若超过 0.1 mg/L，将对机体产生毒性作用。按六价铬计，饮水中不得超过 0.05 mg/L。

⑧铅。天然水中不含铅，只有水源受到含铅工业废水（如铅蓄电池厂、印刷厂、颜料厂等）污染，或流经含铅矿层时，水中含铅量才大量增加。水中含铅量超过 0.1 mg/L 时，可引起慢性铅中毒，故规定饮水中铅含量不得超过 0.1 mg/L。

（4）细菌学指标

饮用水要求在流行病学上是安全的，因而要考虑细菌学指标。实际工作中，主要测定细菌总数和大肠菌群，以此来间接判断水体受到污染的情况。

①细菌总数。指 1 mL 水在普通琼脂培养基中，于 37 ℃，经 24 h 培养后，所生

长的各种细菌菌落总数。数值越大,说明污染的可能性越大,有病原菌的可能性也越大。细菌总数只能说明水中有病原菌的可能性,相对地评价水质是否被污染,故应结合其他指标,排除自然因素干扰,进行综合分析,才更具参考价值。我国规定饮水中细菌总数不应超过 100 个 /mL。

②大肠菌群。水中大肠菌群的量,一般用以下两种指标表示。大肠菌群指数:1 L 水中所含大肠菌群的数目。大肠菌群值:发现 1 个大肠菌群的水的最小容积(mL)。二者互为倒数关系,即:

$$大肠菌群指数 = 1\,000 \div 大肠菌群值$$

大肠菌群是直接反映水体受到人、畜粪便污染的一项重要指标。可以结合细菌总数,更能说明水体的污染情况。我国规定每升饮水中大肠菌群不应超过 3 个。

③游离性余氯。饮水氯化消毒时,除了水中细菌及各种杂质消耗掉一定量的氯外,消毒后的水中还应剩余部分游离性(或称自由性)余氯,以保持继续消毒的效果。饮水中有余氯说明消毒已经可靠,这也是评价消毒效果的一项指标。我国饮水卫生标准规定,在接触 30 min 后,游离性余氯含量应不低于 0.3 mg/L,自来水管网末梢水余氯含量不低于 0.05 mg/L。

(四)饮用水的净化与消毒

天然水中常含有各种杂质或细菌,达不到饮用标准。为了使饮水符合卫生要求,保证饮用安全,应将水加以必要的净化和消毒处理。

1. 饮用水的净化

(1)自然沉淀

当水流减慢或静止时,水中原有的悬浮物可借本身重力作用逐渐向水底下沉,使水澄清,叫自然沉淀。自然沉淀一般需在专门的沉淀池中进行,且要一定的时间。

(2)混凝沉淀

经自然沉淀以后,水中还剩有细小的悬浮物及胶质微粒,因带有负电荷,彼此相斥,很难自然下沉。此时需要加入混凝剂,使水中极小的悬浮物及胶质微粒凝聚成絮状而加快沉降,称混凝沉淀。常用的混凝剂有铁盐(如硫酸亚铁、三氯化铁等)和铝盐(如明矾、硫酸铝等)。它们与水中原有的钙和镁的重碳酸盐作用,分别形成带正电荷的氢氧化铁和氢氧化铝的胶状物,这些胶状物能与水中具有负电荷的微粒相互吸引而凝集,形成逐渐加大的絮状物而沉降,混凝沉淀的效果与水温、水的 pH 值、浑浊度以及混凝剂有关。普通河水用明矾进行混凝沉淀时,需 40~60 mg/L。

(3)过滤

使水通过一定的滤料,得到净化。过滤的基本原理,一种是滤料的阻隔作用,水中悬浮物微粒大于滤料的孔隙,不能通过滤层而被阻隔;另一种是沉淀和吸附作用,小于滤料孔隙的微小物质如细菌、胶体粒子等,在通过滤层时沉淀在滤料表面,并形成胶质的生物滤膜,此膜具有吸附力,可吸附水中的微小粒子和病原体。常用滤料是沙,又叫沙滤。若用矿渣、煤渣作滤料,应不含有对机体有害的物质。集中式给水一般采用沙滤池。根据滤料粒径、滤粒层厚度和过滤速度的不同,可分为快沙滤池和慢沙滤池。目前大部分自来水厂采用快沙滤池,而简易自来水厂多采用慢沙滤池。分散式给水的过滤，可在河、湖或塘岸边挖渗滤井，使水经过地层的自然滤过而改善水质（图5-1）。如在水源和渗滤井之间挖一沙滤沟，或建造水边沙滤井，则能更好地改善水质（图5-2）。

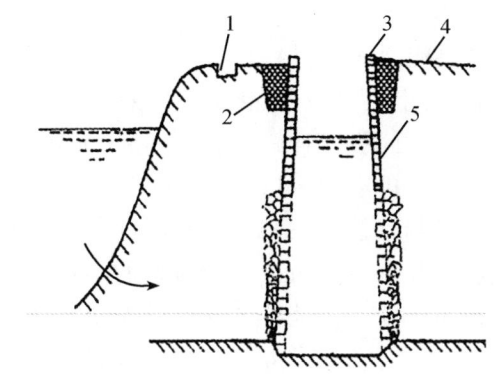

1—排水沟；2—黏土；3—井栏；4—井台；5—井筒。

图5-1　自然渗滤井

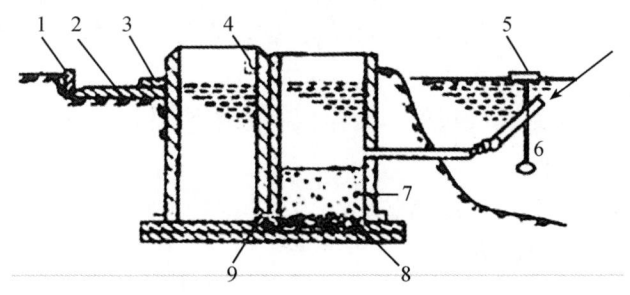

1—井台边栏；2—井台；3—踏步；4—挂筒钩；5—竹或木浮子；
6—坠石；7—沙；8—石子；9—连通管。

图5-2　塘边沙滤井

2. 饮用水的消毒

水经过以上步骤处理后，细菌含量已大大减少，但并未完全除掉，仍有病原菌存在的可能。为了确保饮水安全，必须再经消毒处理。饮用水消毒方法很多，如氯化法、煮沸法、紫外线照射法、臭氧法、超声波法和高锰酸钾法等。目前应用最广泛的是氯化消毒法，因为该法杀菌力强，设备简单，使用方便，费用低。以下简述饮水的氯化消毒法。

（1）消毒剂

常用的氯化消毒剂是液态氯、漂白粉和漂白粉精。液态氯主要用于集中式给水的加氯消毒，小型水厂和一般分散式给水多用漂白粉和漂白粉精。漂白粉的杀菌能力取决于其所含的"有效氯"。新制的漂白粉含有效氯25%～35%，其性质不稳定，易失效，故要求密封、避光，于阴暗干燥处保存，当有效氯含量低于15%时，不可作为饮水消毒用。漂白粉精的有效氯含量为60%～70%，性质较漂白粉稳定，多制成片剂使用。

（2）消毒原理

氯在水中形成次氯酸及次氯酸根，与水中细菌接触时，容易扩散进入细胞膜，在细菌体内与细胞中的酶系统起化学反应，可能破坏了细菌细胞中含巯基酶的活性，使细菌糖代谢失常而死亡。

（3）影响氯化消毒效果的因素

①消毒剂用量和接触时间。要保证氯化消毒的效果，必须向水中加入足够的消毒剂，并保证有充分的接触时间。消毒剂用量，除了满足在消毒剂接触时间内与水中各种物质相作用时所需要的有效氯量外，还应该在消毒后的水中保持一定量的剩余氯。即加氯量为需氯量与余氯量之和。但余氯过多会使水的氯味太大而不适饮用，一般要求水中剩余氯为 0.2～0.4 mg/L。消毒剂的实际用量随水质不同而异，故在消毒前应进行水的加氯量测定，使消毒剂的用量既能满足需要又不致过多。一般经过沙滤的地面水或普通地下水，加氯量（通常按有效氯计算）为 1～2 mg/L，接触时间为 30 min。

②水的 pH 值。pH 值的高低可影响生成次氯酸的浓度，次氯酸是一种弱酸，当 pH 值低时主要以次氯酸形式存在；pH 值升高，则次氯酸可离解成次氯酸根。次氯酸的杀菌效果可超过次氯酸根 80～100 倍，因此在氯化消毒时，水的 pH 值以不超过 7 为宜。

③水温。水温高时杀菌效果好，水温低时杀菌效果差因此，冬季加氯量应适当增加，接触时间要长一些。

④水的浑浊度。水的浑浊度高，影响杀菌效果。故在氯化消毒之前，对浑浊度高的水应先经过沉淀或过滤处理。

（4）消毒方法

根据不同水源和给水方法，消毒方法也可以多种多样。以下介绍分散式给水的消毒方法。

①常量氯化消毒法。即按常规加氯量（表5-3）进行饮水消毒。通常井水消毒是直接在井中按井水量加入消毒剂。泉、河、湖和塘水，则需将水取至容器（如缸）或池中进行消毒。

井水消毒时首先应计算井水的水量，然后根据井水量及井水加氯量计算出应加的漂白粉量（必要时应测定漂白粉中的有效氯含量）。将称好的漂白粉置于碗中，加少量水调成糊状，再加入少量水稀释，静置，取上清液倒入井中，用清洁竹竿或水桶将井水搅动，使充分混匀，30 min 后，取水样测定，剩余氯含量应为 0.2～0.3 mg/L，即可取用。由于井水随时被取用，应根据用水量大小而决定消毒次数。最好每天消毒两次（早晨及午后取水前各消毒一次），如果用水量大、水质较差，还应酌情增加消毒次数。

表5-3　对不同水源进行消毒的加氯量

水源种类	加氯量 /（mg/L）	1 m³ 水中加漂白粉量 /g
深井水	0.5～1.0	2～4
浅井水	1.0～2.0	4～8

（续表）

水源种类	加氯量 /（mg/L）	1 m³ 水中加漂白粉量 /g
土坑水	3.0～4.0	12～16
泉水	1.0～2.0	4～8
湖、河水（清洁透明）	1.5～2.0	6～8
湖、河水（水质混浊）	2.0～3.0	8～12
塘水（环境较好）	2.0～3.0	8～12
塘水（环境不好）	3.0～4.5	12～18

少量消毒时，可将河、湖、泉或塘水置于容器中，如果水质浑浊，应预先经过沉淀或过滤再进行消毒。消毒时，先将漂白粉配成3%消毒液（每毫升消毒液约含有效氯10 mg），每50 kg水加10 ml 3%漂白粉消毒液，经30 min接触后，即可取用。若用漂白粉精片，按100 L水加1片（每片含有效氯200 mg）即可。

②持续氯消毒法。在井水或容器中放置装有漂白粉或漂白粉精片的容器（可根据情况选用塑料袋、竹筒、陶瓷罐和广口瓶等），消毒剂通过容器上的小孔不断扩散到水中，使水中经常保持一定的有效氯量。放入容器中的氯化消毒剂的剂量，可为常量氯化消毒法一次加入量的20～30倍；一次放入，可持续消毒10～20 d。采用此法时也应经常检验水中余氯的含量。

③过量消毒法。常量氯化消毒时加氯量的10倍（即10～20 mg/L）进行饮水消毒。本法主要适用于新井开始使用，旧井修理或淘洗，井被洪水淹没或落入污染物，该地区发生介水传染病等情况时（在对被污染的井水消毒时，一般在投入消毒剂后，等待10～12 h后再用水。若水中氯味太大，可汲出旧水不断涌入新水的办法，直至井水失去显著氯味，即可饮用；亦可在水中按1 mg余氯投加入3.5 mg硫代硫酸钠脱氯后再用。

3. 水的特殊处理法

水源如含铁、氟量过高，硬度过大或有异味、异臭，必要时应采用水的特殊处理法。

①除铁。水中溶解性铁盐常以重碳酸亚铁［$Fe(HCO_3)_2$］、硫酸亚铁（$FeSO_4$）、氯化亚铁（$FeCl_2$）等形式存在，有时为有机胶体化合物（腐殖酸铁）。重碳酸亚铁可用曝气（氧化）法使其成为不溶解的氢氧化铁 $Fe(OH)_3$；硫酸亚铁或氯化亚铁可加入石灰，在高pH值条件下氧化为氢氧化铁，经沉淀过滤除去；有机胶体化合物可用硫酸铝或聚羟基氯化铝等混凝沉淀法去除。

②除氟。可于水中加入硫酸铝（每除去1 mg/L的氟离子，需投加100～200 mg/L的硫酸铝）或碱式氯化铝（1 L水中加入约0.5 mg），经搅拌、沉淀而除氟。在有过滤池的水厂，可采用活性氧化铝法。

③软化。水质硬度为25～40度时，可用石灰、碳酸钠和氢氧化钠等加入水中，使钙、镁化合物沉淀而除去硬度。也可采用电渗析法、离子交换法等。

④除臭。用活性炭粉末作滤料将水过滤除臭，或在水中加入活性炭后混合沉淀，再经沙滤除臭。也可用大量氯除臭。地面水中藻类繁殖发臭，可在原水中投入硫酸铜（1 mg/L 以下）灭藻。

在实践中，可以根据不同水源水质的具体情况，采取相应的措施，不一定每步都做。一般情况下，浑浊的地面水需要沉淀、过滤和消毒；较清洁的地下水只需消毒处理即可；有时水受到特殊有害物质的污染，才需要采取特殊净化措施。

思政 导学

根据《中华人民共和国水污染防治法》第五十六条规定：国家支持畜禽养殖场、养殖小区建设畜禽粪便、废水的综合利用或者无害化处理设施。畜禽养殖场、养殖小区应当保证其畜禽粪便、废水的综合利用或者无害化处理设施正常运转，保证污水达标排放，防止污染水环境。畜禽散养密集区所在地县、乡级人民政府应当组织对畜禽粪便污水进行分户收集、集中处理利用。

《中华人民共和国水污染防治法》

二、人员准备

人员分组，每组 6 人，明确职责分工。

任务角色	任务内容
组长：	任务：
组员 1：	任务：
组员 2：	任务：
组员 3：	任务：
组员 4：	任务：
组员 5：	任务：

任务 筹划

（一）内容筹划

水源的种类，水的污染与自净，饮用水卫生标准及评价，水的净化、消毒和其他处理。

（二）流程筹划

①根据水源的种类，能够正确选择水源。
②了解水的污染与自净过程，懂得水污染的处理方法。
③掌握饮用水卫生标准及评价，方便区域水质检测。
④通过水的净化、消毒和处理，学会污水的处理措施。

任务实施

步骤一：

步骤二：

步骤三：

步骤四：

任务检测

请扫码答题

任务评价

工作任务完成过程评价

班级：_____ 姓名：_____ 学号：_____

项目	评分标准	自我评价	小组评价	教师评价
水污染的防控（35分）	水源的种类（10分）			
	水的污染与自净（10分）			
	污水的处理措施（15分）			
任务完成过程（40分）	能够根据工作任务分析并制订工作思路（10分）			
	查找资料、认真思考、积极动手动脑（10分）			
	团队协作良好，交流合作默契，互帮互助（10分）			
	小组分工明确，通过小组讨论与再学习较好地完成方案（10分）			

（续表）

项目	评分标准	自我评价	小组评价	教师评价
方案报告（15分）	能很好地展示实践成果（5分）			
	整体的效果（很好10分，较好7~9分，一般为3~6分，较差为0~2分）			
思政素养表现（10分）	通过对水污染防治的学习，树立保护爱惜水资源、爱护用水公共设施、人与自然和谐共处的意识（5分）			
	同时强调畜禽场选址布局的要求，树立保护水源、人人有责的意识，积极践行习近平生态文明思想（5分）			
合计				
自我评价与总结				
教师点评				

任务二　土壤污染防治

任务导入

请调查您的家乡土壤污染的情况，并撰写一份调查报告。

任务工单

班级：_____　　姓名：_____　　学号：_____

任务名称	土壤污染防治
任务描述	根据实际情况，填写本任务的内容、目的、流程和方法。 任务内容：调查您家乡土壤污染的情况，然后写一份调查报告。 任务目的：通过本次任务学习，掌握土壤的质地、组成，了解土壤污染的特点、危害，能够制订土壤污染的防控措施。 任务流程：查阅资料信息，分组调查研究，小组讨论分析，拟订调查报告。 任务方法：查阅资料、给出建议。

（续表）

获取信息	要完成任务，需要掌握相关的知识。请收集资料，回答以下问题。 1. 土壤的质地、组成。 2. 土壤污染的特点。 3. 土壤污染的危害。 4. 土壤污染的防控措施。
制订计划	
任务实施	按照预先制订的工作计划，完成本任务，并记录任务实施过程。 | 序号	完成的任务	遇到的问题	解决办法
---	---	---	---

任务准备

一、知识准备

土壤是畜禽的基本外界环境之一，它的卫生状况直接或间接地影响着畜禽的健康和生产力。土壤的质地能影响畜禽场和畜禽舍的小气候，从而对畜禽造成影响。土壤的化学组成影响地下水和地面水，土壤上生长的植物的化学成分与品质，并通过水和饲料植物影响畜禽的健康和生产力。例如，在一定地区内，由于土壤中某些矿物质元素的天然含量异常（过剩、不足或比例失当）往往引起所谓生物地球化学性疾病；土壤被有毒化学物质污染，也可引起某些疾病。土壤还可能成为病原微生物和寄生虫的滋生繁殖场所，而污染水和饲料，从而引起某些蠕虫病和传染病的传播与流行。

（一）土壤质地、组成及其卫生学意义

1. 土壤质地及其卫生学意义

土壤是由土壤颗粒和颗粒间的空隙所组成。土壤含有粗细不同的矿物质颗粒，简称土粒，一般可分为石砾、沙粒、粉沙粒和黏粒等四种级别。由于粒径 0.01 mm 是土粒理化性质发生显著变化的转折点，因此常以此作为划分沙和泥的界限。即物理性沙粒（沙）＞0.01 mm＞物理性黏粒（泥）。

土壤质地不同，其物理特性差别很大，因而也有着不同的卫生学意义。

①沙土类。这类土壤的颗粒大，粒间空隙大，透气性、透水性强，容水量、吸湿性小，毛细管作用弱，故不易滞水而易于干燥，透气性好，有利于有机物进行好氧分解。但其热容量小，导热性大，易增温也易降温，昼夜温差大，温度随季节的变化明显，这对畜禽不利。

②黏土类。这类土壤的颗粒小，粒间空隙很小，透气性、透水性弱，容水量、吸湿性大，毛细管作用强，因而易潮，雨后泥泞，造成畜禽场区和畜禽舍内湿度过高。又因其通气性差，土壤中好氧微生物的活动受到抑制，有机质的分解比较迟缓，土壤自净能力较弱。黏质类土壤还具有湿胀干缩的特性，尤其是在寒冷地区冬季结冰时，常因土壤变形损坏建筑物基础。有的黏土（如在石灰岩地区）常因碳酸钙受潮被溶解造成土壤软化，引起建筑物下沉或倾斜。

③壤土类。这是一种介于沙土和黏土之间的土壤质地类型。它有一定数量的大空隙，又含有较多量的毛细管空隙，因而透气性、透水性良好，温度较稳定，容水量小，雨后又不像黏土那样泥泞。它的微生物状况良好，有比较强的自净能力。这种土壤在建立畜禽场和放牧草场时，是比较理想的土壤。

2. 土壤的化学组成及其卫生学意义

土壤的化学组成较为复杂，元素很多，其中有多种常量元素和微量元素，它们与畜禽健康有着密切的关系。

（1）土壤中的常量元素

①钙。畜禽缺钙能引起幼畜佝偻病及成年畜禽骨软症。而过量钙可使日粮消化率降低，并使体内磷、锰、镁、碘等元素的代谢紊乱。真正缺钙的土壤并不多。酸性土壤含钙量低，可施用石灰来补充。畜禽日粮中钙不足时，可用石粉、贝壳粉及蛋壳粉等作为钙源补饲。

②磷。畜禽缺磷亦可引起幼畜佝偻病及成年畜禽骨软症，而且食欲不振，废食，异嗜癖比缺钙时更严重。在缺磷土壤中生长的饲料含磷量亦低。土壤中施用磷肥能提高饲料中的含磷量。畜禽日粮中磷不足时，可补饲骨粉或脱氟天然磷酸盐。

③镁。畜禽缺镁时可引起外周血管扩张，脉搏次数增加，重者可引起病畜神经过敏、全身颤抖和心律不齐等。畜禽缺镁痉挛症（亦称草痉挛）的原因之一是土壤和饲料中镁含量低。土壤缺镁现象较易发生，湿润多雨地带的沙质土，常常严重缺镁。缺镁土壤应施用镁质肥料，畜禽日粮中镁不足时可补饲硫酸镁、氧化镁和碳酸镁。

④钾。畜禽缺钾时可引起食欲失常、消化不良、生长停滞、肌肉衰弱和异嗜。畜禽常用饲料中一般不缺钾,仅少数含钾量很低的地区才出现饲料缺钾。土壤缺钾可施用钾肥。

⑤钠。畜禽缺钠时,表现为食欲反常,饲料利用率低,蛋白质沉积降低,幼畜生长迟缓,成年畜禽体重减轻,泌乳畜禽产奶量下降。植物性饲料中的含钠量比较低,尤其是山地土壤含钠量低,其上所生长的饲料含钠量更为贫乏。故在畜禽日粮中通常应补饲食盐。

(2) 土壤中的微量元素

①土壤中微量元素的来源与转移。土母质是土壤微量元素的主要来源。在不同母质上形成的土壤,其微量元素的种类和含量相差较大。

土壤质地和土壤中有机质的含量是影响微量元素含量的重要因素。沙质土壤一般含微量元素的量较低,黏质土壤和含腐殖质较多的黑钙土中微量元素的含量较高,而且黑钙土中的微量元素常富集于有机质丰富的表层土壤中。

许多自然因素(如地势、降水、气候等)亦影响土壤微量元素的分布。如地质淋溶作用,使迁移能力强的微量元素(如碘、氟)转移,导致某些湿润气候的山岳地区的土壤中缺乏,而在一些干旱地区的土壤中过剩。

工业企业所产生的废弃物中常含某些微量元素,在这些废弃物的排放或利用过程中,或农田施用某种化肥,特别是微量元素肥料时,可使某些微量元素大量进入土壤。

土壤中微量元素的形态能影响到微量元素的转移。可溶性微量元素易转移,有些土壤虽含某些微量元素的量很多,但因其与土壤有机质牢固地结合而难以被植物所吸收,也可能导致某些微量元素的缺乏。所以,植物对土壤微量元素的吸收利用,除了取决于土壤所含微量元素的总量外,还取决于微量元素的有效量,而有效量又受土壤酸碱度、氧化还原状况、有机质含量以及土壤质地等因素的影响。植物从土壤中吸收微量元素时,不同植物种类的吸收、浓缩和蓄积能力亦不相同。

②微量元素与生物地球化学性疾病。微量元素在机体中的含量甚少,但作用却很重要。机体内微量元素的状况异常,会引起代谢障碍或疾病。畜禽主要由饲料或饮水中获得微量元素,而土壤是饲料及饮水中微量元素的源泉。由于某些地区的生物地球化学特性,土壤中某种微量元素含量显著不足或过多,而且长期得不到改善,往往成为发生某些特殊疾病的主要原因。这种在一定地区内由于生物地球化学特性所引起的疾病称为生物地球化学性疾病。

碘。缺碘可使动物发生甲状腺肿,基础代谢率下降,造成多种危害,此病主要分布于远离海洋的内陆山区及高原地带。地质淋溶作用是造成缺碘的主要原因。不同土壤类型含碘量也不同。在缺碘地方性甲状腺肿流行地区,可给畜禽补饲碘化食盐[在食盐中按照(1:10 000)~(1:30 000)的比例加入碘化钾]。需要注意的是,碘摄入量过高也可抑制甲状腺素的合成与分泌,引起地方性甲状腺肿。

氟。机体摄氟量不足易发生龋齿,但较多见的是机体长期摄入过多的氟,引起地方性氟中毒,表现为斑釉齿及氟骨症两类症状。斑釉齿也称氟齿病,其特点是牙釉质出现白垩、黄褐色斑点和牙齿缺损；氟骨症表现为颌骨和长骨产生外生骨疣，关节粗大僵硬、跛行。氟是地球表面分布较广的一种元素，世界上及我国富含氟的生物地球化学地区也很广泛。地方性氟中毒的预防，可选用含氟量低的水源或采取水的除氟处理；也可从低氟区运入必需的干草与粗饲料，或与低氟区每3个月进行轮牧。

铜。畜禽缺铜可引起贫血、生长受阻、异食癖、繁殖障碍、新生仔畜运动失调、被毛粗硬无光、食欲不振、腹泻、严重消瘦等。我国土壤中含铜适中，仅少数土壤如沼泽土和泥炭土容易发生缺铜。在缺铜地区可于土壤中施用硫酸铜，也可直接补给畜禽硫酸铜，方法是将硫酸铜溶液喷洒在干草上或拌入饲料中，也可投放于饮水中或采取直接灌饮、注射等方式给予。

锌。畜禽缺锌可引起生长缓慢，皮肤粗糙。饲料中一般不缺锌，日粮中锌不足时可补饲硫酸锌。

铁。铁与血液中氧的运输和细胞内生物氧化过程有密切关系。大部分饲料中的含铁量能满足畜禽需要，仅哺乳仔畜较易发生缺铁性贫血。缺铁可补给硫酸亚铁及氯化亚铁等铁盐；也可补给黄土作为铁源。

硒。缺硒可引起猪营养性肝坏死，雏鸡渗出性素质病，羔羊白肌病、生长停滞和繁殖机能扰乱等。硒过多可引起中毒。急性中毒表现为肌肉软弱与不同程度的瘫痪，肺部充血、出血，视觉障碍和瞎眼；慢性中毒表现为食欲降低、迟钝、虚弱、消瘦、贫血、脱毛、蹄壳变形并脱蹄、关节僵硬变形和跛行等。影响饲料植物含硒量的决定因素是土壤的pH值。碱性土壤中的硒为水溶性化合物，易被植物吸收而致使畜禽硒中毒。酸性土壤中的硒与铁等元素形成不易被植物吸收的化合物，这类地区的畜禽易发生缺硒症。防治缺硒症可用亚硒酸钠（Na_2SeO_3）按0.1 g/t加入饲料，或溶于水中供家禽饮用，也可与其他矿物质及盐制成混合矿物盐补饲。必要时可用亚硒酸钠溶液作皮下或肌内注射。在多硒地区，按每公斤体重加硫3～5 mg于饲料中，可以减低硒的毒性。

③微量元素应用的有关问题。目前微量元素不仅用来预防和治疗许多疾病，而且用来提高各种畜禽的生产力，国内外都在大力开展这方面的工作。在考虑微量元素对畜禽健康与生产力的影响和具体应用时，需注意以下几个问题。

人类的食物来源广而杂，而畜禽在有限的地域内觅食，饲料种类与来源比较局限，对土壤的依从性也较人类大得多。因此，当某地土壤中微量元素含量异常时，并不一定都引起人类特有的地方病，但却往往先在畜禽群中表现出来。不过，在畜牧业生产实践中，因微量元素异常而发病的情况并非普遍存在。但如果畜禽长期处于某些微量元素含量异常的地区，而又没有采取改善措施，就可能引起生物地球化学性疾病。

动物机体内微量元素含量的多少，与外界环境（土壤、饲料和水）中微量元素的含量有关，也与机体吸收、调节、蓄积和排出微量元素的能力有关。因此，在土壤中微量元素含量异常的地区，各种畜禽反映出不同的易感性和发病率，而并非所有畜禽都发病。

在动物体中，各种微量元素之间存在着各种拮抗或协同作用，因而不能孤立静止地考虑某种微量元素的过多或不足，而应同时注意各种微量元素在动物体中错综复杂的相互关系。无充足根据地任意补给微量元素，不仅无益，反而有害。

在研究畜禽微量元素需要量及确定补给标准时，必须与地质化学分区结合进行。首先须查明土壤中的含量，同时要注意到通过土壤施肥、改良也可以改变其中元素的含有情况。

（二）土壤的污染及其危害

土壤是一切废弃物的受纳者和处理场所。废弃物同土壤物质和土壤生物发生极其复杂的反应，经一定时间，最后成为无害状态，标志着土壤的自净过程基本完成。但在对废弃物卫生管理不善、处理和利用不当、任意堆积和排放的情况下，会使土壤中存在病原微生物和寄生虫卵，积累某些有毒有害物质，破坏土壤的基本机能，造成土壤污染。

1. 土壤污染的特点

①土壤污染影响的间接性。土壤污染后所产生的影响都是间接的。土壤污染后主要通过饲料（植物）或地下水（或地面水）对畜禽机体产生影响。常通过检查饲料及地下水（或地面水）被影响的情况来判断土壤污染的情况。从土壤开始污染到导致后果，有一个长期、间接、逐步累积的隐蔽过程，不容易发现，防止土壤污染的重要性也往往容易被人们所忽视。

②土壤污染转化过程的复杂性。污染物进入土壤后，其转归过程比较复杂。比大气及水的污染物的转化过程复杂得多。例如，有毒重金属进入土壤后，有的被吸附，有的变为难溶盐类而在土壤中长期保留，当土壤理化性质改变时，又会发生新的变化。

③土壤污染影响的长期性。土壤被一些污染物污染后其影响是长期的。土壤一旦被污染，很难消除，特别是有机氯农药、有毒重金属、某些病原微生物，能造成长期危害。

④土壤污染与水体污染、大气污染的相关性。土壤污染还与水体污染、大气污染密切相关，三者互相影响。防治土壤污染是环保工作中重要的一环。

2. 土壤的主要污染源及危害

（1）工业废气和汽车废气污染

排入大气的工业废气与烟尘中含有许多有毒物质，它们受重力作用或随降雨而落入土壤，造成土壤污染，称大气污染型土壤。有时还形成酸雨，酸化土壤，使有害金属元素（镉、锌、铅等）活性提高，加重危害。目前已产生危害，受到人们关注的污染物有100种左右，主要来自工业企业、家庭炉灶和各种车辆的废气排放。

如氟随大型的冶炼厂、化肥厂等的废气排放到大气中，污染半径可达几百米至上千米，污染区内的农作物、牧草可从大气和土壤中吸附或吸收并在体内积聚和富集，被畜禽采食后引起中毒。有色金属冶炼厂附近土壤中铅、锌、铜等重金属含量较高，生长在其上的植物体内含量也相应升高。公路两旁土壤中，铅含量通常较高，主要来自汽车尾气排放。牛采食交通频繁的公路边 30 m 以内的草，可能引起中毒。铅的污染还来源于农药、化工厂等。铅是一种蓄积性的毒物，其毒害作用主要是侵害机体的造血系统、神经系统和肾脏，对心血管系统、生殖功能也有影响，还具有致癌、致畸和致突变作用。铅还可沉积于骨骼中。牛发生铅的急性中毒时，出现呕吐、流涎、腹痛和便秘等症状。慢性中毒则出现贫血、运动障碍、肌肉痉挛和母畜流产等症状。反刍畜禽对铅敏感，犊牛每天每公斤体重摄入 0.2～0.4 g 醋酸铅或氧化铅可致死。

（2）农药与化肥污染

农药与化肥施用不当可造成污染。化学农药中都含有有毒物质，对土壤和植物污染较大的农药是有机氯农药，含有汞、砷、铅等重金属的农药，含氟化物的农药及某些特异性除草剂。有机氯化合物均为神经和实质脏器毒物，污染土壤后可在植物体内蓄积，通过畜禽采食饲料进入畜体，长期蓄积于中枢神经系统和脂肪组织中。中毒时，中枢神经应激显著增加。蓄积于实质脏器脂肪内的有机氯，能影响组织细胞氧化磷酸化过程，引起肝脏等器官营养失调，发生变性乃至坏死。大剂量有机氯作用于机体时，可造成中枢神经及某些实质脏器，特别是肝脏、肾脏严重损害。长期小剂量作用时，可导致畜禽体重下降，发育停滞，全身状况不良并产生实质脏器病变。有机氯的慢性中毒还可使畜禽生殖机能受到影响，受胎率下降，胚胎发育不良，死亡率增加；家禽蛋壳变薄、易碎、孵化率下降。试验发现，有机氯化合物还具有致癌、致畸和致突变作用。有机氯化合物除在体内蓄积外，还能在畜产品如乳、蛋内残留，并通过食物链危害人类健康。

滥用化肥对土壤的污染，主要造成土壤中硝酸盐等物质过多积累，并使饲料中含有大量硝酸盐，被畜禽采食后，在胃中还原为亚硝酸盐，引起畜禽中毒。在土壤中积累的污染物还可通过水土流失而污染水体。劣质化肥中常含较多有毒物质，如粗制磷肥中往往含有过量的氟化物。

（3）污水灌溉污染

用工业污水、生活及畜产污水灌溉农田，可提高肥力，因污水中含有较多的氮、磷、钾等养分。但污水中也含有许多有毒有害物质，如重金属、酚类、氰化物及其他有机和无机化合物及病原性微生物。尤其是重金属在土壤中移动小，难以转化，残留性强，通过灌溉可造成地区性土壤污染。进入土壤后主要集中在土壤表层，如被作物吸收，残留于作物体中进而危害人畜健康，在污水灌溉引起的土壤重金属污染中，镉污染最为突出。

镉为银白色略带蓝色光泽的金属，质地柔软而又抗腐耐磨。镉在自然界可存在于地壳、岩石、水体中，但镉是自然界相对较少的金属。镉主要通过工业"三废"进入环境。污染土壤的镉主要来自大气和水体污染。土壤对镉有很强的吸附力，特别是黏土和富含有机质的土壤，因而镉易在土壤中蓄积。镉对土壤的污染是镉对环境污染的主要方面，其危害在于植物对镉有特殊的吸收和富集作用，可因土壤污染而富集于作物中，成为通过食物链造成镉中毒的主要来源。镉随畜禽采食饲料进入畜体后，可分布于全身各个器官，主要贮存于肝、肾组织。镉在体内代谢很慢，可因短暂的接触而造成长期毒害。镉的慢性中毒主要造成肝、肾、肺、骨骼、睾丸等组织的损害，其中以肾的损害最为明显。往往造成肾脏再吸收功能不全，表现为低分子蛋白的出现及尿钙的增加，以致干扰免疫球蛋白的制造，降低机体的免疫力及导致骨质软化。此外，有人认为镉能干扰铜、钴、锌的代谢并直接抑制某些酶系统，特别是需要锌等微量元素激活的酶系统，镉还能破坏血红细胞并缩短其寿命，增加血浆量使血液稀释，阻止从肠道吸收铁剂。另外，镉还被证明具有致癌、致畸、致突变的作用。

（4）畜禽废弃物及生活废弃物污染

畜禽生产及人类生活产生的废弃物、垃圾、粪便和污水等含有大量有机物及有毒有害物质。其中对土壤的主要污染是病原性微生物及寄生虫卵的污染。病原微生物进入土壤后，虽然有一部分可能被多种不利因素灭活，但还有多种病原微生物和寄生虫卵能长期生活在土壤中，并保持和扩大传染性。如肠道致病菌可在土壤中生存 100～170 d，结核杆菌能生存一年左右，而需氧芽孢杆菌，如炭疽杆菌的芽孢生存时间可达 15 年之久，厌氧芽孢杆菌、产气荚膜杆菌也能长期生存，为其通过土壤传播疾病创造了条件。如人畜共患的钩端螺旋体病、炭疽、破伤风、气性坏疽、肉毒梭菌病的病原体就常存在于土壤中，引起人畜感染发病。土壤是许多蠕虫卵或蚴虫生长、发育过程所必需的环境，所以土壤污染在寄生虫病传播上具有重要意义。

为了减少土壤污染和疾病传播的可能性，畜禽场应对其废弃物进行必要的处理。如将粪液贮存 2～4 周后，病原微生物的含量会大为减少。有人用含沙门氏菌的粪液污染牧草的不同部位和土壤发现，其在牧草上部只能存活 10 d，下部能存活 18 d，而在土壤中可存活 84 d。因此，为了防止污染，如果将粪液施于牧草，则要经过 4 周之后才能放牧。

对一般性的病原微生物和寄生虫卵，粪便经腐熟堆肥或沤肥处理后，便可使其失去活性。但是对含有口蹄疫、猪水泡病等病毒的粪便则应进行更严格的处理。比如可经较长时间的腐熟堆肥后，再施到畜禽接触不到的土地中去，或者进行深埋处理。

（5）放射性物质的污染

放射性物质污染的来源有核爆炸以及生产、利用放射性物质时的产物和排出物，有些可在土壤中长期残留和污染。被放射性物质污染的土壤中所产生的饲料和牧草可蓄积和含有放射性物质，畜禽采食了这些饲料后会受到放射性危害，如引起突变，导致癌症，破坏腺体（如生殖等腺），加速死亡。并且还能在畜产品中残留，通过食物链危害人类。

（三）土壤污染的防治

1. 控制和消除土壤污染源

（1）控制和消除工业"三废"的排放

大力推广闭路循环，无毒工艺。"三废"回收，化害为利。不能综合利用的"三废"，要进行净化处理，使之符合排放标准。

（2）加强污灌区的监测和管理

加强监测，控制污灌数量，避免盲目污灌。

（3）开展农药污染的综合防治

①农业上的综合防治是以农业防治为基础，化学防治为主导，因地因时制宜，科学合理地运用化学防治、生物防治、物理机械防治，充分利用植物检疫的有效措施，以达到安全、经济、有效地控制管理病、虫、杂草危害的目的。

②施药的安全期，指最后一次施药到作物收获之间的最低限度的间隔天数，称安全施药间隔期。收获时作物上的药效消失，残留量降到允许量以下，不致危害人、畜健康。

③积极发展高效、低毒、低残留的农药新品种，以取代高毒、高残留品种，是农药工业发展的基本方向。目前仍在使用的高残留和高毒农药，应严格控制使用范围、使用量和次数，改进施药技术。

（4）合理施用化学肥料

根据土壤条件，作物的营养特点、肥料本身的性质及在土壤中的转化，确定化肥的最佳标准、施用期限与方法等。

（5）畜禽场废弃物无害化处理

畜禽场的废弃物既是农业生产的有机肥料，又是畜禽场土壤的主要污染源之一，其无害化处理越来越为重要。

2. 治理土壤污染的措施

①生物防治。土壤污染物可通过生物降解或植物吸收而被净化。如利用蚯蚓改良土壤和降解垃圾废弃物，日本研究了土壤中红酵母和蛇皮藓菌对聚氯联苯的降解作用，以及利用某些非食用植物吸收重金属能力强的特点来消除土壤中的重金属等。

②施加抑制剂。对轻度污染的土壤，此法可改变污染物在土壤中的迁移转化方向。促使毒物移动，使其被淋洗或转化为难溶物质，减少被作物吸收的机会。一般施用的抑制剂有石灰（提高土壤 pH 值，使镉、钼、锌、汞等形成氢氧化物而沉淀）、碱性磷酸盐（与镉、汞作用生成磷酸镉、磷酸汞沉淀，溶解度很小）。

③增施有机肥。增施有机肥能提高土壤肥力，创造和改善土壤微生物的活动条件，增加生物降解速度。有机质还能促进镉形成硫化镉沉淀。

④加强水田管理。加强水田管理可以减少重金属的危害。如淹水可明显抑制水稻对镉的吸收，放干水则相反。除镉外，铜、铅、锌均能与土壤中的硫化氢反应，产生硫化物沉淀。

⑤改变耕作制度。作物轮作，创造病原菌的敌对环境。水旱轮作是减轻和消除农药污染的有效措施。

⑥客土、深翻。被重金属或难分解的化学农药严重污染的土壤，在面积不大的情况下，可采用客土换土法，是目前彻底清除土壤污染的最有效的手段。但对换出的土必须妥善处理。此外，也可将污染土壤翻到下层，埋藏浓度根据不同作物根系发育情况，以不致污染而定。这些方法的优点是改良较彻底。

思政导学

土壤是陆生动植物赖以生存的主要物质基础。"绿水青山就是金山银山"是习近平总书记在浙江考察时提出的科学论断。坚持人与自然和谐共生，必须树立和践行"绿水青山就是金山银山"的理念，坚持节约资源和保护环境。由此推进乡村生态文明建设迈上新台阶，把"绿水青山"建得更美，把"金山银山"做得更大，让绿色成为中国发展最动人的色彩。培养学生拥护中国共产党的领导，热爱我们的国家。

二、人员准备

人员分组，每组6人，明确职责分工。

任务角色	任务内容
组长：	任务：
组员1：	任务：
组员2：	任务：
组员3：	任务：
组员4：	任务：
组员5：	任务：

（一）内容筹划

土壤的质地、组成，土壤污染的特点，土壤污染的危害，土壤污染的防控措施。

（二）流程筹划

①根据土壤的质地、组成知识，了解家乡土壤的特点。
②通过土壤污染的特点，熟悉土壤保护的意义。
③根据土壤污染的危害，掌握危害土壤的危险因子。
④结合实际情况，能够提出解决土壤污染的具体措施。

步骤一：

步骤二：

步骤三：

步骤四：

请扫码答题

任务评价

工作任务完成过程评价

班级：_____ 姓名：_____ 学号：_____

项目	评分标准	自我评价	小组评价	教师评价
土壤污染的控制（35分）	土壤的质地、组成（10分）			
	土壤污染的特点及危害（10分）			
	土壤污染的防控措施（15分）			
任务完成过程（40分）	能够根据工作任务分析并制订工作思路（10分）			
	查找资料、认真思考、积极动手动脑（10分）			
	团队协作良好，交流合作默契，互帮互助（10分）			
	小组分工明确，通过小组讨论与再学习较好地完成方案（10分）			
方案报告（15分）	能很好地展示实践成果（5分）			
	整体的效果（很好10分，较好7～9分，一般为3～6分，较差为0～2分）			
思政素养表现（10分）	通过对土壤污染防治的学习，树立爱护环境、人与自然和谐共处的意识（5分）			
	强调选址布局、绿化环保的重要性，践行习近平生态文明思想（5分）			
合计				
自我评价与总结				
教师点评				

任务三　饲料污染防治

任务导入

某村养鸡专业户饲养蛋鸡 4 000 余只，19～25 日龄时开始发病。最初每天发病 2～3 只，发病鸡只持续增加，十几天后，每日发病达 30～50 只，日死亡 10～15 只。全程累计发病约 1 320 只，死亡 273 只，发病率 33%，病死率 20.7%。其间养鸡户曾认为鸡患了支原体病，在饲料中添加土霉素碱治疗，但未见效果。调查发现，该养鸡户的饲料仓库简陋且密不通风，下雨天经常漏雨而潮湿，部分饲料霉变严重。临诊症状表现为：雏鸡病初精神沉郁，食欲减少或拒食，饮欲增加，羽毛蓬松，两翅下垂，嗜睡，精神萎靡不振。随后病雏表现呼吸困难，打喷嚏；个别有摇头、运动失调等神经症状。病鸡很快消瘦，病程较短，一般出现症状后 2～8 d 死亡。请你从饲料卫生方面思考如何预防此病的发生。

请为该养鸡合作社提供一份饲料污染及对鸡产生危害的论证报告。

任务工单

班级：_____　　姓名：_____　　学号：_____

任务名称	饲料污染防治
任务描述	根据实际情况，填写本任务的内容、目的、流程和方法。 任务内容：以上述养鸡场饲料污染问题为例，结合专业知识，简单拟一份论证报告。 任务目的：通过本次任务学习，掌握饲料中常见有毒有害物质及其危害，熟悉预防饲料污染的措施，能够进行有毒有害物质的定性定量分析。 任务流程：查阅资料信息，分组调查研究，小组讨论分析，拟订论证报告。 任务方法：查阅资料、给出建议。
获取信息	要完成任务，需要掌握相关的知识。请收集资料，回答以下问题。 1. 掌握含有毒有害成分的饲料及脱毒方法。 2. 霉菌毒素、农药对饲料污染的方式及危害。 3. 饲料卫生质量的鉴定办法。

(续表)

获取信息	4. 撰写论证报告。
制订计划	
任务实施	按照预先制订的工作计划，完成本任务，并记录任务实施过程。 | 序号 | 完成的任务 | 遇到的问题 | 解决办法 | |---|---|---|---| | | | | | | | | | | | | | | | | | | | |

任务准备

一、知识准备

饲料是动物的口粮，又是人类的间接食品，人们所吃的肉、蛋、奶无不与其有着密切关系。因此，只有保证饲料的卫生安全，才能保障肉、蛋、奶的卫生质量。但在一些饲料中可能存在有毒有害的物质，这些物质有的是天然存在于饲料中；有些是由于饲料中某些成分在一定的外界条件下转化分解而成的；还有些是来自外界环境的污染；或因饲料加工时加入到饲料中的某些成分（如某些添加剂）使用不当，而产生毒害作用。饲料中的有毒有害成分，常对畜禽健康与生产力带来不良的影响，甚至引起畜禽中毒和死亡。

（一）含有毒有害成分的饲料

1. 含硝酸盐及亚硝酸盐的饲料

（1）含有硝酸盐的饲料

青饲料，包括蔬菜类饲料、天然牧草、栽培牧草、树叶类和水生饲料等均不同程度地含有硝酸盐。其中以蔬菜类饲料，如白菜、小白菜、萝卜叶、牛皮菜、苋菜、莴苣叶、甘蓝、甜菜茎叶和南瓜叶等含量较多。不同的植物种类及同株植物的不同部位，硝酸盐含量也不同。造成植物体中硝酸盐含量增高的主要原因有以下几点。

①氮肥施用过多，干旱后降雨等，促进了硝酸盐吸收。

②日照不足，钼、铁、铜、锰等无机元素的不足，天气骤变，某些除草剂的施用以及病虫害等抑制植物代谢的条件，阻碍蛋白同化作用，都与硝酸盐蓄积有关。

亚硝酸盐不是植物生长中常含的成分，它对植物本身有毒害作用。在一般情况下，大多数新鲜的蔬菜中亚硝酸盐的含量很少，但在干旱的影响下，或菜叶黄化后，其含量会增加；少数植物由于亚硝酸盐还原酶的活性很低，也可能使亚硝酸盐的含量较多。

（2）硝酸盐和亚硝酸盐对畜禽的危害

①亚硝酸盐中毒—高铁血红蛋白血症。硝酸盐在一定条件下转变为亚硝酸盐后，由亚硝酸盐引起高铁血红蛋白血症。

饲料中的硝酸盐转化为亚硝酸盐的途径包括体外形成和体内形成。

体外形成：常见于青饲料长期堆放而发热、腐烂，或蒸煮不透和煮后焖在锅内放置很久时，出现硝酸盐大量还原为亚硝酸盐。通常将蔬菜类饲料在此过程中所出现的亚硝酸盐含量的高峰称为"亚硝峰"。用这种饲料喂畜禽最易引起中毒，出现亚硝峰不久将逐渐下降。亚硝峰出现时间，因青饲料品种、温度、调制方法不同而异。

体内形成：一般情况下，反刍动物能将硝酸盐还原为亚硝酸盐，再进一步还原为氨而被吸收利用。但当反刍畜禽大量采食了含硝酸盐高的青饲料或瘤胃的还原能力下降时，即使是新鲜青饲料也较容易发生亚硝酸盐中毒。单胃动物中以猪最易发生中毒。当猪的肠道消化机能障碍、胃酸减少时，可促使硝酸盐还原菌（如大肠杆菌、沙门氏菌）在肠道上部大量繁殖，将进入体内的硝酸盐迅速大量地还原为亚硝酸盐，在亚硝盐尚未还原为氨之前被吸收而引起中毒。

②形成致癌物——亚硝胺。亚硝胺具有很强的致癌作用，尤其是二甲基亚硝胺（DMNA）致癌作用最强。当饲料中同时存在胺类或酰胺与硝酸盐、亚硝酸盐时，就有可能形成亚硝胺。亚硝胺能在自然界形成，也可以在体内合成。

③其他危害。硝酸盐可降低动物对碘的摄取，从而影响甲状腺机能，引起甲状腺肿，饲料中硝酸盐或亚硝酸盐含量高，会破坏胡萝卜素，干扰维生素的利用，引起母畜受胎率降低和流产。

（3）预防措施

①合理施用氮肥，以减少植物中硝酸盐的蓄积。

②注意饲料调制、喂饲方法及保存工作。菜叶类青饲料宜新鲜生喂；如要熟食需用急火快煮，现煮现喂。青饲料要有计划采摘供应，不要大量长期堆放；如需短时间贮放，应薄层摊开，通风良好，经常翻动，也可青贮发酵。青饲料如果腐烂变质严禁饲喂。

③在饲喂硝酸盐含量高的饲料时，可适当搭配含碳水化合物高的饲料，以促进瘤胃的还原能力；在饲料中添加维生素A，可以减弱硝酸盐与亚硝酸盐的毒性。

2. 含氰苷的饲料

（1）含有氰苷的饲料种类

常见含氰苷的饲料有：生长期的高粱（幼苗及再生苗中含量高）、苏丹草（幼嫩时期及再生草中含量较多）、木薯（全株都含有，以块根皮层中最高，其次是块根）、亚麻籽饼、箭筈豌豆中均含有氰苷。氰苷要在酸的影响下，经过与苷共存的酶（此种酶与苷存在于植物体内同一器官的不同细胞中）的作用水解后，才产生有毒的氢氰酸（HCN）。在这些饲料植物生活期中一般不含有游离的氢氰酸，只是在凋萎、浸泡或发酵（细胞破坏）时才产生。

氰苷的含量因植物的种类、品种、同株植物的不同部位、生长期的不同而异，还与天气、气候、土壤条件等有关。

（2）氰苷对畜禽的毒害——氢氰酸中毒

氰苷进入机体后，水解产生有毒的氢氰酸（HCN）引起畜禽中毒。表现为中枢神经系统机能障碍，出现先兴奋后抑制，呼吸中枢及血管运动中枢麻痹。一般单胃动物出现中毒症状比反刍动物慢。中毒病程很短，严重时来不及治疗。

（3）预防氢氰酸中毒的措施

①利用含有氢氰酸的高粱幼苗及再生苗做饲料时，必须刈割后稍晾干，使形成的氢氰酸挥发后再饲用。

②减毒处理。木薯应去皮，用水浸泡，煮时应将锅盖打开，然后去汤汁，熟薯再用水浸泡。亚麻籽饼应打碎，用水浸泡后，再加入食醋，敞开锅盖煮熟等。

用箭筈豌豆籽实做饲料，可炒熟或用水浸泡，换水1次。选用氰苷含量低的品种。

③含有氢氰酸的饲料，经减毒处理后，仍应控制饲喂量，合理搭配其他饲料。

3. 菜籽饼中的有毒物质

菜籽是油菜、甘蓝、芥菜、萝卜菜等十字花科芸薹属作物的种子。菜籽榨油后的副产品为菜籽饼（粕），菜籽饼（粕）中含粗蛋白为28%～32%，尤其以蛋氨酸含量较多。因此，常用作蛋白质饲料。

（1）菜籽饼（粕）中的有毒物质及其毒性

菜籽饼（粕）中含有硫葡萄糖苷（芥子苷）。在榨油过程中，菜籽磨碎，细胞破坏时使芥子苷与同时存在的芥子酶接触，在温、湿度和pH值适宜的条件下，由于芥子酶的催化作用，使芥子苷水解生成有毒的异硫氰酸酯类（芥子油）和噁唑烷硫酮等产物。硫葡萄糖苷是水溶性的无毒物质。

①芥子油。芥子油具有异常的刺激气味、挥发性和脂溶性，对皮肤和黏膜有强烈的刺激作用，可引起胃肠炎、肾炎及支气管炎等。

②噁唑烷硫酮。噁唑烷硫酮是致甲状腺肿物质，阻碍甲状腺素的合成，引起垂体前叶促甲状腺素的分泌增加，因而导致甲状腺肿大。芥子油长期作用也可引起甲状腺肿大，但比噁唑烷硫酮作用弱。菜籽饼（粕）中还含有少量的芥子碱、单宁等，它们有苦涩味，能影响动物的适口性。

菜籽饼（粕）含毒量因菜籽的种类、品种、油脂加工方法及土壤含硫量的不同而差异很大。

（2）菜籽饼粕的去毒方法

①加热处理法。利用蒸煮加热方法，让芥子酶失去活性，使芥子苷不能水解，并使已形成的芥子油挥发（但噁唑烷硫酮仍然保留）。但在畜禽机体内或其他饲料中的芥子酶或微生物作用下，仍然可分解产生有毒成分。因此，这种方法去毒是不可靠的。而且加热会使蛋白质的生物学价值降低，故加热不宜过久。

②水浸泡法。芥子苷是水溶性的。用冷水或温水（40℃左右）浸泡2～4 d，每天换水1次，可除去部分芥子苷，但养分流失过多。

③氨或碱处理法。每100份菜籽饼（粕）用浓氨水（含氨28%）4.7～5.0份或纯碱粉3.5份，用水稀释后，均匀喷洒到饼（粕）中，覆盖堆放3～5 h，然后置蒸笼中蒸40～50 min，即可喂用，也可在阳光下晒干或炒干后贮备使用。

④坑埋法。据报道，选择向阳、干燥、地温较高的地方，挖一个宽0.8 m，深0.7～1.0 m，长度按埋菜籽饼（粕）数量来决定的长方形坑，将菜籽饼（粕）粉碎后按1∶1加水浸软后装入坑内，顶部和底部都铺一层草，在顶部覆土20 cm以上，2个月后即可取出饲用。此法对芥子油去毒较好，唑烷硫酮也有所减少。

培育低毒油菜新品种是解决去毒问题的根本办法。但由于生产上对新品种的要求是多方面的，至今可供生产上应用的新品种很少。

（3）菜籽饼（粕）的饲喂技术

菜籽饼（粕）中的芥子油含量高于0.3%，唑烷硫酮高于0.6%时，应去毒后再做猪、鸡饲料。经去毒处理的菜籽饼（粕），其用量以不超过日粮的20%为宜；若去毒效果不佳，则应不超过10%。如果菜籽饼（粕）中芥子油含量低于0.15%，噁唑烷硫酮低于0.4%，可以不去毒，直接饲喂猪、鸡，喂量可参考表5-4。菜籽饼（粕）中有毒物质对单胃动物的影响比反刍动物大，菜籽饼（粕）的用量应逐渐增加，最好与其他饼类或动物性蛋白饲料配合饲喂。

表5-4　未去毒菜籽饼在精料中的用量

畜禽类别	育肥猪	繁殖猪	产蛋鸡	生长鸡
用量 /%	20～25	10～15	10	15～20

4. 棉籽饼中的有毒物质

（1）棉籽饼中的有毒物质及其毒性

①棉酚。棉籽饼中有游离棉酚（有毒）和结合棉酚（无毒）两种。其毒性的强弱主要决定于游离棉酚含量的多少。棉籽饼中游离棉酚的含量因品种、栽培环境和制油工艺的不同而异。机器榨油因压力较大，温度较高，游离棉酚含量减少。机榨加浸提，含量更少。农村土榨压力小，温度低，榨出的棉籽饼中游离棉酚含量很高。

游离棉酚对神经、血管及实质脏器细胞主要是产生慢性毒害作用。进入消化道后可引起胃肠炎，对繁殖有显著影响。非反刍动物比反刍动物较容易中毒。提高日粮中蛋白质水平可以降低棉酚的毒性。

②环丙烯类脂肪酸。它是棉籽饼中另一种有毒物质，主要是引起母禽的卵巢和输卵管萎缩，产蛋率降低，影响蛋的质量，当蛋贮存时，会使蛋黄黏稠度和蛋黄蛋白颜色改变等。

（2）棉籽饼的去毒方法

①添加铁剂。铁剂与棉酚结合成不能被动物吸收的复合物而随粪便排出，从而减少了机体对棉酚的吸收量。硫酸亚铁（$FeSO_4 \cdot 7H_2O$）是常用的棉酚去毒剂，在

棉籽饼中按游离棉酚含量（重量）的 5 倍加入硫酸亚铁去毒喂猪。做法是将粉碎过筛的硫酸亚铁粉末按量均匀拌入棉籽饼中，然后按 1 kg 饼加水 2～3 kg，浸泡约 4 h 后直接饲喂。也可采用硫酸亚铁—生石灰去毒法，具体作法：处理 100 kg 棉籽饼称取硫酸亚铁粉 1 kg（土榨）或 0.5 kg（机榨），生石灰粉 1 kg，加水 200～300 kg，充分搅拌使溶解完全，稍静置，取上清液拌入 100 kg 棉籽饼中，经一定时间（至少 1 h 时）后直接饲喂。

②加热处理。主要是利用较高温度加速棉籽饼中具有游离氨基的蛋白质与游离棉酚结合成无毒的结合棉酚，可去毒 75%～80%。

煮沸法：将棉籽饼加水煮沸 1～2 h，如能加入 10%～15%的大麦粉或小麦麸同煮，效果更好。

蒸汽法：将棉籽饼加水湿润，用蒸汽蒸 1 h 左右。

干热法：将棉籽饼置于锅中，经 80～85 ℃炒 2 h 或 100 ℃炒 30 min。

(3) 棉籽饼饲喂技术

① 控制喂量，间歇饲喂。对于肉用畜禽，由于机榨棉籽饼中含毒较少，无论是否经过去毒，均可按日粮的 20% 喂给。土榨饼必须经过去毒，而且喂量不可超过日粮的 20%。连续饲喂 2～3 个月，停喂 2～3 周后再喂。

② 对于种用畜禽，饲喂棉籽饼应慎重，喂量比例要小，去毒效果要好。最好不用棉籽饼饲喂种公猪。

③ 饲喂时应合理搭配其他蛋白质饲料，如补加少量鱼粉、血粉或赖氨酸，搭配适量的青绿饲料进行饲喂。

5. 含有感光过敏物质的饲料

有些饲料，如荞麦、苜蓿、三叶草、灰菜（藜）、蒺藜、野苋菜、春蓼等，均含有感光物质。畜禽采食这些饲料后，感光物质经血液到达皮肤使皮肤细胞的感光性提高，受日光照射后能产生剧烈的过敏反应，引起血管壁破坏，并在皮肤上出现以红斑性疹块为主要特征的症状，也可引起中枢神经系统和消化机能的障碍，严重时甚至死亡。光敏物质中毒多见于绵羊和猪（白毛色）。在白色皮肤、无毛或少毛部位症状最明显。

预防措施：含光敏物质的饲料应与其他饲料搭配，并在喂后防止晒太阳或在阴天、冬季舍饲期饲喂。荞麦应用热水浸泡或煮熟后喂畜禽，不喂白毛色畜禽。

6. 含有毒成分的其他饲料

①马铃薯。马铃薯的块茎、茎叶及花中含有毒素称为龙葵素，亦称马铃薯素或茄碱，在成熟的薯块中含量不高，但当发芽或被阳光晒绿的马铃薯中的龙葵素含量明显增加，可达 0.5%～0.7%（当含量达 0.2% 即可中毒）。龙葵素中毒症状轻的，以胃肠炎为主；重的以神经症状为主，最后可导致死亡。因此，应保管好薯块，避免阳光直射而发芽。发芽或变绿的部分要削除，然后用水浸泡，弃去残水，再煮熟，如能加些醋效果会更好。马铃薯茎叶应晒干或开水浸泡后方可做饲料；也可与其他青饲料混合青贮后再饲喂，但喂量不可过大。不能喂妊娠母畜，以防流产。

②蓖麻籽饼及蓖麻叶。蓖麻茎叶和种子中含有蓖麻毒素、蓖麻碱两种有毒成

分。蓖麻毒素毒性最强，多存在蓖麻籽实中。马、骡极为敏感，反刍动物抵抗力较强。蓖麻毒素对消化道、肝、肾、呼吸中枢及血管运动中枢均可造成危害，严重者可致死。

蓖麻籽饼做饲料时，经煮沸 2 h 或加压蒸汽处理 30～60 min 去毒后再利用。捣碎加适量水，封缸发酵 4～5 d 后饲喂。蓖麻叶不可鲜喂，经加热封缸处理后再利用，饲用时由少到多逐渐加量，最多限制在日粮的 10%～20%。

（二）霉菌毒素对饲料的污染

自然界中霉菌种类繁多，分布极广，以寄生或腐生的方式生存。在含淀粉饲料和粮食上极易生长，特别是在高温、高湿、阴暗、不通风的环境条件下更适于其大量繁殖。大多数霉菌对畜禽健康是无害的，但霉菌的大量繁殖常引起饲料霉烂变质，而且少数霉菌污染饲料后，在适宜的条件下可产生毒素，危害畜禽健康。到目前为止发现有毒的霉菌毒素有 100 多种。

1. 霉菌毒素中毒的主要特点

①中毒的发生和某些饲料有联系，如饲喂某批饲料后，动物在一段时间内相继发病，而同时同地饲喂以不同饲料者不发病。

②检查可疑饲料时，可发现有某些霉菌和霉菌毒素的污染，通过动物试验可以复制一定的中毒病。

③发病有一定的地区性和季节性。

④没有发现传染性和免疫性。

⑤摄入霉菌毒素的量不致引起急性或亚急性中毒时，无明显的早期症状；但长期摄入可导致动物慢性中毒，易被忽视。

2. 常见的霉菌毒素中毒

（1）黄曲霉毒素

①产生和种类。黄曲霉毒素是由黄曲霉和寄生曲霉中的产毒菌株所产生的肝毒性代谢物。在自然界中黄曲霉较寄生曲霉普遍存在，最适于在花生、玉米上生长繁殖，也常在小麦、大麦、薯干、稻米等上面生长繁殖。繁殖温度为 30～38 ℃（最适温度在 37 ℃ 左右），相对湿度 80%～85% 以上。而产生黄曲霉毒素最多的温度在 23～32 ℃，相对湿度在 85% 以上。除黄曲霉外，寄生曲霉也能产生黄曲霉毒素，分泌到被污染的饲料中。黄曲霉毒素分为 B 类和 G 类两种，其中以 B_1 的毒性最强，因此，饲料、食品检测时均以 B_1 为指标。此外，毒素进入动物体后，可生成 6 种结构相似的代谢物，均具有毒性或致癌性。

②危害。黄曲霉具有很强的分解蛋白和糖化淀粉的能力，是导致粮油食品和饲料霉变的主要菌种。它产生的黄曲霉毒素能引起肝脏损害，也能严重破坏血管通透性和毒害神经中枢，引起急性中毒。如果长期少量摄入可引起慢性中毒，并能诱发肝癌，还可引起胆管细胞癌、胃腺癌、肠癌等。

由于动物种类、性别、年龄、营养状况不同，对黄曲霉素敏感性差异大。

畜禽饲料中黄曲霉毒素的允许量，请参见 GB 13078—2017《饲料卫生标准》。

③防治措施。防霉主要是指饲料和粮食的防霉，其具体方法有：控制水分，保

持饲料及粮食作物收获、运输、贮存的过程中都要注意通风干燥，控制水分，防止发霉；化学防霉，如仓库用熏蒸剂熏蒸；控制温度，低温防霉；控制粮油气体成分，进行缺氧防霉；

去霉常指发霉较轻的玉米等饲料需去霉处理后方可饲喂畜禽。若发霉严重的则不可饲喂畜禽。去霉处理的方法主要有：拣除霉粒，霉变轻微者，可将霉粒拣除后再利用；加热，黄曲霉毒素能抗热，一般蒸煮不能完全破坏毒素，因此，要在长时间高温作用下才有较好的效果；水洗，将霉玉米等饲料先用清水淘洗，然后磨碎，加入 3～4 倍清水搅拌，静置，浸泡 12 h，除去浸泡液，再倒入同量清水，反复进行，每天换水 2 次，直至浸泡水变为无色为止；石灰水加热去毒法，将玉米用石灰水煮沸 1 h，再滤去石灰水，然后将玉米磨碎、烤熟。

（2）赤霉菌毒素

禾谷类赤霉病的病原菌是赤霉菌或禾谷镰刀菌，主要侵染小麦、大麦和玉米，也可侵染稻谷、甘薯、蚕豆、甜菜等，它严重影响作物的产量，其代谢产物有毒。此菌在谷物上繁殖的适宜气温为 16～24 ℃，相对湿度为 85%。

①毒素种类及毒性。赤霉菌的产毒菌株可产生以下两类毒素。

赤霉烯酮。具有雌性激素作用，可引起猪急性中毒，表现为阴户肿胀，乳腺增大（公猪乳房也肿胀似泌乳母猪），乳头潮红，妊娠母猪流产，严重的还可出现直肠和阴道脱垂，子宫增大增重，甚至扭曲和卵巢萎缩。亚急性中毒时表现为猪不育或产仔数减少；仔猪体弱或产后死亡，生存的雄性小猪具有睾丸萎缩、乳房增大等雌性化影响。

赤霉病麦毒素。赤霉病麦（或玉米）能使猪食后致吐；马还呈现醉酒状神经症状，又称醉谷病。

以上两类毒素往往同时存在，动物中毒后有时仅对含量较多的一类出现中毒症状，掩盖了另一类毒素的毒性，当除去或减少前一类毒素时，则表现后一类毒素的毒性。

②防治措施。赤霉菌毒素的防治措施包含以下两方面。

防霉：赤霉菌以田间侵染为主，故应着重田间防霉，如选育抗病品种，开沟排渍，降低湿度，花期喷杀菌剂等；收割时应快收、及时脱粒、晒干，保存于通风干燥的场所；病麦与好麦分开，单收、单打、单保存。

除去或减少毒素：对已收获的赤霉病麦，进行去毒和减毒处理后可作为饲料。较为常用的去毒法是水浸法和石灰水浸毒法，约加水 3 倍，浸泡 24 h，再换水浸泡，直至浸泡无霉败的茶色为止，用 5% 石灰水浸泡，有同样的效果。

（三）农药对饲料的污染

1. 农药残毒的产生

农业上施用农药时，一部分直接喷洒于植物体表被吸附或吸收，另一部落入土壤中被植物根部吸收，残留在植物表面和内部的农药，在阳光、雨露、气温等外界环境条件的影响和植物体内酶的作用下，大部分被挥发、分解、流失、吹落而离开了植物体，但到收获时，植物体内仍有微量的农药及其有毒的代谢产物残留。

由于作物种类、土质、农药性质、施药方法和时间不同，植物中农药的残留量也不同。

2. 农药在饲料中的残留及危害

①有机氯杀虫剂。有机氯农药化学性质稳定，在自然条件下不易分解，残效期长，长期大量地使用对环境造成污染，在土壤、农产品、动物和人体内大量蓄积，对健康造成潜在性威胁。国务院已决定从1983年开始停止生产和使用有机氯杀虫剂。但是有机氯农药在农业上使用已30多年，对环境造成的污染在短时期内难以完全消除，仍不可忽视。有机氯杀虫剂主要损害中枢神经系统的运动中枢、小脑、肝和肾。

②有机磷杀虫剂。有机磷农药是人工合成的磷酸酯类化合物，具有强大的杀虫效力，对人、畜的毒性也很大。但在使用后容易迅速分解，残效期短，在生物体内较易分解和解毒。常用的有"1605"（对硫磷）、"1059"（内吸磷）、"3911"（甲拌磷）、乐果、敌敌畏及敌百虫等，一般经消化道、呼吸道和皮肤黏膜吸收引起中毒。如误食撒布有机磷农药的牧草和作物或饮用了被污染的水，易引起急性中毒。

有机磷杀虫剂进入机体后的毒害作用，主要是抑制胆碱酯酶的活力，引起与胆碱能神经机能亢进相似的一系列症状。

有机磷杀虫剂品种不同，其残效期差异较大。在饲料中的残留量也可因饲料的种类、使用量、残效期及与收获的间隔时间不同而有不同程度的差别。

③氨基甲酸酯类杀虫剂。它是一种杀虫范围广，防治效果好的一类农药。西维因、速灭威、呋喃丹等都属于这类药剂。它对温血动物毒性较低，其毒理作用和中毒症状与有机磷杀虫剂相同，但中毒时间较短，恢复较快。有些品种毒性强，对高等动物很危险。目前发现有些品种已产生抗药性，对高等动物也产生了致畸、致癌等病变。

④熏蒸剂。利用有毒的气体、液体或固体挥发所产生的蒸气毒杀害虫或病菌称为熏蒸。用于熏蒸的药剂称为熏蒸剂。常用的熏蒸剂有氯化苦、溴甲烷、磷化铝等，主要用于粮食熏蒸。熏蒸剂毒性大，但容易挥发散失。

3. 防止饲料中残留农药危害畜禽的措施

①禁用和限制使用部分剧毒和稳定性强的农药。尽量选择高效低毒的农药逐步代替毒性较高、残效期较长的农药。

②制定农药残留极限（农药允许残留量）。农药允许残留量是指农副产品中允许不同农药的最高限度的残留量，小于这个残留限度，即使长期食用，仍可保证食用者健康。绝大多数的农药，均允许有限度的残留。

③制定农药的安全间隔期。农药安全间隔期是指最后一次施药到作物收获时残留量达到允许范围的最低间隔天数。安全期的长短与农药性质、作物种类、地区条件、季节气候有关。

大多数有机磷农药安全间隔期为2周。其中高效低毒、残效期短的药剂如马拉硫磷、敌百虫、敌敌畏等为7~10 d；高效低毒、残效期长的药剂如乐果为

10～14 d；高效高毒、残效期短的药剂如对硫磷为 15～30 d；高效高毒、残效期长的药剂如内吸磷、二硫磷为 45～90 d

④控制施药量、浓度、次数及采取合理的施药方法。农作物上农药的残留量与农药的性质、剂型、施用量、浓度、施药次数和施药方法有关。残留量随施用量、浓度和施用次数的增加相应地增加。乳剂的黏着性和渗透性较大，故残留量较多，残效期亦较长；可湿性粉剂的水悬液次之；粉剂最次。喷雾在农作物上的残留量比喷粉的多。接近作物的收获期时应停止施药。

（四）饲料卫生质量鉴定

1. 饲料卫生质量鉴定的应用

饲料卫生质量鉴定是解决饲料能否饲用，以及查明不能饲用的原因和在何种条件下才能饲用等问题。在实际工作中需要鉴定的情况大致有如下几种。

①按计划经常性定期或不定期地检测饲料，以便随时发现问题，采取措施，消除危害。

②饲料新产品和新的饲料资源在正式作为饲料之前要进行鉴定，确定其是否含有毒有害物质，能否推广。

③对饲料卫生质量发生怀疑时要进行鉴定。

④在调查研究工作中为了检查饲料卫生工作或某项具体卫生措施的效果，或探索某些疾病的原因时进行。

⑤在制定饲料卫生质量标准时必须进行。

2. 饲料卫生质量鉴定的方法步骤

以下叙述的是指对可疑饲料进行全面、系统的鉴定时所采取的方法。但在饲料卫生实际鉴定工作中，大多数情况下需要鉴定解决的问题只是其中的一部分。因此，可根据实际需要和可能，选作其中的一部分。

（1）可疑饲料基本情况调查与感官检查

鉴定人员应尽早深入现场，调查了解该饲料的来源，原料配方与主要成分，全部生产和供销经过，特别要注意可能被污染的原因和具体条件；还要搞清饲料目前的状态，存放条件，包装情况等。目的是确定这种饲料在现场被污染的可能性，同时采取必要措施，使其不再发生任何质量变化。除需要紧急处理外，一般采用暂时封存，专人照管的办法。在现场调查的同时，应对饲料进行感官检查，即通过感觉器官，检查饲料的色、香、味、硬度、外观等感官状态。

（2）饲料中有害因素的定性与定量检验

①预试验。将饲料样品简单处理（用水、乙醇等适当溶液做浸液）或不加处理，加入检验各种毒物的试剂，根据其特有的反应，判定饲料中是否含有常见的化学毒物，以及属于何种毒物或何种范围的毒物。

②验证试验。经过预试验，初步得出毒物的性质范围后，再进行验证试验。如果是无机化合物，检验它的阳离子和阴离子；如果是有机化合物，应检验各种官能团。在此基础上，再根据需要和可能进行含量测定。

（3）可疑饲料与有毒物质的动物毒性试验

动物毒性试验的目的是确定毒物的毒性。

①急性毒性试验。急性毒性是动物一次摄入较大剂量的受试物质，在短时间内所表现的毒性。一般 24～48 h，最长可达 14～28 d。主要确定一种受试物致死剂量的范围，说明这种受试物质毒性的高低；并可将有关物质的毒性加以比较。同时还可观察受试物质对动物重要生理功能的影响。

一般多用 LD_{50} 来表示受试物质急性毒性的高低。LD_{50} 是使一组受试动物中有半数中毒死亡的剂量，其单位是每千克体重所摄入受试物质的毫克数（mg/kg）。LD_{50} 数值越小，则该受试物质的毒性越高；LD_{50} 数值越大，毒性越低。进行急性毒性试验时，一般多用小鼠或大鼠。

②亚急性毒性试验。用来研究实验动物在多次给予受试物时所引起的毒性作用，其试验期通常为 3 个月左右（2～6 个月）。通过本试验，可以了解该受试物有无蓄积作用，试验动物对该物质能否产生耐受性；可以初步估计出现毒性作用的最小剂量（最小有作用剂量）和不出现毒性作用的最大剂量（最大无作用剂量），确定是否要进行慢性毒性试验，并为慢性毒性试验所选择的剂量提供资料。试验动物一般多用大鼠及狗，也可用家兔、小鼠或猪。

③慢性毒性试验。用以观察试验动物长期摄入受试物所产生的反应，并确定受试物的最大无作用剂量（即长期摄入这种受试物仍无任何中毒表现的每日最大摄入剂量）和慢性阈作用剂量（即长期摄入能使动物出现最轻微中毒的最低剂量）。试验期限有 6 个月以上至 2 年。慢性毒性试验在试验设计和观察指标等具体要求方面与亚急性毒性试验基本相似，仅试验时间长短不同。以上说到的各类动物均可用。

④简易动物毒性试验。对某些要求在较短时间内做出初步判断的应急样品，可采用简易快速的动物毒性试验方法。其目的是初步概略确定可疑饲料或其他受试物有无急性毒性作用及毒性大小；从动物的反应中，还可能初步发现有害因素的作用特点。从而便于做出及时的处理。试验动物可直接用丧失生产能力和经济价值低的各种畜禽。但一般常用进食量少，繁殖快，价值低，易于获得的哺乳类小动物，如：大鼠、小鼠、家兔、狗、猫等，也可用鸡、鸭、鱼、蛙等，条件许可时，应选用敏感动物。

思政导学

我国是畜牧业大国，丰富的肉、蛋、奶等畜禽产品为稳定"菜篮子"供应作出了巨大贡献。畜牧业的源头是饲料，饲料工业的迅速发展，使饲料质量安全问题备受重视，只有建立和完善有效的饲料法律法规体系才能更好地保障畜产品安全。帮助学生树立饲料安全意识，积极了解饲料中存在的有毒害作用的物质，掌握防毒去毒的方法，熟知饲料生产中常用的法律知识及规范，才能保证饲料产品的安全性。

二、人员准备

人员分组，每组 6 人，明确职责分工。

任务角色	任务内容
组长：	任务：
组员1：	任务：
组员2：	任务：
组员3：	任务：
组员4：	任务：
组员5：	任务：

（一）内容筹划

含有毒有害成分的饲料及脱毒方法，霉菌毒素、农药对饲料污染的方式及危害，饲料卫生质量的鉴定办法，撰写论证报告。

（二）流程筹划

①掌握含有毒有害成分的饲料及脱毒方法。
②熟悉霉菌毒素、农药对饲料污染的方式及危害。
③学会饲料卫生质量的鉴定办法。
④撰写论证报告。

步骤一：

步骤二：

步骤三：

步骤四：

任务检测

请扫码答题

任务评价

工作任务完成过程评价

班级：_____ 姓名：_____ 学号：_____

项目	评分标准	自我评价	小组评价	教师评价
饲料污染的控制（35分）	常见有毒有害饲料的脱毒方法（10分）			
	饲料污染的方式及危害（10分）			
	饲料污染的防治措施（15分）			
任务完成过程（40分）	能够根据工作任务分析并制订工作思路（10分）			
	查找资料、认真思考、积极动手动脑（10分）			
	团队协作良好，交流合作默契，互帮互助（10分）			
	小组分工明确，通过小组讨论与再学习较好地完成方案（10分）			
论证报告（15分）	能很好地说明鸡群发病的原因（5分）			
	整体的效果（很好10分，较好7～9分，一般为3～6分，较差为0～2分）			
思政素养表现（10分）	通过对内容的学习，根据饲料卫生标准的查阅，掌握饲料中常见的有毒有害物质及其防毒去毒方法（5分）			
	熟知饲料生产中常用的法律知识及规范，有效保证饲料产品的安全性（5分）			
合计				
自我评价与总结				
教师点评				

任务四　噪声污染防治

重庆某镇位于重庆江北机场附近。该镇机场路附近有一块 50 亩空闲地，有一企业老板准备利用该地修建养鸡场，以满足重庆主城区市场对鸡蛋的需求。老板的想法得到了当地政府的肯定，政府答应投入一定的项目资金以支持养鸡场的发展。为了养鸡场项目的顺利实施，老板还通过政府邀请了田教授进行科学论证和发展规划。在论证会上，田教授提出了两点建议：一是空地距机场太近，不适合投资建养鸡场，因为蛋鸡对环境噪声很敏感，飞机场持续高分贝噪声将对种蛋的孵化产生危害，对蛋鸡的生产和生长也会产生不利的影响；二是空地距机场路不足 500 m，机场路作为一条主干道将给养鸡场的卫生防疫带来严重的隐患。最后，该养鸡场项目只好采用换地的办法，另外选择合理的场地建设。

请为该养鸡场提供一份噪声防控的方案。

| 班级： | 姓名： | 学号： |

任务名称	养鸡场噪声污染防治
任务描述	根据实际情况，填写本任务的内容、目的、流程和方法。 任务内容：以上述养鸡场噪声污染问题为例，结合专业知识，简单拟一份噪声防控的方案。 任务目的：通过本次任务学习，学会判断噪声的来源、大小，了解噪声对畜禽的危害，能够找出预防和控制噪声的措施。 任务流程：查阅资料信息，分组调查研究，小组讨论分析，拟订论证报告。 任务方法：查阅资料、给出建议。
获取信息	要完成任务，需要掌握相关的知识。请收集资料，回答以下问题。 1. 噪声及来源的判断。 2. 噪声测试的方法。

(续表)

获取信息	3. 噪声对畜禽的危害表现。 4. 噪声的控制措施。
制订计划	

任务实施	按照预先制订的工作计划，完成本任务，并记录任务实施过程。				
	序号	完成的任务	遇到的问题	解决办法

任务准备

一、知识准备

随着现代工业、交通、运输、宇航事业的发展，噪声污染越来越严重。噪声不但严重影响人的生活和健康，而且使动物产生应激，导致动物生产性能下降，畜产品品质变差，动物对疾病的抵抗力降低。因此，噪声对环境的污染，已日益引起人们的重视。

（一）噪声的概念

一般认为凡是使人烦躁的不需要的声音都称噪声。噪声不仅取决于声音的物理性质，而且与人类的生活状态有关。例如，听音乐会时，除演员和乐队外，其他都是噪声；但当睡觉时，悦耳的音乐也是噪声。作为感觉公害，归纳起来噪声大致分为四类。

①过响声，如喷气发动机发出的轰隆声。

②妨碍声，此种声音虽不太响，但它妨碍人的交谈、睡眠和休息。

③不愉快声，如摩擦声，刹车声等。

④无影响声，日常生活中人们习以为常的声音，如风吹树叶的沙沙声等。

噪声是一种声波，它能使空气时而变密，时而变稀。空气变密时，压强就增高，空气变稀时，压强就降低。这样由于声波的存在，气压产生迅速的起伏，这种起伏称为声压，通常用 P 来表示，其单位是 N/m^2。声压是常用来表示声音强弱的物理量。人耳刚能听到的最小声压 P_0 称为听阈（2×10^{-5} N/m^2），人耳刚刚感到疼痛的最大声压称为痛阈（20 N/m^2）。从听阈到痛阈，声压的绝对值相差 100 万倍，因此，用声压的绝对值来表示声音的大小很不方便，于是人们引用一个成倍比关系的对数声压级表示声音的大小，相对声压的对数值称为声压级，其数学表达式为：

$$LP = 20\lg(P/P_0)$$

式中：LP—声压级（dB）；

P—声压（N/m^2）；

P_0—基准声压（为 2×10^{-5} N/m^2），是 1 000 赫（Hz 的听阈声压）。

声压级的单位是分贝（dB），它是一个相对单位，这样就使听阈到痛阈百万倍的变化范围，改变为 0～120 dB 的变化范围。

声波作为一种空气波动的形式，具有一定的能量。因此，也常用能量的大小来表示声辐射的强弱。因而引出了声强的概念。声强是单位时间内通过垂直于声传播方向上单位面积物体的能量，单位是 W/m^2。其数学表达式为：

$$L_1 = 10\lg(I/I_0)$$

式中：L_1—声强级（W/m^2）；

I—声强（W/m^2）；

I_0—基准声强（10^{-12} W/m^2）。

由于声强不易直接测量，而声压则较易测量，故常用声压级来表示声音的强弱。

（二）噪声的来源

1. 外界传入的噪声

如周围环境中的飞机、火车、汽车运行以及雷鸣等产生的噪声。普通汽车的噪声约为 80 dB，载重汽车在 90 dB 以上，飞机从头上低空飞过时噪声为 100～120 dB。

2. 畜禽场内机械运转产生的噪声

如铡草机、饲料粉碎机、风机、真空泵、除粪机、喂料机工作时的轰鸣声以及饲养管理工具的碰撞声。据测定，舍内风机的噪声强度，在最近处可达 84 dB，真空泵和挤奶机的噪声为 75～90 dB，除粪机噪声为 63～70 dB。

3. 饲养管理与畜禽活动产生的噪声

如饲养员的吆喝与走动声，动物运动、鸣叫、争斗、采食过程中产生的噪声等。在相对安静时，动物产生的最低噪声为 48.5～63.9 dB，饲喂、挤奶、收蛋、开动风机时，各种噪声汇集在一起，可达 70～94.8 dB。

（三）噪声的测试

测定噪声的仪器有声级计，频谱分析仪等。声级计由传声器、放大器、衰减器、计权网络和有效值指示表头等组成。声压信号通过传声器转换成电压信号，经过放大器放大，再经过对不同频率噪声有一定衰减滤波作用的计权网络，最后在表头上显示出分贝（dB）值。频谱分析仪分别测定各倍频带的声压级，便于对环境噪声进行深入地分析。

在现场测量中，传感器的位置应根据具体条件而定。原则上，应离声源有足够的距离，以免读数不稳定，同时应考虑墙面、地面等反射的影响。一般，以相当于观察对象耳部的位置为宜。

（四）噪声对畜禽生产性能的影响

1. 对奶牛的影响

据报道，110～115 dB 的噪声可使奶牛产奶量下降 30% 以上，同时会发生流产、早产现象。尤其是突然性的噪声可使产奶量减少，造成正在挤奶的奶牛停止放乳。噪声会引起心理应激，导致抵抗力、免疫力降低。噪声还可以使奶牛神经紧张和行为异常，引起外伤、死亡。在牛舍播放轻音乐，可增加奶牛的产奶量。

2. 对猪的影响

猪对噪声的反应比较迟钝。一般噪声可使猪受惊，但能很快适应，在饲料利用率和日增重上没有显著影响。但突发的噪声或 130 dB 的高强度噪声会影响猪的生产性能，甚至于引起猪的死亡。猪突然遇到噪声会受惊狂奔，发生撞伤、跌伤或引起母猪流产、胎儿发育不良、破坏某些设备等。

3. 对鸡的影响

鸡对噪声比较敏感。严重的噪声刺激，早期胚胎发育受阻，孵化率降低，可使蛋鸡蛋重减轻，产蛋量下降，软蛋率和破蛋率增加，鸡的体重下降，淘汰率和死亡率增加。据观察，90～100 dB 的噪声可以引起蛋鸡暂时性坠蛋现象，然后逐渐适应；但持续超过这一强度的噪声，会引起蛋鸡产蛋量减少。130 dB 的噪声可以引起鸡的体重下降，甚至死亡。

4. 对其他畜禽的影响

噪声对羊、马、犬、猫、鹌鹑等动物也有不利的影响。但一定声压的声音对动物是非常有必要的。比如：孵化中的鹌鹑蛋在轻音乐环境中胚胎发育得更好；轻音乐可以使鸡群安静，减少惊群发生率；低强度的轻音乐可以提高奶牛的产奶量等。若将小白鼠放置在无声环境中，小白鼠不久就会死亡。

（五）畜牧场噪声的控制措施

在现代畜禽场中，畜禽的饲养密度大，机械化程度高，噪声对畜禽的影响就大。畜禽场噪声的卫生标准按照 NY/T 388—1999《畜禽场环境质量标准》规定执行，噪声的允许强度为 70～90 dB。

畜禽场噪声的危害可以采取以下预防措施。

1. 场址选择

选择安静的场址，减少外界噪声的传入。畜禽场不能靠近飞机场、公路主干道、机械厂、工厂的粉碎车间等噪声大的地方，场地选择时应实地考察，了解当地未来的规划情况，必要时应实地测定场地的噪声状况。

2. 场地规划

畜禽场场地的合理规划和布局，可以使畜禽舍与声源分隔。例如，喧闹的畜禽舍与安静的建筑物应该分开,并保持一定的距离或采用合理的隔音材料和隔离措施;饲料车间等噪声大的区域与畜禽舍应保持一定的距离。

3. 设备设施选择

尽可能选择性能优良、噪声小的设备设施,并合理安装机械设备,以减少机械噪声。例如:在机械部件的交接处尽量使用橡胶垫并紧固,从而减少噪声的产生量;在噪声比较大的房间,通过防震、消音、隔音等措施,可减少噪声的传播量。

4. 加强饲养管理

规范的饲养管理可以减少饲养员工作的噪声,同时可以减少因对畜禽的刺激而发出的噪声量。如不要粗暴对待畜禽,不经常更换饲养员,轻声说话,机械设备启动前给予畜禽适当的提示等。

5. 场区绿化

畜牧场及畜禽舍周围应大量植树,可降低外来的噪声。树叶的密度越大,减音的效果越好。据研究,30 m 宽的林带可降低噪声 16%～18%,宽 40 m 发育良好的乔木、灌木林带可将噪声降低 27%。栽种树冠大的树木,可以减弱畜禽的鸣叫声,同时可以通过吸收环境中的有害气体、灰尘、二氧化碳等物质,全面改善畜禽场环境。

思政导学

作为典型的"城市病",噪声污染已成为生态环境质量和人畜健康质量的突出短板。为保障人畜健康,严防公共卫生风险,营造人与自然和谐共处的生产环境。《中华人民共和国噪声污染防治法》于 2021 年 12 月 24 日颁布通过。《中华人民共和国畜牧法》规定:畜禽场选址、建设应当符合国土空间规划,重点避开飞机场、湿地公园等国家规划用地,不得在禁养区内建畜禽场。兴办畜牧场时,务必也要做到懂法、知法、守法。

二、人员准备

人员分组,每组 6 人,明确职责分工。

任务角色	任务内容
组长:	任务:
组员 1:	任务:
组员 2:	任务:
组员 3:	任务:
组员 4:	任务:
组员 5:	任务:

任务筹划

（一）内容筹划

噪声及其来源，噪声测试的方法，噪声对畜禽的危害，控制噪声的措施。

（二）流程筹划

①判断噪声及其来源。

②测试噪声的大小。

③分析噪声对畜禽的危害。

④找到控制噪声的措施。

 任务实施

步骤一：

步骤二：

步骤三：

步骤四：

任务检测

请扫码答题

任务评价

工作任务完成过程评价

班级：_____ 姓名：_____ 学号：_____

项目	评分标准	自我评价	小组评价	教师评价
畜禽场噪声的控制（35分）	噪声的来源、大小确定（10分）			
	噪声对畜禽的危害（10分）			
	噪声的控制措施（15分）			
任务完成过程（40分）	能够根据工作任务分析并制订工作思路（10分）			
	查找资料、认真思考、积极动手动脑（10分）			
	团队协作良好，交流合作默契，互帮互助（10分）			
	小组分工明确，通过小组讨论与再学习较好地完成方案（10分）			
方案报告（15分）	能很好地展示实践成果（5分）			
	整体的效果（很好10分，较好7～9分，一般为3～6分，较差为0～2分）			
思政素养表现（10分）	通过噪声危害的学习，树立保护关爱动物、珍爱生命、人与自然和谐共处的意识（5分）			
	通过对噪声控制的学习，强调选址布局、绿化环保的重要性，树立可持续发展理念（5分）			
合计				
自我评价与总结				
教师点评				

项目六 畜禽场环境管理

> **项目导读**
>
> 本项目主要介绍畜禽场废弃物利用、粪污处理、环境卫生监测、蚊虫鼠害控制、设备环境消杀、环境绿化等内容。通过学习，重点掌握畜禽场环境管理的主要思路和具体做法，为畜禽场的健康生产、安全生产打好基础。

▍知识目标

了解畜禽场废弃物的利用和处理原则，掌握畜禽场粪便利用和污水处理方法；清楚畜禽场卫生监测主要内容及方法；知道畜禽场恶臭的消除方法；掌握畜禽场环境消杀方法；明白畜禽场环境绿化带的种类及设置。

▍技能目标

能制订畜禽场废弃物无害化处理方案，科学地资源化利用畜禽粪便；能在实际生产中根据其污染原因及途径控制畜禽场环境污染；能正确做好畜禽场的消毒工作；能够根据畜禽场环境绿化带的种类，合理选择植物；能够根据养殖畜种的要求，有效避免畜禽场环境对畜禽的影响。

▍素质目标

引导学生建立人与自然和谐发展的命运共同体理念，帮助学生树立正确的道德观、法治观、生态观及安全观，培养他们"懂农业、爱农村、爱农民"的使命感和责任感。

任务一　畜禽场废弃物利用

任务导入

2022年6月10日，某区生态环境分局执法人员使用无人机开展非现场执法检查，发现位于该市的一个养猪场北侧有一处自然坑塘，水质发黑发臭，执法人员随即现场检查。经查，该养殖场从事生猪养殖，年出栏600头，养殖过程中产生粪污未经处理，通过养殖大棚两侧设置的导流槽汇集后，直接排放至养殖场区外的自然坑塘内，导致坑塘内粪污漂浮。

请根据上述养殖场存在的问题，依据《畜禽规模养殖污染防治条例》有关规定，撰写一份养殖场废弃物处理方案。

任务工单

班级：_____　姓名：_____　学号：_____

任务名称	畜禽场废弃物处理
任务描述	根据实际情况，填写本任务的内容、目的、流程和方法。 任务内容：根据上述畜禽场实际情况，结合专业知识，简单设计一份畜禽场废弃物处理方案。 任务目的：通过本次任务学习，总结畜禽场废弃物处理与利用的措施，学会废弃物的处理与利用。 任务流程：查阅资料信息，分组调查研究，小组讨论分析，拟订方案。 任务方法：查阅资料、给出建议。
获取信息	要完成任务，需要掌握相关的知识。请收集资料，回答以下问题。 1. 畜禽场废弃物的主要来源。 2. 畜禽场废弃物的处理原则。 3. 畜禽场废弃物处理模式。 4. 畜禽场废弃物的处理。

(续表)

制订计划	
任务实施	按照预先制订的工作计划，完成本任务，并记录任务实施过程。 | 序号	完成的任务	遇到的问题	解决办法 | |---|---|---|---|

任务准备

一、知识准备

畜禽场的环境保护，既要避免畜禽场被污染，又要防止畜禽场污染周围环境。在进行畜禽场环境保护时，必须重视畜禽场的主要污染源——畜产废弃物的处理，同时要注意场内的环境管理。

（一）畜禽养殖废弃物的主要来源

畜禽规模化养殖场废弃物主要有粪便、尿液、冲洗猪栏的污水，饮用水泄漏和冷却水等废水，动物尸体及相关动物产品和动物的疫苗废弃物三种。

畜禽粪便是一种很好的有机肥，施用于土壤后能形成稳定的腐殖质。粪便能够改善土壤的物理性质，提升土壤的肥力，截至目前，规模化的畜禽养殖场粪便的处理能够采用干清粪便固液分离和水洗粪便的方法。据了解，绝大多数畜禽养殖场采用干清法收集粪便，少数猪场采用水洗法清理粪便。因为水洗粪便的耗水量较大，对环境造成很大压力，干式排便技术在我国得到了推广。在规模化的畜禽养殖场中，利用干清粪便这种方法能够将粪便通过生物、物理和化学三种模式实行无害化处理和资源化利用。

（二）畜禽场废弃物的处理原则

我国畜禽养殖业由于利润低、风险大，其污染防治绝对不能采用工业污染防治和城市污染防治的思路，不能简单地依靠单一的末端治理手段解决畜禽环境污染问题。应该加强宣传，树立最新的环境保护理念，防治结合，综合治理，建立符合国情的与现代化畜禽业相适应的畜禽污染防治体系。

我国颁布的《畜禽养殖污染防治管理办法》明确提出了畜禽养殖污染防治实行综合利用优先"资源化、无害化和减量化"的原则。颁布的《畜禽养殖业污染物排放标准》也提出了畜禽养殖业应积极通过废水和粪便还田或其他措施对所排放的污染物进行综合利用。

1. 减量化原则

根据我国畜禽养殖业污染物排放量大的特点，通过多种途径，采取清污分流、粪尿分离等手段削减污染物的排放总量。即将雨水和清洗粪便的废水利用不同管道进行收集和传输，将畜禽的粪、尿分别以不同的方式和渠道收集、堆放和处置。

2. 无害化原则

环境无害化技术是减少污染、合理利用资源、节约能源与环境相容的技术总称，包括生产过程技术和末端治理技术，它涵盖了技术诀窍、生产过程、产品和服务、装备以及组织与管理的整个过程。无害化处理污染物符合资源短缺的现状；符合资源的再生利用要求；符合环境污染治理与生态保护的要求；符合国际环境保护发展趋势的要求。

3. 资源化原则

资源化利用是畜禽粪便污染防治的核心内容。畜禽粪便经过处理可作为肥料、饲料、燃料等，具有很大的经济价值。如畜禽粪便中含有农作物所必需的氮、磷、钾等多种营养成分，是很好的土壤肥料来源，尤其是在绿色食品生产中，科学使用有机肥更为适合。同时畜禽粪便中含有许多未被畜禽消化利用的营养成分，可以通过无害化处理后作为饲料，也可以作为大的发电厂、加工厂的燃料。

（三）废弃物处理思路

1. 废弃物分类处理

畜禽养殖废弃物包括粪便、尸体、剪毛、废草等。针对不同的废弃物，采取分类处理是有效的方法。粪便可通过堆肥、气化等方式处理，得到有机肥料或能源；尸体可进行无害化处理，如高温消毒、深埋等；剪毛可进行物理处理，如卖给织毛厂等；废草可作为饲料或用于生物酶制剂生产等。分类处理能够减少废弃物对环境的污染和资源的浪费。

2. 资源化利用废弃物

畜禽养殖废弃物中的有机物质可通过科学处理变废为宝。粪便、废草等可进行发酵处理，获得有机肥料。养殖废水经处理后，可以提取其中的有机物和氮、磷、钾等营养元素，用于生产有机肥料。废弃物中的沼气、生物质能等可用作能源，满足畜禽养殖的热能和燃料需求。通过资源化利用，不仅能够减少环境污染，还能获得经济收益。

3. 科学施肥和灌溉

畜禽养殖所产生的有机肥料可以作为农田的有机肥源，用于植物生长。但是，过量使用肥料会导致农田土壤的养分失衡和环境污染。因此，制订科学合理的施肥方案非常重要。根据不同作物的需求，科学合理地制订施肥计划，减少化肥的使用量，提高养分利用率。灌溉也要科学合理，避免水资源的浪费和土壤的污染。

4. 建立规范的畜禽场站

规范的畜禽场站是保障废弃物处理的关键。要求畜禽场按照相关标准建设，设立储存废弃物的专门场所，并配备相关设备和技术人员。建立规范的管理制度，制订废弃物分类、收集、处理和利用的操作规程，确保废弃物处理工作的顺利进行。

5. 加强监管和技术支持

加强畜禽养殖废弃物处理的监管和技术支持是确保废弃物处理办法有效实施的重要保障。相关部门要加大对畜禽场的监督检查力度，确保畜禽场按照规定进行废弃物处理。同时，提供技术支持和培训，引导畜禽场采取科学合理的废弃物处理技术和方法。

（四）畜禽废弃物处理方法

1. 生物处理技术

生物处理技术是目前广泛应用于畜禽废弃物处理的一种方法。例如，利用微生物降解废弃物中的有机物质，通过发酵和厌氧消化等过程，将废弃物转化为沼气、有机肥料等有用的产物。

2. 物理处理技术

物理处理技术主要包括压榨、干燥、筛分等方法。通过这些方法，可以将废弃物中的固体颗粒分离出来，从而实现废弃物的减量化和资源化利用。

3. 热处理技术

热处理技术是将废弃物暴露在高温条件下，通过燃烧、焚烧等方式将其转化为能量。这种方法可以有效地减少废弃物的体积，同时获得热能和电能等能源产品。

思政导学

畜禽场废弃物处理与资源化利用一直以来都是一个备受关注的重要问题。随着畜禽业的快速发展，废弃物的排放量也在不断增加，严重影响着环境质量和生物多样性的保护。因此，寻找有效的处理方法并实现资源化利用是当务之急。

二、人员准备

人员分组，每组 6 人，明确职责分工。

任务角色	任务内容
组长：	任务：
组员 1：	任务：
组员 2：	任务：
组员 3：	任务：
组员 4：	任务：
组员 5：	任务：

任务筹划

（一）内容筹划

畜禽舍废弃物主要来源，畜禽废弃物处理原则，畜禽废弃物处理模式，畜禽废弃物处理方法。

（二）流程筹划

①熟悉畜禽废弃物的主要来源。

②掌握畜禽废弃物处理原则。

③了解畜禽废弃物处理的模式。

④找到适合的废弃物处理方法。

 **任务实施**

步骤一：

步骤二：

步骤三：

步骤四：

 **任务检测**

请扫码答题

任务评价

工作任务完成过程评价

班级：_____ 姓名：_____ 学号：_____

项目	评分标准	自我评价	小组评价	教师评价
畜禽场废弃物处理（35分）	畜禽场常见的废弃物（10分）			
	废弃物处理原则（10分）			
	废弃物处理方法（15分）			
任务完成过程（40分）	能够根据工作任务分析并制订工作思路（10分）			
	查找资料、认真思考、积极动手动脑（10分）			
	团队协作良好，交流合作默契，互帮互助（10分）			
	小组分工明确，通过小组讨论与再学习较好地完成方案（10分）			
方案报告（15分）	能很好地展示实践成果（5分）			
	整体的效果（很好10分，较好7~9分，一般为3~6分，较差为0~2分）			
思政素养表现（10分）	通过畜禽场废弃物处理的学习，做好环境服务（5分）			
	通过对废弃物利用的学习，践行绿色发展理念，推进畜禽废弃物综合利用（5分）			
合计				
自我评价与总结				
教师点评				

任务二　畜禽场粪污处理

任务导入

某大型养殖场拥有数千头牛羊，该养殖场位于城市近郊，随着养殖规模的不断扩大,粪污污染问题日益突出。经有关部门检查发现,该养殖场牛舍建设的粪污收集池收集后的粪水用水泵抽入私自挖掘的长约 30 m、宽约 20 m、深约 2.5 m 未做任何防漏措施的暂存塘内,进而对周边环境造成了严重污染。为解决此问题,养殖场决定引入先进的粪污处理技术,对粪污进行科学有效处理。

请为该养殖场设计一份科学有效的粪污处理方案。

任务工单

班级:_____ 姓名:_____ 学号:_____

任务名称	畜禽场粪污处理
任务描述	根据实际情况,填写本任务的目标、实施过程、预期效果。 任务目标:以上述养殖场粪污污染问题为例,结合专业知识,简单拟一份粪污处理方案。 任务目的:通过本次任务学习,了解粪污对环境的危害,熟悉粪污处理原则,学会粪污处理方法,能够总结出预防和控制粪污污染的措施。 任务流程:查阅资料信息,分组调查研究,小组讨论分析,拟订方案报告。 任务方法:查阅资料、给出建议。
获取信息	要完成任务,需要掌握相关的知识。请收集资料,回答以下问题。 1. 不同畜禽粪便的特点。 2. 畜禽场粪便的处理方法。 3. 畜禽场污水处理的原则。 4. 畜禽场污水的处理方法。
制订计划	

（续表）

任务实施	按照预先制订的工作计划，完成本任务，并记录任务实施过程。			
	序号	完成的任务	遇到的问题	解决办法

任务准备

一、知识准备

（一）粪便的处理与利用

1. 畜禽粪便用作植物生产的肥料

畜禽粪便中含有多种营养成分及大量的有机质，具有改良土壤的结构，提高土壤肥力和农作物产量的作用，在保持农业生产可持续发展及绿色食品生产方面有着重要意义。主要畜禽粪便中的肥料成分含量见表6-1。

表6-1 主要畜禽粪便中的肥料成分含量

项目	成分含量/%				
	水分	有机物	氮（N）	磷（P_2O_5）	钾（K_2O）
猪粪	82.0	16.0	0.60	0.50	0.40
猪尿	94.0	2.50	0.40	0.05	1.00
牛粪	80.6	18.0	0.31	0.21	0.12
牛尿	92.6	3.1	1.10	0.10	1.50
鸡粪	50.0	25.5	1.63	0.54	0.85
鸭粪	56.6	26.2	1.10	1.40	0.62

为防止病原微生物污染土壤和提高肥效，畜禽粪便应经生物发酵或药物处理后再利用。堆肥法是一种古老而现代的有机固体废物生物处理技术。堆肥是在微生物作用下通过高温发酵使有机物矿质化、腐殖化和无害化而变成腐熟肥料的过程。堆肥又可以分为升温、高温、降温和腐熟四个阶段，每个阶段都有不同的细菌、放线菌、真菌和原生动物作用。升温阶段主要是中温性微生物占优势，当温度达到25 ℃以上时，中温微生物进入旺盛的繁殖期，开始活跃地对有机物进行分解和代谢，20 h 左右温度能升至 50 ℃，此时，以芽孢和霉菌等嗜温好氧性微生物的菌类，将单糖、淀粉、蛋白质等易分解的有机物迅速分解。当堆肥达到 60～70 ℃时进入高温阶段，此时，中温性微生物受到了抑制或死亡，嗜热真菌、好热放线菌、好热

芽孢杆菌等微生物活动占优势。除了易腐有机物继续分解外，一些较难分解的有机物（纤维素、木质素）也逐渐被分解。当温度升到70℃以上时，大量的嗜热菌死亡或进入休眠状态，各种酶开始作用使有机质仍在不断分解，温度也随微生物的死亡、酶的作用消退而逐渐降低，休眠的好热微生物又重新活跃起来并产生新的热量，经过反复几次保持在60～70℃的高温水平，腐殖质基本形成。随着微生物活动的减弱，温度下降到40℃左右时，其中易腐熟的物质已成熟，剩余的几乎大部分是纤维素、木质纤维素和其他稳定物质。腐熟阶段为了保持已形成的腐殖质和微量的氮、磷、钾肥等，应使腐熟的肥料保持平衡，有机成分应处于厌氧条件下，防止出现矿质化。

堆肥过程中微生物的活动程度直接影响堆肥周期与产品质量，堆肥过程的影响因素见表6-2。

表6-2　影响堆肥过程的主要参数

堆料	调理剂与膨胀剂	含水量/%	通气状况	温度/℃	初始C/N	初始C/P	初始pH值
有机废物	一定孔隙率及强度	45～65	氧气（O_2）的含量为气体体积15%～20%	45～65	25～30	75～150	4.5～8.0

施用粪肥注意事项如下所示。

①粪肥必须经过无害化处理，并且符合《畜禽养殖业污染物排放标准》中提出的关于畜禽养殖业废渣无害化环境标准要求才能进行土地利用。

②经过处理的粪肥作为土地的肥料或土壤调节剂来满足作物生长的需要，其用量不能超过当地的最大农田负荷量，避免造成土壤污染和地下水污染。

③粪肥施用后，应立即混入土壤减少氮流失到大气中，以免污染物质随地表径流污染地面水体。对高降水区、坡地及容易产生径流和渗透性较强的沙质土壤，不适宜施用粪肥。

④若采用堆肥法时，畜禽场贮粪设备直接用垃圾车箱，装满后立即运输到农田进行堆肥，隔年使用，避免了贮粪场地的污染。

⑤根据施肥对象不同需求，可配制成不同用途的有机肥。对过量施用化肥导致土壤养分失衡、结构受到破坏、生物活性下降、地力退化，同时地下水硝酸盐含量过高造成环境恶化、农产品品质下降及农产品中有害物质的逐年增加的土壤，若添加适量无机养分制成有机复合肥后可以在较少的用量下能显示出较好的肥效。试验研究表明，在减少化肥用量20%的情况下，有机复合肥与等养分的化肥具有同样的增产效果，硝酸盐含量降低20%～47%，维生素C含量提高10%～20%。同时，无土栽培和花卉生产发展非常迅速，各种栽培基质和营养土的需求量将会越来越大，畜禽粪便经生物好氧高温发酵无害化处理后，腐熟程度高，对无土栽培作物和花卉生长安全性好。

鸡粪高温堆肥生产有机肥，是目前世界上应用最广泛、处理量较大、费用低廉、适应性较强、比较经济的方法。此法在正常气温下可使污染物减少了70%～90%。其工艺示意图见图6-1。

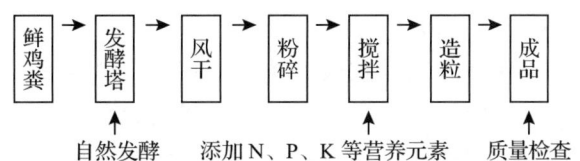

图6-1 好氧生物堆肥处理方法工艺流程

2. 畜禽粪便作为饲料

由于畜禽粪便本身所具备的营养特点和饲料不断涨价等因素，畜禽粪便作为饲料来开发是有其应用价值的。例如，1995年全国年产鲜禽粪总量达12 604万t，干粪达1 610万t，折算成纯氮达69万t。如将这些鸡粪做牛羊部分饲料，每年就可节约精料相当于几十亿千克的粮食。同时，畜禽粪便中含有大量未消化的营养物质。将畜禽粪便加工处理后，掺入饲料中饲喂畜禽，已获得肯定结果。在畜禽粪便中，鸡粪含有较高的蛋白质和齐全的氨基酸种类，是最受关注的一种非常规饲料资源。特别是用禽粪饲喂牛、羊等反刍动物，其中的非蛋白氮可被瘤胃中的微生物利用并合成菌体蛋白，再被牛、羊吸收，利用率更高。它们同时也是单胃动物和鱼类良好的饲料蛋白来源（表6-3）。

表6-3 几种畜禽粪便的营养物质含量（干物质基础）

营养成分	产蛋鸡粪	肉仔鸡粪	犊牛粪	乳牛粪	猪粪
粗蛋白质 /%	28	31.3	20.33	12.7	23.5
可消化蛋白质 /%	14.4	23.3	4.7	3.2	—
粗纤维 /%	12.7	16.8	31.4	37.5	14.78
总能 /（kJ/kg）	14 768	—	19 763	—	19 103
可消化能 /（kJ/kg）	7 838	10 199	—	—	—
代谢能 /（kJ/kg）	4 974	9 117	—	—	—
可消化养分总量 /%	52.3	72.5	48	4.5	48
灰分 /%	28	15	11.5	16.1	15.32
钙 /（mg/kg）	8.8	2.37	0.87		2.72
磷 /（mg/kg）	2.5	1.8	1.6		2.13
镁 /（mg/kg）	0.67	0.44	0.40		0.93
钠 /（mg/kg）	0.94	0.54	—		—
铁 /（mg/kg）	2 000	451	1 340		—
铜 /（mg/kg）	150	98	31		62.83
锰 /（mg/kg）	406	225	147		
锌 /（mg/kg）	463	235	242		530

禽粪用作饲料的处理方法主要有以下几种。

①高温干燥处理。通过高温、高压、热化、灭菌、脱臭等处理过程，将鲜鸡粪制成干粉状饲料添加剂。用于粪便干燥的设备种类很多，我国采用的微波烘干技术处理鸡粪，其工艺是将鲜粪先脱水20%，然后置于传送带上，通过微波加热器干燥，脱水效率高而速度快。意大利的高温干燥技术是将热气通至鲜粪，初期热气温度为500～700℃，可使鸡粪表面水分迅速蒸发；中期热气温度降至250～300℃，使粪内水分不断分层蒸发；末期热气温度降至150～200℃，使粪中水分进一步减少。这种高温干燥处理安全可靠，能有效地防止疾病的传播。经检测，烘干鸡粪中有害物质铅、砷的含量分别为25 mg/kg、8 mg/kg，小于国际规定的不超过30 mg/kg、10 mg/kg的标准；其卫生指标也已达到美国鸡粪饲料卫生标准（表6-4）。用干燥鸡粪喂牛、猪和鸡，可分别代替25%～30%、10%～30%和10%～15%的日粮，同时也可喂鱼。

表6-4 烘干鸡粪的卫生标准　　　　　　　　　　　　单位：个/g

卫生指标	烘干鸡粪	美国鸡粪饲料
沙门菌数量	未检出	无
大肠杆菌数量	未检出	不超过10
细菌总数量	6 000	不超过2万

②青贮处理。按照干燥的禽粪50%、青饲料30%、麸皮20%的比例，再加少许食盐，装入缸或其他容器中，盖好缸盖，压上石头，进行乳酸发酵，经3～5周后，可变成调良好的发酵饲料，其适口性好，消化吸收率高，适于饲喂育成鸡、育肥猪和繁殖母猪。

③化学处理。可采用福尔马林法、乙烯法和氢氧化钠法。用福尔马林和乙烯处理禽粪时，要求每10 kg新鲜粪便添加17.5 g的福尔马林（或乙烯），完全混合后加盖处理3 h，粪便中多数微生物被杀死，并使反刍动物能利用的营养物质和氮素没有降低。氢氧化钠法是用一定量的氢氧化钠处理干鸡粪后喂反刍动物可提高磷酸钙和氯化钠的获得率。喂羊时，可提高羊的纤维素消化率。

④生物处理。用畜粪培养蝇蛆和蚯蚓，再将其加工成粉或浆饲喂畜禽，是营养价值很高的蛋白质饲料。近几年来，采用菌株基质发酵法、饲用生物添加剂法和用鸡粪作基质生产酵母高蛋白。

猪粪用作饲料的处理方法主要采用氧化发酵的方法。即利用好氧微生物发酵分解粪便固形物，产生单细胞蛋白的加工处理方法。较常用的方法是用氧化池对猪粪进行处理利用。氧化池设于猪舍漏缝地板下或舍外，池内装有搅拌器，使固体粪便加速分离并充分进行氧化发酵。经氧化发酵的混合液，其氨基酸含量提高1～2倍，可作为营养液直接喂猪。当发现氧化池混合液中有虫卵时，可先使池内缺氧1周，然后启动搅拌器供氧，即可杀灭多数病原菌和寄生虫卵。

畜禽粪便处理得当，用作饲料是安全可靠的，也具有一定的经济效益。但是，由于传统观点的影响,人们对用鸡粪做饲料一直有所顾忌。专家在这方面也意见不一致,所以畜粪虽然能安全地用作饲料,但使用范围仍然受到一定的限制。特别是 2004 年初,我国部分省份发生了禽流感疫情,为严防高致病性禽流感疫情的扩散,国家环保总局于 2004 年 2 月下发了《关于加强畜禽养殖业环境监管,严防高致病性禽流感疫情扩散的紧急通知》,通知中要求疫区内严禁采用畜禽粪便作为饲料。

3. 畜禽粪便作为能源

畜禽粪便作为能源的方式有两种:一种是进行厌氧发酵生产沼气,另一种是将畜禽粪便直接投入专用炉中焚烧,供应生产用热。沼气的主要成分是甲烷,它是一种发热量很高的可燃气体,其热值约为 37.84 kJ/L,可为生产、生活提供能源,同时沼渣和沼液又是很好的有机肥料。一般养猪场饲养规模在 5 000 头以上,奶牛场规模在 100 头以上,鸡场规模在 20 000 只以上可采用沼气工程来治理畜禽粪便。

生产沼气应满足下列条件。

① 沼气池应密闭,保持无氧环境。

② 合理搭配沼气池内的原料,常用的配料比例为以人粪:青草:猪粪为 1:2:2,常用原料的产气速度见表 6-5。

表6-5 沼气池常用原料产气速度(占总产气量的百分比) 单位:%

时间	0～15 d	15～45 d	45～75 d	75～135 d
猪粪	19.6	31.8	25.5	23.1
牛粪	11.0	33.8	20.9	34.3

③ 原料的浓度要适当,原料与加水量的比例以 1:1 为宜。

④ 保持池内适宜的 pH 值,一般要求 pH 值为 7～8.5,发酵液过酸时,可加石灰或草木灰中和。

⑤ 保持适宜的温度,一般甲烷细菌繁殖的适宜温度为 20～30 ℃,当沼气池内温度降到 8 ℃时产气量迅速减少,超过 40 ℃时,产气速度也大幅度减少。

⑥ 加入发酵菌种,并经常进行进料、出料和搅拌池底,以促进细菌的生长、发育和防止池内表面结壳。

沼气厌氧发酵技术不断改进,已由最初的水压式发展到较先进的浮罩式、集气罩式、干湿分离式和太阳能式等池型;开始应用干发酵、两步发酵、干湿结合发酵、太阳能加热发酵等发酵工艺新技术;由小型沼气池逐渐向发酵罐、大中型集中供气沼气发酵工程发展。目前,发酵温度采用常温(10～26 ℃)、中温(28～38 ℃)和高温(48～55 ℃),气压有低压式、恒压式等多种形式。畜禽场沼气工程的产气水平参考表 6-6。

表6-6 部分畜禽场沼气工程的产气水平

原料种类	工艺类型	装置规模/m^3	发酵温度/℃	产气率/[m^3/($m^3 \cdot d$)]
鸡粪	塞流式	2×160	35~50	2.4~4.0
	塞流式	100	50	3.0~3.6
	UASB+AF	200	30	1.35~2.08
	UASB	128	23~25	1.0
猪粪	USR	300	35~38	1.7~2.2
	UASB+AF	2×130	16~33	0.8~1.3
牛粪	USR	120	35	1.5

思政导学

作为典型的"城市病",粪污污染已成为生态环境质量和人畜健康质量的突出短板。为保障人畜健康,严防公共卫生风险,营造人与自然和谐共处的生产环境。按照有关规定,不得在禁养区内建畜禽场。兴办畜禽场时,务必也要做到懂法、知法、守法。

(二)污水的处理与利用

1. 污水处理的基本原则

①走种养结合的道路。污水经处理后当作肥料来灌溉农田、果树、蔬菜及草地等,尽量减少畜禽养殖场的污水排放量。

②对于大中型畜禽场,特别是水冲粪畜禽场,必须采用厌氧消化为主,配合好氧处理和其他生物处理的方法。

③采用用水量少的清粪工艺——干清粪工艺。使尿与干粪污水分流,减少污水中污染物的浓度及污水量,从而降低污水处理的成本和难度。

④对农村经济比较发达,农业生产已形成规模和专业化经营的自然村,可以以村为单位修建大中型沼气工程,使生态环境趋向良性循环。

⑤对于有土地且偏远地区的小规模畜禽场尽量采用自然生物处理法,即实行干清粪工艺后,其污水处理可利用当地的自然条件和地理优势,利用附近废弃的沟塘、滩涂,采用投资少,运行费用低的方式处理污水。

2. 污水处理的具体要求

①畜禽养殖过程中产生的污水应坚持农牧结合的原则,经处理后尽量充分还田,实现污水资源化利用。

②对于无充足土地消纳污水的畜禽养殖场,可根据当地实际情况选用以下综合利用措施:经过生物发酵后,可浓缩制成商品液体有机肥料;进行沼气发酵,并对

沼渣、沼液尽可能实现综合利用；进行其他生物能源或其他类型的资源回收利用时要避免二次污染，排放部分要达到 GB18596—2001《畜禽养殖业污染物排放标准》的规定。当地方已制定排放标准时应执行地方排放标准。我国和其他国家及地区的畜禽养殖污水排放标准如表 6-7 所示。

表6-7　我国和其他国家及地区的畜禽养殖业污水排放标准

国家	$\rho(BOD_5)$/(mg/L)	$\rho(COD_{cr})$/(mg/L)	$\rho(SS)$/(mg/L)	pH 值	$\rho(NH_3-N)$/(mg/L)	$\rho(TP)$/(mg/L)	大肠杆菌量/(g/L)
日本	≤160	≤200		5.8～8.6	≤120		≤3×10^6
德国	≤30	≤170			≤50		≤16
英国	≤20	≤30			≤30		
新加坡	≤250						≤5
韩国	≤150	≤150					
中国	≤150	≤400	≤200		≤80	≤8	≤10 000

3. 畜禽养殖场污水处理方法

畜禽场的污水来源主要有四条途径：即生活用水、自然雨水、饮水器终端排出的水和饮水器中剩余的污水、洗刷设备及冲洗畜禽舍的水。特别必须严格处理的是后二者。

（1）厌氧－好氧联合处理法

生产中的活性污泥等好氧处理法和自然处理法，其化学需氧量（COD）、5 日生物需氧量（BOD_5）、悬浮物（SS）去除率均较高，但前者工程投资大，运行费用高，后者占地面积太大、周期太长、要求的环境温度较为严格，在土地紧缺或冬季气温较低的地方难以推广。而厌氧生物法虽然能自身耗能少、运行费用低，且产生能源，但高浓度有机污水经厌氧处理后，往往水中的 BOD_5 含量超过 500～1 000 mg/L 浓度，没有达到现行的排放标准。此外，在厌氧处理过程中，有机氮转化为氨氮、硫化物转化为硫化氢，使处理后的污水仍具有一定的臭味，要求做进一步的好氧生物处理。采用厌氧—好氧联合处理工艺，既克服了好氧处理能耗大、自然处理需要大量土地面积的不足，又克服了厌氧处理达不到要求的缺陷，具有投资少、运行费用低、净化效果好、能源环境综合效益高的优点，特别适合产生高浓度有机废水的畜禽场的污水处理。其具体方法是先采用高效厌氧反应器（UASB）作为厌氧处理单元，使 COD 去除率可达 80%～90%，然后采用活性污泥法或生物接触氧化法作为好氧处理单元，COD 去除率可达 50%～60%，最后采用氧化塘等作为最终出水利用单元，其出水可达到国家规定的排放标准。

（2）厌氧处理法

厌氧消化可以将 85%～90% 的可溶性有机物去除，而且电能消耗比好氧生物处理工艺低 10 倍，故生产上常用厌氧技术处理污水。目前较为成熟且常用的厌氧工艺有厌氧消化池处理、上流式厌氧污泥床（UASB）处理、厌氧复合床反应器（UBF）处理、厌氧滤器（AF）处理、两段厌氧消化法处理、上流式污泥床反应器（USR）处理等。我国主要采用前三种作为畜禽场粪水处理的核心工艺。

二、人员准备

人员分组，每组6人，明确职责分工。

任务角色	任务内容
组长：	任务：
组员1：	任务：
组员2：	任务：
组员3：	任务：
组员4：	任务：
组员5：	任务：

任务 筹划

（一）内容筹划

污水处理原则，污水处理要求，粪污对畜禽的危害，粪污处理的措施。

（二）流程筹划

①根据粪便营养物质含量标准，分析禽粪用作饲料的处理方法。
②通过学习污水处理原则，了解污水处理的重要性。
③通过学习，掌握畜禽养殖场污水处理方法。
④提出粪便无害化处理方案。根据相关数据分析，总结粪污对畜禽危害的程度。

任务 实施

步骤一：

步骤二：

步骤三：

步骤四：

任务检测

请扫码答题

任务评价

工作任务完成过程评价

班级：_____ 姓名：_____ 学号：_____

项目	评分标准	自我评价	小组评价	教师评价
畜禽场污水的控制（35分）	粪便用作饲料的处理方法（10分）			
	污水处理基本原则（10分）			
	畜禽养殖场污水处理方法（15分）			
任务完成过程（40分）	能够根据工作任务分析并制订工作思路（10分）			
	查找资料、认真思考、积极动手动脑（10分）			
	团队协作良好，交流合作默契，互帮互助（10分）			
	小组分工明确，通过小组讨论与再学习较好地完成方案（10分）			
方案报告（15分）	能很好地展示实践成果（5分）			
	整体的效果（很好10分，较好7~9分，一般为3~6分，较差为0~2分）			
思政素养表现（10分）	通过对粪污危害的学习，树立保护关爱动物、珍爱生命、人与自然和谐共处的意识（5分）			

（续表）

项目	评分标准	自我评价	小组评价	教师评价
思政素养表现（10分）	通过学习粪污的危害，重视畜禽污染问题，明确环境保护和生态平衡的重要性，加强环保意识（5分）			
合计				
自我评价与总结				
教师点评				

任务三　环境卫生监测

为积极响应国家及四川省大力发展养殖业的号召，缓解国内生猪生产、流通、消费和市场调控方面存在的矛盾及问题，某养殖有限公司拟在四川省某村建设一个现代化生猪养殖场，准备投资400万，年出栏生猪1万头，占地面积30亩，主要建设内容包括猪舍、废水处理站和配套生活办公区等，并配套给排水、电力等公用工程。

请参考以上资料，设计一份养殖场环境质量监测方案。

班级：_____　姓名：_____　学号：_____

任务名称	畜禽场环境监测
任务描述	根据实际情况，填写本任务的内容、目的、流程和方法。 任务内容：根据上述畜禽场实际情况，结合专业知识，简单设计一份畜禽场环境监测方案。 任务目的：通过本次任务学习，熟悉环境监测的主要内容，了解环境监测的主要方法，并能够提出环境综合防治的对策及建议。 任务流程：查阅资料信息，分组调查研究，小组讨论分析，拟订监测方案。 任务方法：查阅资料、给出建议。

（续表）

获取信息	要完成任务，需要掌握相关的知识。请收集资料，回答以下问题。 1. 环境卫生监测的主要目的。 2. 环境卫生监测的主要内容。 3. 环境卫生监测的方法。 4. 环境质量评价方法。
制订计划	
任务实施	按照预先制订的工作计划，完成本任务，并记录任务实施过程。<table><tr><th>序号</th><th>完成的任务</th><th>遇到的问题</th><th>解决办法</th></tr><tr><td></td><td></td><td></td><td></td></tr><tr><td></td><td></td><td></td><td></td></tr><tr><td></td><td></td><td></td><td></td></tr></table>

任务准备

一、知识准备

（一）环境卫生监测的主要内容

科学地对畜禽养殖场及其周边环境进行监测与评价，对于拟建项目来讲，可以保证布局和选址的合理性，指导项目的环境工程设计，使开发者明确其环境义务和责任；对生产过程中的畜禽场来讲，可以摸清畜禽养殖区域环境质量状况，为畜禽环境管理与控制提供科学的依据。

畜禽养殖环境监测是以畜禽养殖污染物及其对动植物和人体的危害为核心，在某一时间或某一段时间内，间断或连续地对大气、水质及畜产品等质量变化的指标进行监测。

畜禽场环境监测的内容主要包括三个方面：一是环境监测，即定期采集畜禽场环境的大气、水源、土壤、饲料等样品，测定其中有害物质的种类与浓度；二是对污染源及畜产品等的监测，即对畜禽场污染物的浓度进行定期、定点的测定；三是定期测定畜产品中的残留污染物质。

思政导学

畜禽养殖场环境监测与治理是保护环境和公众健康的重要措施，通过定期监测和治理减少对环境的影响，加强学生环境保护的法律意识，培养学生环境监测的能力，深刻认识我国推进碳达峰碳中和的重大意义。

（二）环境监测的方法

1. 环境现状综合调查

（1）调查的原则和方法

畜禽养殖活动是人文与自然环境相互作用、相互制约而又相互融合的动态过程，特别是大、中型集约化畜禽养殖场，其规模大，影响面广，综合性与整体性强。因此，由畜禽环境行政主管部门委托相关具有检测资质的检测单位对畜禽养殖场的自然环境概况、社会经济概况和环境质量状况进行综合现状调查，并确定布点采样方案。

综合现状调查常采取收集资料和现场调查两种方法，首先收集获取有关资料，当这些资料不能满足要求时，再进行现场调查。

①收集资料法。通过查阅相关的文献资料，收集自然环境和社会环境等方面的信息，要查阅的资料有当地社会经济发展规划、牧场建设规划与可行性论证报告，当地及场区社会、经济和环境等方面的统计资料和环境管理、科研监测部门的环境调查、监测与评价资料等。收集资料法具有节省人力、物力和时间的优点。

②现场调查法。在收集资料的基础上，经整理、判断和分析后，对可疑的因素进行现场勘查与监测。此法说服力强，但需要较多的时间、人力和物力。有时还受季节、天气变化等因素的影响与限制。

（2）主要调查内容

①自然环境与资源概况。对自然地理、气候与气象、水文状况、土地资源、自然灾害、植被及自然保护区、生物资源等进行概况调查。

②社会经济条件。行政区划、工业布局、农田水利、畜禽业发展状况、乡镇居民点规模和分布情况、人群健康、地方病、人口密度、发生情况、文化教育水平等。

（3）畜禽场环境现状初步分析

根据畜禽场的历史与现状进行综合分析，分析内容主要包括：场区基本情况、灌溉用水环境质量、环境空气质量、土壤环境质量，确定优化布点监测方案。

2. 环境质量监测

（1）水质监测

按生活饮用水水质标准对畜禽场（区）水质进行监测。

①布点。水质监测点要有一定的代表性、准确性、合理性和科学性。设置畜禽养殖场水质监测点时要兼顾污染物的排放总量的监测和畜禽场废弃物对当地水环境的影响。通常在附近的农田灌溉水源、饮用水源、地下水井、渔业养殖水体等处布设监测点位。

②采样。地方环境监测站对畜禽生产企业的监督性监测每年至少1次，如被国家或地方环境保护行政主管部门列为年度监测的重点排污单位，应增加到每年2~4次。如果是生产企业进行自我监测，则按生产周期和生产特点确定监测频率，一般每周1次。畜禽生产企业如有污水处理设施并能正常运转使污水能稳定排放，监督监测可采瞬时样，对于排放曲线有明显变化的不稳定的排放污水，要根据曲线情况分时间单元采样再组成混合样品。要求混合单元采样不得少于2次。如排放污水的流量、浓度甚至组分都有明显变化，则在各单元采样时的采样量应与当时的污水流量成比例，以使混合样品更有代表性。

采样数量要适当增加2~3倍的余量；采样容器应先用采样点的水冲洗3次，然后装入水样；采样结束前要仔细检查采样记录和水样，若有漏采或不符合规定者，应立即补采和重新采样。

③监测项目。包括水温、pH值、生化需氧量、化学需氧量、悬浮物、氨氮、总磷、大肠杆菌数、蛔虫卵、总硬度、细菌总数、溶解性总固体、铅、硒、砷、铜等。

（2）空气监测

空气监测中常存在同一地点、不同时刻或同一时刻、不同空间位置所测定的污染物浓度不同的现象。一般可在一年四季各进行1次定期监测，每次至少连续监测5 d，每天采样3次以上。

①布点。主要根据现状分析结论、生产特点、当地主导风向来确定监测点位。样点的设置数量还应根据空气质量稳定性以及污染物对动植物及人体的影响程度适当增减。

②采样。采样方法的合理选择，是获得正确监测结果的一个重要因素之一，选择采样方法的依据有：污染物在大气中的存在状态，污染物浓度的高低，污染物的理化性质，分析方法的灵敏度。由此，把气体采样方法分为直接采样、浓缩采样（采取溶液吸收、固体阻流、低温冷凝及静电沉降等方法）和无动力采样三大类。

③监测项目。以氨、硫化氢、二氧化碳为主，如为无窗畜禽舍或饲料间，还需测粉尘，噪声等。

（3）土壤监测

①布点。土壤环境质量监测点布设，必须以能代表整个场区为原则，在可能造成污染的方位和地块布点。

②采样。土壤采样的深度通常为0~20 cm。按采样面积、地形或差异性的土壤

分 5~10 个点进行采样，然后组成 1 kg 左右的混合样进行检测。

③监测项目。包括 pH 值、生化需氧量、化学需氧量、氨氮、总磷、大肠杆菌数、蛔虫卵、细菌总数、总硬度、溶解性总固体、砷、铅、铜、硒等。

（4）固体废物监测

畜禽场固体废物主要包括：畜禽粪便、畜禽舍污泥、畜禽尸体、死胚、蛋壳、毛羽等。

①采样。对于堆存、运输中的固体废物和坑池中的液态废物，可按对角线、梅花形、棋盘形、蛇形等点分布确定采样位置。对于容器中的固体废物，可按上部、中部、底部确定采样位置。同时，要求采样的工具、设备所用材质不能和待采固体废物有任何反应，不能使待采固体废物污染分层和损失，采样工具应干燥、清洁。

②监测项目。包括 pH 值、水分含量、有机质、全氮、全磷、大肠杆菌数、蛔虫卵、细菌总数、砷、铅、铜、锌等。

3. 监测质量控制

监测过程中要实施严格的质量控制以确保监测数据的准确性和可靠性，达到控制监测质量的目的。

（1）监测人员

要求监测人员有一定的文化素质和专业技能，有高度的责任心，懂得协作与沟通，具有大局观念，工作认真细致，能胜任监测环境质量工作。

（2）采样科学合理

采样前要进行环境调查，了解排污单位的生产状况，包括原料种类、用量、半成品、成品种类及用量、用水量、用水部位、生产周期、工艺流程、废水来源、废水治理设施处理能力和运行状况等。同时，要了解周围居民的意见和建议，注意是否有异常现象。采样时要认真、规范，按规定填写采样记录，要求填写生产企业名称、样品类别、采样目的、采样地点、采样时间、样品编号、监测项目和所加保存剂名称、污染物表观特征描述、企业生产状况和采样人等。采样频次、时间和方法应根据监测对象和分析方法而定，样点的时空分布应能正确反映所监测地区主要污染物的浓度水平、波动范围和变化规律，注意样品的代表性，防止样品受人为因素的污染。要在规定的时间内送交检测实验室。

（3）检测实验室

注意实验室环境，防止交叉干扰，保证水和试剂的纯度要求，各种计量器具按要求定期进行检定与维护，要重视所用标准溶液的准确性。分析测试时应优先选用国家标准方法和最新版本的环境监测分析方法，采用其他方法时，必须进行等效试验，并报省级或国家级的监测站批准备案。凡能做平行样、质控样的分析样品，质控人员在采样或样品加工分装时应编入 10%~15% 的密码平行样或质控样。样品数不足 10 个时，应做 50%~100% 密码平行样或质控样。

4. 环境质量评价

研究环境质量变化规律，评价环境质量的水平，探讨改善环境质量的途径和措施，是畜禽环境评价工作的最终目的。

（1）评价基本程序

环境质量现状评价是根据环境调查与监测资料，应用环境质量指数系统进行综合处理，然后对这一区域的环境质量做出定量描述，并提出该区域环境污染综合防治措施。

环境质量现状评价工作程序为：环境质量状况考察及环境本底特征调查→环境质量调查及优化布点采样→调查资料及监测数据的分析整理→选定评价参数、评价的环境标准→建立评价数学模式并进行评价→环境质量现状评价结论→提出保护与改善环境的对策与建议。

（2）评价标准

环境质量评价标准是环境质量评价的依据。目前均以国家颁发的环境卫生标准作为评价依据，监测有害物质是否超过国家规定的标准。如：GB/T 25171—2023《畜禽养殖环境与废弃物管理术语》、GB 18596—2001《畜禽养殖业污染物排放标准》、GB 7959—2012《粪便无害化卫生标准》、GB 14554—1993《恶臭污染物排放标准》、GB 3095—2012《环境空气质量标准》、GB/T 14848—2017《地下水质量标准》、GB 5749—2022《生活饮用水卫生标准》、GB 5084—2021《农田灌溉水质标准》、GBZ 1—2010《工业企业设计卫生标准》、NY/T 1167—2006《畜禽场环境质量及卫生控制规范》、NY/T 388—1999《畜禽场环境质量标准》。

（3）评价方法

环境质量现状评价方法很多，不同对象的评价方法又不完全相同，依据简明、可比、可综合的原则，环境质量评价一般采用指数法。指数法又分单项污染指数法和综合污染指数法。

①单项污染指数法。

$$P_i = \frac{c_i}{s_i}$$

式中：P_i——环境中污染物 i 单项污染指数；

c_i——环境中污染物 i 的实测数据；

s_i——污染物 i 的评价标准。

当 $P_i<1$ 时，未污染，判定为合格；当 $P_i>1$ 时，污染，判定为不合格。

②综合污染指数法。

$$P_{综} = \sqrt{\left(\frac{c_i}{s_i}\right)^2_{max} + \left(\frac{c_i}{s_i}\right)^2_{avr/2}}$$

式中：

$\left(\frac{c_i}{s_i}\right)_{max}$——污染物中污染指数最大值；

$\left(\frac{c_i}{s_i}\right)_{avr/2}$——污染指数的平均值。

当 $P_{综}<1$ 时，未污染，判定为合格；当 $P_{综}>1$ 时，污染，判定为不合格。

（4）评价报告的基本内容

畜禽养殖环境质量现状评价报告通常包括如下内容。

①前言。包括评价任务缘由、产品特点、生产规模及发展计划与规划。

②环境质量现状调查。主要对自然环境状况、主要工业污染源进行调查，对产地环境现状进行初步分析。

自然环境状况包括地理位置、地形地貌、土壤类型、土壤质地及气候气象条件、生物多样性及水系分布情况等。工业污染源主要包括乡镇、村办工矿企业的"三废"排放等。产地环境现状初步分析主要根据实地调查及收集的有关基础资料、监测资料等，对场区及其周边环境质量状况做出初步分析。

③环境质量监测。包括布点的原则和方法，采样的方法、样品处理、分析项目与分析方法、分析测定结果等。

④环境质量现状评价。包括评价所采用的模式及评价标准，并对监测的结果进行定量与定性分析。

⑤提出环境综合防治的对策及建议。

二、人员准备

人员分组，每组6人，明确职责分工。

任务角色	任务内容
组长：	任务：
组员1：	任务：
组员2：	任务：
组员3：	任务：
组员4：	任务：
组员5：	任务：

  任务 筹划

（一）内容筹划

环境监测的主要内容，环境监测的主要方法，环境监测的具体细节，环境质量评价。

（二）流程筹划

①熟悉环境监测的主要内容。

②了解环境监测的主要方法。

③找到实际环境监测的对象，进行规范监测。

  任务 实施

步骤一：

步骤二：

步骤三：

步骤四：

任务检测

请扫码答题

任务评价

工作任务完成过程评价

班级：_____ 姓名：_____ 学号：_____

项目	评分标准	自我评价	小组评价	教师评价
畜禽场环境的监测（35分）	环境卫生监测主要内容（10分）			
	环境卫生监测方法（10分）			
	环境综合防治措施（15分）			
任务完成过程（40分）	能够根据工作任务分析并制订工作思路（10分）			
	查找资料、认真思考、积极动手动脑（10分）			
	团队协作良好，交流合作默契，互帮互助（10分）			
	小组分工明确，通过小组讨论与再学习较好地完成方案（10分）			
方案报告（15分）	能很好地展示实践成果（5分）			
	整体的效果（很好10分，较好7～9分，一般为3～6分，较差为0～2分）			
思政素养表现（10分）	通过对环境卫生监测的学习，树立加强养殖环境治理、促进畜禽业可持续发展的意识（5分）			

（续表）

项目	评分标准	自我评价	小组评价	教师评价
思政素养表现（10分）	通过对环境卫生监测的学习，强调人人都有保护环境、维护健康的责任（5分）			
	合计			
自我评价与总结				
教师点评				

任务四　蚊虫鼠害控制

任务导入

　　蚊虫、鼠害是畜禽疾病的主要传播媒介，如猪瘟、伪狂犬病、猪痢疾、疥螨等多种疾病都可以通过蚊蝇机械性地传播。蚊蝇达到一定密度，叮咬时能对猪的休息产生影响，引起猪的应激反应，影响猪的生长。在产仔舍内，蚊蝇能引发母猪的乳房炎，更可引起仔猪的链球菌性脑膜炎。同时，蚊虫对猪场工作人员的生活也会产生重大影响，消灭蚊蝇成为目前规模化猪场的一项重要工作。规模畜禽场蚊蝇的控制应采取综合防治的措施，根据蚊蝇的生活史，通过环境控制、生物防治、药物灭杀三者相结合的方法，方能简便、经济、有效地控制畜禽舍蚊蝇为有效预防和控制蚊虫、鼠传染病的发生，保障畜禽健康养殖，保障公共卫生安全。

　　广东省开平市一家大型的集约化猪场，存栏母猪有1 300多头，占地面积约500亩，2022年5月经广州新牧公司技术人员现场勘察和本猪场员工介绍，确定本猪场鼠害情况：畜禽场面积大、鼠害分布范围广，以褐家鼠（地面鼠）为主，猪舍与水塘边空地、猪舍间空地、饲料储藏间和场区外围是鼠害严重的区域，在上述区域附近栽种的树苗经常被老鼠啃咬致死。

　　根据该猪场的鼠害情况，制订一份畜禽场蚊虫鼠害控制方案。

任务工单

班级：_____　姓名：_____　学号：_____

任务名称	畜禽场灭鼠方案
任务描述	根据实际情况，填写本任务的内容、目的、流程和方法。 任务内容：根据养殖鼠害实际情况，结合专业知识，简单设计一份畜禽场蚊虫灭鼠方案。

（续表）

任务描述	任务目的：通过本次任务学习，学会如何防蚊灭鼠。 任务流程：查阅资料信息，分组调查研究，小组讨论分析，拟订方案。 任务方法：查阅资料、给出建议。
获取信息	要完成任务，需要掌握相关的知识。请收集资料，回答以下问题。 1. 蚊蝇防治方法。 2. 鼠害控制方法。 3. 灭鼠前的基本试验。 4. 防蚊灭鼠方案的制订。
制订计划	
任务实施	按照预先制订的工作计划，完成本任务，并记录任务实施过程。 | 序号	完成的任务	遇到的问题	解决办法
---	---	---	---

任务准备

一、知识准备

（一）灭蝇防鼠

蚊虫是畜禽场内非常常见的害虫之一，它们常在潮湿环境下繁殖，给动物带来疾病传播的风险。

蚊蝇和鼠是人畜多种传染病的传播媒介，不仅传播疾病，影响畜禽和人类健康。鼠还盗食饲料，咬死或咬伤雏禽，污染饲料和饮水，咬坏物品，破坏建筑物，必须采取措施严加防治。

（二）蚊蝇防治

1. 畜禽场要搞好环境卫生

每天清理养殖区域的垃圾和粪便，定期清理饮水设备，保持水质清洁，保持四周环境的清洁。

2. 化学防治

用化学药品（杀虫剂）来防治蚊蝇，常用的杀虫剂有马拉硫磷、合成拟菊酯和敌敌畏等。

3. 物理防治

安装蚊虫灯，即用光、电、声等物理方法捕杀、诱杀或驱逐蚊蝇。如电气灭蝇灯、声波和超声波都具有良好的防治效果。

4. 生物防治

即利用天敌杀灭蚊蝇。如池塘养鱼可利用鱼类治蚊，达到灭蚊目的。另外，应用细菌制剂来杀灭吸血蚊的幼虫，效果也很好。

5. 搭设防蚊虫网

避免蚊虫进入养殖区域。

（三）消灭鼠害

1. 常用灭鼠方法

（1）建筑防鼠

即从畜禽舍建筑和卫生着手控制鼠类的繁殖和活动，把鼠类在各种场所的生存空间限制到最低限度，使它们难以找到食物和藏身之处。要求畜禽舍及周围的环境一定要整洁，及时清除残留的饲料和生活垃圾，畜禽舍建筑如墙基、地面、门窗等方面要坚固，一旦发现洞穴立即封堵。

（2）器械灭鼠

常用的鼠夹子和电子捕鼠器（电猫），用此方法捕鼠前要考察当地的鼠情，弄清本地以哪种鼠为主，便于采取有针对性的措施。此外诱饵的选择常以蔬菜、瓜果为主，诱饵要经常更换，尤其阴天老鼠更容易上钩，捕鼠器要放在鼠洞、鼠道上，小家鼠常沿壁行走，褐家鼠常走沟壑，捕鼠器要经常清洗。

（3）化学药物灭鼠

化学药物灭鼠在规模化畜禽场比较常用，此方法见效快，成本低，但是，容易引起人畜中毒，因此，要选择对人畜安全的低毒灭鼠药，并且设专人负责撒药布阵、捡鼠尸，撒药时要考虑鼠的生活习性，有针对性地选择鼠洞、鼠道。常用的灭鼠药有敌鼠钠、大隆、卫公灭鼠剂等（抗凝血灭鼠剂），主要机制是破坏血液中凝血酶原使其失去活力，同时使毛细血管变脆，使老鼠内脏出血而死亡。此类药物的共同特点是不产生急性中毒症状，鼠类易接受，不易产生拒食现象，对人畜比较安全。常用灭鼠药的性状与毒力见表6-8。

表6-8 常用灭鼠剂的性状与毒力

灭鼠剂	性状				毒力		中毒后死亡时间	毒饵常用浓度/%
	形状	颜色	臭味	水溶性	鼠	人、畜		
磷化锌	粉末	黑	大蒜味	不溶	毒	弱	1 d 内	1~3
灭鼠宁	粉末	灰折	无	不溶	毒	弱	0.5~2.0 h	0.5~1.0
灭鼠安	粉末	淡黄	无	不溶	毒	弱	8 h	1~2

（续表）

灭鼠剂	性状				毒力		中毒后死亡时间	毒饵常用浓度 /%
	形状	颜色	臭味	水溶性	鼠	人、畜		
灭鼠优	粉末	淡黄	无	不溶	毒	弱	8～12 h	1～2
安妥	粉末	浅灰	微	不溶	毒	弱	2 d	1～3
UK-786	结晶	白	无	不溶	剧毒	弱	1～4 h	2
RH-908	固体	白	无	不溶	剧毒	较强	—	0.25
灭鼠灵	粉末	白	无	不溶	剧毒	较弱	7 d 左右	0.025～0.05
敌鼠钠	粉末	黄	无	不溶	剧毒	较弱	4～6 d	0.025～0.05
杀鼠迷	粉末	白	无	不溶	剧毒	较弱	4～5 d	0.0375
大隆	粉末	黄白	无	不溶	剧毒	较弱	6 d 内	0～0.005

（4）中草药灭鼠

采用中草药灭鼠，可以就地取材，成本低，使用方便，不污染环境，对人、畜较安全，但适口性差，鼠不易采食，且有效成分低，灭鼠效果较差。可用于灭鼠的中草药主要有马钱子、苦参、狼毒、山宫兰、白天翁等等。

（5）生物灭鼠

一是利用天敌灭鼠，鼠类的天敌很多，猪场可以通过保护黄鼬、胡猫头鹰、蛇类等鼠类天敌，以减少鼠害。二是改良环境，包括防鼠建筑、断绝鼠粮、农田改造、搞好室内环境卫生、清除鼠类隐蔽处所等，也就是控制、改造、破坏有利于鼠类生存的生活环境和条件。如在下水道出、入口加铁丝网；在重点防控区的门下半截钉 30～50 cm 高的铁皮或加一道高度为 60 cm 左右的铁门；修理门与地面、窗与窗台、门与门之间的缝隙；及时将破损、没有硬化的地面进行修补，或将路面硬化，畜禽场很少采用此法。

2. 灭鼠前试验观察

（1）毒力初测

有足够的毒力是灭鼠剂的必要条件，药物可否用于灭鼠，需首先做毒力初测。实验动物每组最好 10 只，给药剂量视情况而定。

（2）LD_{50} 测定

测定药物对鼠的 LD_{50} 可以得到药物对鼠毒力的基本数据，并初步确定灭鼠剂的使用浓度等。LD_{50} 的测定方法很多，如流动平均法、极值分析图解法、比例法等，其中比例法简单易懂，易操作。

（3）接受性观察

确定药物对鼠类具有足够的毒力后，接着必须观察鼠类能否接受药物制成的毒饵。这是关系到这种药物能否用作灭鼠剂的第二个关键问题。进行本项试验，应使用要杀灭的鼠种，对体重要求不严，但要选用成鼠。

（4）再遇接受性观察

也就是拒食性的观察，每种药实验两组，每组用鼠 20～30 只。分别进行实验对比。

（5）耐药性观察

能引起耐药性的药物不易反复使用。本项观察每组一般用鼠 20～30 只，进行耐药性的对比实验。

（6）残效期观察

毒饵投放现场的残效期是确定是否需要警戒和禁牧期限的依据。常用的测定方法有：含量测定法、生物测定法等。

思政导学

党的二十大报告中提出"人与自然生命共同体"理念。蚊虫、鼠害是畜禽疾病的主要传播媒介，通过防蚊灭鼠治理减少对畜禽生产的影响，建设绿色、环保的畜禽业养殖场环境，也关系着人类健康发展。

二、人员准备

人员分组，每组 6 人，明确职责分工。

任务角色	任务内容
组长：	任务：
组员 1：	任务：
组员 2：	任务：
组员 3：	任务：
组员 4：	任务：
组员 5：	任务：

任务筹划

（一）内容筹划

常见蚊蝇防治方法，常见灭鼠方法，灭鼠前的基本试验，防蚊灭鼠方案制订。

（二）流程筹划

①依据实际情况，确定可行的蚊蝇防治措施。
②根据灭鼠前的试验观察，确定有效的灭鼠方案。
③根据蚊虫鼠害情况，做好其他方面预案。
④制订切实可行的防蚊灭鼠计划。

 任务实施

步骤一：

步骤二：

步骤三：

步骤四：

任务检测

请扫码答题

任务评价

工作任务完成过程评价

班级：_____ 姓名：_____ 学号：_____

项目	评分标准	自我评价	小组评价	教师评价
畜禽场蚊蝇鼠害的控制（35分）	防蚊、灭鼠药物（10分）			
	防蚊、灭鼠方法（10分）			
	防蚊、灭鼠综合防治措施（15分）			
任务完成过程（40分）	能够根据工作任务分析并制订工作思路（10分）			
	查找资料、认真思考、积极动手动脑（10分）			
	团队协作良好，交流合作默契，互帮互助（10分）			
	小组分工明确，通过小组讨论与再学习较好地完成方案（10分）			

（续表）

项目	评分标准	自我评价	小组评价	教师评价
方案报告（15分）	能很好地展示实践成果（5分）			
	整体的效果（很好10分，较好7~9分，一般为3~6分，较差为0~2分）			
思政素养表现（10分）	通过对防蚊、灭鼠的学习，树立加强养殖环境治理、促进畜禽业可持续发展的意识（5分）			
	通过对防蚊、灭鼠的学习，强调人人都有保护环境、维护健康的责任（5分）			
合计				
自我评价与总结				
教师点评				

任务五　畜禽场环境消杀

任务导入

黑龙江省李某某私建猪舍并在养猪生产过程中排放的生产废水、尿液、残余的粪便、毛发、饲料残渣和冲洗水等污染物未进行消杀处理，直接排入天然水体、农田，导致了严重的环境污染，被群众举报。

请根据以上畜禽场的情况，设计一份畜禽场环境消杀方案。

任务工单

班级：_____　姓名：_____　学号：_____

任务名称	畜禽场环境消杀
任务描述	根据实际情况，填写本任务的内容、目的、流程和方法。 任务内容：根据上述畜禽场实际情况，结合专业知识，简单制订一份畜禽场环境消杀方案。 任务目的：通过本次任务学习，熟悉如何消除畜禽场的恶臭，了解畜禽场的消毒类型、消毒模式和消毒方法，并能够结合实际提出环境消杀的对策及建议。 任务流程：查阅资料信息，分组调查研究，小组讨论分析，拟订环境消杀方案。 任务方法：查阅资料、给出建议。

（续表）

获取信息	要完成任务，需要掌握相关的知识。请收集资料，回答以下问题。 1. 如何消除畜禽场的恶臭？ 2. 畜禽场环境消杀的类型。 3. 畜禽场常见的消毒模式。 4. 畜禽场环境消毒方法。
制订计划	
任务实施	按照预先制订的工作计划，完成本任务，并记录任务实施过程。 | 序号	完成的任务	遇到的问题	解决办法 | |---|---|---|---| | | | | | | | | | | | | | | |

任务准备

一、知识准备

（一）畜禽场恶臭的消除

畜禽粪尿堆肥处理过程中会产生大量的臭气。并且臭气的成分复杂，主要含有氨、含硫化合物、胺类和一些低级脂肪酸类等化学物质，其中氨气含量最高。臭气发生的过程分两个阶段，堆肥前期（1～4 d），粪尿中的有机物快速分解消耗大量的O_2，造成局部缺氧并产生大量的含硫化合物、少量的有机酸和NH_3，但由于此时pH值较低，尚不会造成NH_3的挥发。随着堆肥温度的不断上升，一些有机酸逐渐被分解，导致pH值上升，会出现大量的NH_3挥发。5 d以后（堆肥后期）则以NH_3挥发为主，其他臭气成分含量逐渐减轻。因此，堆肥最初阶段是抑制臭气产生的关键时期。除臭有三种方法，即物理法（掩蔽和稀释扩散等）、化学法（氧化、吸收和吸附）和生物法（过滤、堆肥和土壤）。这三种处理方法各有其优缺点。对于大流量、低浓度的挥发性有机废气和恶臭气体，使用物理和化学处理存在投资大、操作复杂、运行成本高的问题。生物脱臭法将成为 21 世纪处理臭气的主要方法。该方法具有处理效率高、无二次污染、所需设备简单、便于操作、费用低廉和管理维护方便的特点，已成为恶臭治理的一个发展方向。

1. 吸收法

吸收法是利用恶臭气体的物理或化学性质，使用水或化学吸收液对恶臭气体进行物理或化学吸收脱除臭味的方法，即用适当的液体作吸收剂使恶臭气体与其接触，并使这些有害组分溶于吸收剂中，气体得到净化。用水作吸收液吸收氨气、硫化氢气体时，其脱臭效率主要与吸收塔内液气比有关。当温度一定时，液气比越大，则脱臭效率也越高。水吸收的缺点是耗水量大、废水难以处理，易造成二次污染。使用化学吸收液时，通过化学反应生成的物质性质稳定来达到脱臭效果，当恶臭气体浓度较高时一级吸收往往难以满足脱臭的要求，此时可采用二级、三级或多级吸收方能达到要求。目前工业上常用的吸收设备主要有表面吸收器、鼓泡式吸收器、喷淋式吸收器。

2. 吸附法

气体被附着在某种材料外表面的过程称为吸附。吸附的效率取决于材料的面积和质量，而面积和质量又取决于材料的孔隙度，为了增加孔隙度，用作吸附的材料需要进行特殊的处理。最常用的吸附材料是活性炭，它需要在 350～1 000 ℃的温度下，在蒸气、氯气或二氧化碳气体中处理后才能获得。同时，吸附的效果还取决于被处理气体的性质，被处理气体的溶解性高、易于转化成液体的气体其吸附效果较好。如：H_2S、NH_3 和 SO_2 的吸附性较高。工业上常使用的吸附装置常由圆柱形的容器组成，内设两个活性炭吸附床。当被污染的气体通过吸附床时则被活性炭吸附。吸附法比较适用于低浓度有味气体的处理。

天然沸石是一种含水的碱金属或含碱土金属的铝硅酸盐矿物。它的分子结构属于开放型，有很大的吸附表面和很多大小均一的空腔和通道，可选择性地吸附胃肠中的细菌及 NH_4^+、H_2S、CO_2、SO_2 等有毒物质。同时由于它有吸水作用，能降低畜禽舍内空气湿度和粪便的水分，可以减少氨气等有害气体的毒害作用。试验表明，若将沸石按每只鸡 5 g 的比例混于垫料中，舍内的 NH_3 下降 37.04%，CO_2 下降 20.19%（$P<0.05$）。还可以选择与沸石结构相似的海泡石、膨润土、凹凸棒石、蛭石、硅藻石等矿物。

3. 化学除臭法

化学除臭剂可通过氧化作用和中和作用等化学反应把有味的化合物转化成无味或较少气味的化合物。常用的化学氧化剂有高锰酸钾、重铬酸钾、硝酸钾、双氧水、次氯酸盐和臭氧等，其中高锰酸钾除臭效果相对较好。根据研究表明，在每千克牛粪水中添加 100～125 mg H_2O_2 可明显减少气味；在每千克猪粪水中添加 500 mg H_2O_2 气味明显减少。常用的中和剂有石灰、甲酸、稀硫酸、过磷酸钙、硫酸亚铁等。市场上常见的喷雾除臭剂有 OX 剂（美国生产）和 OZ 剂（韩国生产），通过表面喷洒的方法处理堆肥以及废水处理场散发的臭气，具有除臭消毒作用。

4. 生物除臭法

生物除臭法利用微生物来分解、转化臭气成分以达到除臭目的，因此也叫微生物除臭法。生物除臭法分三个过程：第一个过程是将部分臭气由气相转变为液相；第二过程是溶于水中的臭气通过微生物的细胞壁和细胞膜被微生物吸收，不溶于水的臭气先附着在微生物体外，由微生物分泌的细胞外酶分解为可溶性物质，再渗入细胞；第三过程是臭气进入细胞后，在体内作为营养物质为微生物所分解、利用，使臭气得以去除。近年来，我国台湾地区利用微生物发酵床垫料处理粪便。其方法是在饲养猪舍床面上先铺一层锯木屑，再撒上一层可以分解粪尿的微生物。这些微生物可在短时间内将猪粪中的蛋白质分解，把氨气变成硝酸、硫化氢变成硫酸，达到除臭的目的。据报道，用细黄链霉素培养物按 1:20 加入新鲜鸡粪中，使鸡粪发酵 1 周，发现对鸡粪不仅有良好的除臭效果，而且能使其中的全氮含量比未处理的鸡粪提高 45.5%，产生全氮含量提高的根本原因是抑制了含氮臭气成分的挥发所致。另据报道，在猪粪中添加光合营养细菌能明显减少含氮臭气成分的挥发，有明显的除臭作用。

（二）环境消毒

消毒是指以物理的、化学的或生物学的方法清除或杀灭由传染源排放到外界环境中的病原微生物，以切断传播途径，预防或防止传染病发生、传播和蔓延的措施。在畜禽业生产中，场内环境、畜体表面以及设施器具等随时可能受到病原体的污染，从而导致传染病的发生，给生产带来巨大的损失。消毒是预防传染病发生的最重要和最有效的措施之一，消毒也是畜禽场环境管理和卫生防疫的重要内容。

1. 畜禽场常见的消毒分类

根据其目的和实施的时机不同，畜禽场的消毒通常被分为经常性消毒、定期消毒、突击性消毒、临时消毒和终末消毒。

（1）经常性消毒

经常性消毒是指在未发生传染病的条件下，为了预防传染病的发生，消灭可能存在的病原体，根据畜禽场日常管理的需要，随时或经常对畜禽场环境以及畜禽经常接触到的人以及一些器物如工作衣、帽、靴进行消毒。消毒的主要对象是接触面广、流动性大、易受病原体污染的器物、设施和出入畜禽场的人员、车辆等。

简单易行的经常性消毒方法是在场舍入口处设消毒槽和紫外线杀菌灯，人员牲畜出入时，踏过消毒池内的消毒液以杀死病原微生物。消毒槽须由兽医管理，定期清除污物，更换新配制的消毒液。进场时人员需经过淋浴并且换穿场内经紫外线消毒后的衣帽，再进入生产区，这是一种行之有效的预防措施，即使对要求极严格的种畜场，淋浴也是预防传染病发生的有效方法。

（2）定期消毒

定期消毒是指在未发生传染病时，为了预防传染病的发生，对于有可能存在病原体的场所或设施如圈舍、栏圈、设备用具等进行定期消毒。当畜禽出售畜禽舍空出后，必须对畜禽舍及设备、设施进行全面清洗和消毒，以彻底消灭微生物，使环境保持清洁卫生。

（3）临时消毒

在非安全地区的非安全期内，为消灭病畜携带的病原传播所进行的消毒，称为临时消毒。临时消毒应尽早进行，根据传染病的种类和用具选用合适的消毒剂。

（4）突击性消毒

突击性消毒是指在某种传染病暴发和流行过程中，为了切断传播途径，防止其进一步蔓延，对畜禽场环境、畜禽、器具等进行的紧急性消毒。由于病畜（禽）的排泄物中含有大量的病原体，带有很大的危险性，因此必须对病畜进行隔离，并对隔离畜舍进行反复的消毒。要对病畜所接触过的和可能受到污染的器物、设施及其排泄物进行彻底的消毒。对兽医人员在防治和试验工作中使用的器械设备和所接触的物品亦应进行消毒。

（5）终末消毒

发病地区消灭了某种传染病，在解除封锁前，为了彻底消灭病原体而进行的最后消毒，称为终末消毒。终末消毒不仅要对病畜周围一切物品及畜舍进行消毒，而且要对痊愈畜禽的体表、畜禽舍和畜禽场其他环境进行消毒。

2. 常用消毒方法

（1）物理消毒法

包括机械性消毒、日光照射消毒、辐射消毒、高温消毒等。

①机械性消毒。用清扫、铲刮、洗刷等机械方法清除降尘、污物及沾染在墙壁、地面以及设备上的粪尿、残余饲料、废物、垃圾等，这样可减少大气中的病原微生物。

②日光照射消毒。将物品置于日光下暴晒，利用太阳光中的紫外线、阳光的灼热和干燥作用使病原微生物灭活的过程。这种方法适用于对畜禽场、运动场场地，垫料和可以移出室外的用具等进行消毒。

③辐射消毒。多采用紫外线照射消毒。紫外线照射消毒是用紫外线灯照射杀灭空气中或物体表面的病原微生物的过程。紫外线照射消毒常用于种蛋室、兽医室等空间以及人员进入畜禽舍前的消毒。由于紫外线容易被吸收，对物体（包括固体、液体）的穿透能力很弱，所以紫外线只能杀灭物体表面和空气中的微生物。当空气中微粒较多时，紫外线的杀菌效果降低。由于畜禽舍内空气尘粒多，所以，对畜禽舍内空气采用紫外线消毒效果不理想。另外，紫外线的杀菌效果还受环境温度的影响，消毒效果最好的环境温度为 20～40 ℃，温度过高或过低均不利于紫外线杀菌。

④高温消毒。利用高温环境破坏细菌、病毒、寄生虫等病原体结构，杀灭病原的过程，主要包括火焰、煮沸和高压蒸气等消毒形式。

（2）化学消毒法

化学消毒法是使用化学消毒剂，通过化学消毒剂的作用破坏病原体的结构以直接杀死病原体或使病原体的增殖发生障碍的过程。化学消毒法比其他消毒方法速度快、效率高，能在数分钟内进入病原体内并杀灭之。所以，化学消毒法是畜禽场最常用的消毒方法。

（3）生物消毒法

生物消毒法是利用微生物在分解有机物过程中释放出的生物热，杀灭病原性微生物和寄生虫卵的过程。在有机物分解过程中，畜禽粪便温度可以达到 60～70 ℃，可以使病原性微生物及寄生虫卵在十几分钟至数日内死亡。生物消毒法是一种经济简便的消毒方法，能杀死大多数病原体，主要用于粪便消毒。

3. 畜禽场环境消毒方法

（1）畜舍带畜消毒

在日常管理中，对畜舍应经常进行定期消毒。消毒的步骤通常为清除污物、清扫地面、彻底清洗器具和用品、喷洒消毒液，有时在此基础上还需以喷雾、熏蒸等方法加强消毒效果。可选用 2%～4% 的氢氧化钠、0.3%～1.0% 的菌毒敌、0.2%～0.5% 的过氧乙酸或 0.2% 的次氯酸钠、0.3% 的漂白粉溶液进行喷雾消毒。这种定期消毒一般带畜进行，每隔 2 周或 20 d 左右进行 1 次。

（2）畜禽舍空舍消毒

畜禽出栏后，应对畜禽舍进行彻底清扫，将可移动的设备、器具等搬出畜禽舍，在指定地点清洗、暴晒并用消毒液消毒。用水或用 4% 的碳酸钠溶液或清洁剂等刷洗墙壁、地面、笼具等，干燥后再进行喷洒消毒并闲置两周以上。在新一批畜禽进入畜禽舍前，可将所有洗净、消毒后的器具、设备及欲使用的垫草等移入舍内，以福尔马林（40% 甲醛溶液）熏蒸消毒。方法是取一个容积大于福尔马林用量数倍至十倍且耐高温的容器，先将高锰酸钾置于容器中（为了增加催化效果，可加等量的水使之溶解），然后倒入福尔马林，人员迅速撤离并关闭畜禽舍门窗。福尔马林的用量一般为 25～40 mL，与高锰酸钾的比例以 5∶3 至 2∶1 为宜。该消毒法消毒时间一般为 12～24 h，然后打开门窗通风 3～4 d。如需要尽快消除甲醛的刺激气味，可用氨水加热蒸发使之生成无刺激性的六甲烯胺。此外，还可以用 20% 的乳酸溶液加热蒸发对畜禽舍进行熏蒸消毒。

如果发生了传染病，用具有特异性和消毒力强的消毒剂喷洒畜禽舍后再清扫畜禽舍，就可防止病原随尘土飞扬造成疾病在更大范围传播。然后以大剂量特异性消毒剂反复进行喷洒、喷雾及熏蒸消毒。一般每日 1 次，直至传染病被彻底扑灭，解除封锁为止。

（3）饲养设备及用具的消毒

应将可移动的设施、器具定期移出畜禽舍，清洁冲洗，置于太阳下暴晒。将食槽、饮水器等移出舍外暴晒，再用 1%～2% 的漂白粉、0.1% 的高锰酸钾及氯己定等消毒剂浸泡或洗刷。

（4）畜禽粪便及垫草的消毒

在一般情况下，畜禽粪便和垫草最好采用生物消毒法消毒。采用这种方法可以杀灭大多数病原体如口蹄疫、猪瘟、猪丹毒及各种寄生虫卵。但是对患炭疽、气肿疽等传染病的病畜粪便，应采取焚烧或经有效的消毒剂处理后深埋。

(5)畜禽舍地面、墙壁的消毒

对地面、墙裙、舍内固定设备等，可采用喷洒法消毒。如对圈舍空间进行消毒，则可用喷雾法。喷洒要全面，药液要喷到物体的各个部位。喷洒地面时，每平方米喷洒药液 2 L，喷墙壁、顶棚时，每平方米喷洒药液 1 L。

(6)畜禽场及生产区等出入口的消毒

在畜禽场入口处供车辆通行的道路上应设置消毒池，池的长度一般要求大于车轮周长 1.5 倍。在供人员通行的通道上设置消毒槽，池（槽）内用草垫等物体作消毒垫。消毒垫以 20% 新鲜石灰乳、2%～4% 的氢氧化钠或 3%～5% 的煤酚皂液（来苏尔）浸泡，对车辆、人员的足底进行消毒，值得注意的是应定期（如每 7 d）更换 1 次消毒液。

(7)工作服消毒

洗净后可用高压消毒或紫外线照射消毒。

(8)运动场消毒

清除地面污物，用 10%～20% 漂白粉液喷洒，或用火焰消毒，运动场围栏可用 15%～20% 的石灰乳涂刷。

思政导学

畜禽业养殖场环境消杀是保护环境和公众健康的重要措施，通过定期消毒和治理减少对环境的影响，建设绿色、环保的畜禽业养殖场。

二、人员准备

人员分组，每组 6 人，明确职责分工。

任务角色	任务内容
组长：	任务：
组员 1：	任务：
组员 2：	任务：
组员 3：	任务：
组员 4：	任务：
组员 5：	任务：

任务筹划

（一）内容筹划

畜禽场恶臭的控制，畜禽场的消毒模式，常用的消毒方法，环境消杀方案制订。

（二）流程筹划

①了解畜禽场恶臭产生的原因及控制措施。

②熟悉畜禽场常见的消毒类型和模式。

③依据畜禽场环境卫生消杀方法，制订一份畜禽场环境消毒制度及方案。

④能够结合实际环境条件，提出环境消杀的对策及建议。

 任务实施

步骤一：

步骤二：

步骤三：

步骤四：

任务检测

请扫码答题

任务评价

工作任务完成过程评价

班级：_____ 姓名：_____ 学号：_____

项目	评分标准	自我评价	小组评价	教师评价
畜禽场环境消杀（35分）	畜禽场常见的环境消毒（10分）			
	畜禽场消毒类型（10分）			
	畜禽场消毒方法（15分）			
任务完成过程（40分）	能够根据工作任务分析并制订工作思路（10分）			
	查找资料、认真思考、积极动手动脑（10分）			
	团队协作良好，交流合作默契，互帮互助（10分）			
	小组分工明确，通过小组讨论与再学习较好地完成方案（10分）			

(续表)

项目	评分标准	自我评价	小组评价	教师评价
方案报告（15分）	能很好地展示实践成果（5分）			
	整体的效果（很好10分，较好7~9分，一般为3~6分，较差为0~2分）			
思政素养表现（10分）	通过对畜禽场环境消杀的学习，培养学生正确认识畜禽环境卫生，树立环保意识、畜禽养殖产业的可持续发展的理念（5分）			
	通过对畜禽场环境消杀的学习，强调人人都有保护环境、维护健康的责任（5分）			
合计				
自我评价与总结				
教师点评				

任务六　畜禽场环境绿化

任务导入

随着全球畜禽业规模的不断扩大，动物饲养环境绿化、环境改善成为了一个重要话题，绿化环境能够提高动物的生产性能和健康状况，同时也能减轻环境压力和提高动物福利。

假如要新办一家养殖场（牛、羊、猪），撰写一份畜禽场环境绿化实施方案。

任务工单

班级：＿＿＿＿＿＿＿＿＿＿　姓名：＿＿＿＿＿＿＿＿　学号：＿＿＿＿＿＿＿＿＿＿

任务名称	畜禽场环境绿化
任务描述	根据实际情况，填写本任务的内容、目的、流程和方法。 任务内容：以上面案例为例，结合专业知识，简单撰写一份畜禽场环境绿化实施方案。 任务目的：通过本次任务学习，熟悉畜禽场环境绿化的目的，了解环境绿化带的种类及设置方法，掌握环境绿化植物的选择等，并能够撰写环境绿化实施方案。 任务流程：查阅资料信息，分组调查研究，小组讨论分析，拟订环境绿化方案。 任务方法：查阅资料、给出建议。

（续表）

获取信息	要完成任务，需要掌握相关的知识。请收集资料，回答以下问题。 1. 畜禽场环境绿化的目的。 2. 畜禽场环境绿化带的种类及设置。 3. 畜禽场环境绿化植物的选择。 4. 畜禽场环境绿化方案制订。
制订计划	
任务实施	按照预先制订的工作计划，完成本任务，并记录任务实施过程。 | 序号	完成的任务	遇到的问题	解决办法 | |---|---|---|---| | | | | | | | | | | | | | | | | | | | |

任务准备

一、知识准备

畜禽场建成投产后，其生产管理的主要任务之一则是搞好环境的管理，以保证畜禽场环境整洁和安全。绿化可改善场内小气候环境并减少污染；保持畜禽场的无病清洁则需进行环境的消毒；畜禽场的除臭防害也是保证生产正常进行的必要措施之一。

（一）畜禽场绿化环境的卫生意义

1. 改善场区小气候状况

（1）绿化可以明显改善畜禽场内温度状况

绿色植物对太阳辐射热的吸收能力较强，如单片树叶对太阳辐射热的吸收率可达 50% 以上。植物吸收的太阳辐射热大部分用于蒸腾和光合作用，绿色植物枝叶茂盛，吸热面积大，通常树林的叶片面积是地面面积的 75 倍，草地叶片面积是地面面积的 25～35 倍。绿色植物在蒸腾过程中除直接吸收太阳辐射热外，还从周围空气中吸收大量热能。所以，在炎热夏季，绿色植物能够减少地面对太阳辐射的吸收量，降低空气温度。在夏季，植被上方的气温通常比裸地上方的气温低 3～5 ℃。冬季绿地上方的最高气温及平均气温低于裸露地面，但最低气温高于裸露地面，从而缩小了气温日较差，缓解了寒冷的程度。

（2）绿化可以明显增加畜禽场的湿度

植物根系具有吸收和保持土壤水分，固定土壤，防止水土流失的作用。植物枝叶的蒸腾作用能够增加空气湿度。绿色植物繁茂的枝叶能够阻挡气流，降低风速，使蒸发到空气中的水分不易扩散。所以，绿化区域空气的湿度，包括绝对湿度和相对湿度均普遍高于非绿化区。绿化区相对湿度通常比非绿化区高出 10%～20%，甚至可以达到 30%。

（3）绿化可以明显减少畜禽场场区气流速度

由于树木的阻挡及气流与树木的摩擦等作用，当气流通过绿化带时，被分成许多小涡流，这些涡流的方向不一致，彼此摩擦而消耗气流的能量，从而使气流的速度下降。在冬季，森林可使气流速度下降 20%，在其他季节，森林可使气流速度下降 50%～80%。因此，在冬季的主风向方向种植高大的乔木，组成绿化带，对于减少冷风对畜禽场的侵袭，形成较为温暖、稳定的小气候环境具有重要意义。

2. **净化空气环境**

有害气体经绿化地区后，至少有 25% 被阻留净化，煤烟中的二氧化硫可被阻留 60%。畜禽场内畜禽数量多、密度大，在呼吸代谢过程中消耗的氧气量和排出的二氧化碳量都很大。粪尿、垫料和污水等废弃物在分解过程中可产生大量的具有刺激性和恶臭性的有害气体如氨气、硫化氢等。绿色植物在光合作用中，能够大量吸收二氧化碳，释放氧气。畜禽场附近的玉米、大豆、棉花或向日葵都会从大气中吸收氨而促其生长；一些植物如大豆、玉米、向日葵、棉花等在生长过程中能够从空气中吸收氨气以满足自身对氮素的需要，从空气中吸收的氨气量可以占到总需氮量的 10%～20%。所以，在畜禽场内及周围地区种植这些植物既可以降低场区氨气浓度，减少空气污染，又能够为植物自身提供氮素养分，减少施肥量并促进植物生长，一些植物还具有吸收二氧化硫、氟化氢等有害气体的作用。树木对二氧化硫的吸收能力和抵抗力因品种不同而有差异，即一些树木吸收二氧化硫的能力较强但耐受力却较差，另一些树木吸收二氧化硫的能力和耐受力都较强，在选择绿化树种时应注意。女贞、柿树、柳杉、云杉、龙柏、臭椿、水木瓜、紫穗槐、桑葚树、泡桐等树木对二氧化硫既具有较强的吸收能力，又对二氧化硫具有较强的抗性，适合在二氧化硫污染地区栽种。

3. **吸附空气灰尘**

在饲料加工运输、干草及垫料的翻动运输、畜禽活动、清扫地面等许多生产过程都会产生大量的灰尘。绿色植物具有吸附和滞留空气灰尘微粒的作用。对畜禽场场区进行绿化，能明显地减少空气微粒，净化空气环境。花草树木吸附空气灰尘和微生物的作用表现在以下 3 方面。

①树木枝叶茂密，一些植物叶片表面粗糙不平、密布绒毛，对空气微粒具有吸附作用。

②一些植物的枝叶分泌油脂和粘液，增强了植物对空气微粒和微生物的吸附作用。

③绿色植物对地面具有覆盖和固着作用，可减少灰尘微粒的产生。

4. 减少空气微生物含量

空气中的微生物往往附着在灰尘等空气微粒上并随之漂浮、传播。花草树木吸附空气尘粒，细菌因失去了附着物而在空气中的数量减少。植物在生长过程中不断从油腺中分泌出具有香味的挥发性物质，如香精油（萜烯）、乙醇、有机酸、醛、酮、醚等，这些芳香性物质具有杀菌作用，人们将其称为"植物杀菌素"。植物杀菌素对结核、霍乱、赤痢、伤寒等病原体杀灭作用尤为明显。植物杀菌素的作用可使流经绿化带的空气和水中细菌数量显著减少。植物杀菌素在高等植物组织中普遍存在，一般树木含量为 0.5% 左右，松科、桃金娘科（桉树类）、樟科、芸香科、唇形科树木植物杀菌素含量最高，有的可超过 1%。

5. 防疫防火、降低噪声

在畜禽场周围及场内各区之间种植林带，能有效防止人员、车辆随意穿行，使之相互隔离；植物净化空气环境、杀灭细菌及昆虫等作用均可减少病原体的传染机会，对于防止疫病发生和传播具有重要意义；由于树木枝叶含水量大，加之绿色植物所具有的固水增湿、降低风速等作用，因此，畜禽场环境绿化对于防止火灾发生和蔓延具有重要作用。树林可以降低畜禽场噪声，其原因是，树木枝叶稠密、轻盈柔软，声波遇到柔软的表面后，能量大部分被吸收，因而森林对声波反射作用减弱。树木轻软的枝叶在随风摆动的过程中对声波具有扰乱和消散作用。树干表面粗糙，也能吸收声波，树干圆柱体的外形则将声波向各个方向反射，因而也具有降低噪声的作用。

（二）畜禽场绿化带的种类及特点

1. 场界绿化带

在畜禽场场界周边由高大的乔木或乔、灌木混合组成林带。该林带一般由 2～4 行乔木组成；场界绿化带的树种以高大挺拔、树枝茂密的杨、榆、柳树或常绿叶树木为宜。

2. 场内隔离林带

在畜禽场各功能区之间或不同单元之间，可以以乔木和灌木混合组成隔离林带，防止人员、动物、车辆随意穿行，以防止病原体的传播。这种林带一般中间种植 1～2 行乔木，两侧种植灌木，宽度以 3～5 m 为宜。

3. 道路两旁林带

位于场内外道路两旁，一般由 1～2 行树木组成。树种应选择树冠整齐美观、枝叶开阔的乔木或亚乔木，如，槐树、松树、杏树等。

4. 运动场遮阴林带

位于运动场四周，一般由1~2行树木组成。种树应选择树冠高大，枝叶茂盛、开阔的乔木。

5. 草地绿化带

畜禽场不应有裸露地面、除植树绿化外，还应种草、种花等。

（三）绿化植物的选择

我国地域辽阔，自然环境条件差异较大，花草树木种类多种多样，可供环境绿化的树种除要能适应当地的水土光热环境以外，还需要具有抗污染、吸收有害气体等功能。

1. 树种

洋槐树、法国梧桐、小叶白杨、桧柏、毛白杨、垂柳、榆树、樟树、榕树、银杏树、樱花树、桃树、柿子树、大叶黄杨等。

2. 绿篱植物

常绿绿篱可用桧柏、侧柏、杜松、小叶黄杨等；落叶绿篱可用榆树、鼠李、水蜡、紫穗槐等；花篱可用连翘、太平花、榆叶梅、珍珠梅、丁香、锦带花、忍冬等；刺篱可用黄刺梅、红玫瑰、野蔷薇、花椒、山楂等；蔓篱可用地锦、金银花、蔓生蔷薇和葡萄等；绿篱植物生长快，要经常修理整形，一般高度以50~100 cm为宜，无论何种形式都要保证基部足够的光照和通风。

3. 牧草

紫花苜蓿、红三叶、白三叶、黑麦草、无芒雀麦、狗尾草、羊茂、百脉根、苏丹草、草地早熟禾、燕麦草、垂穗披碱草、串叶松香草、苏丹草等。

4. 饲料作物

玉米、大豆、大麦、燕麦、豌豆、青稞、番薯、马铃薯等。

思政导学

畜禽场环境绿化工作是一项重要的环保措施，对于保障动物健康和保护生态环境具有重要意义，因此，人人都应有爱护环境、保护家园的意识。

二、人员准备

人员分组，每组6人，明确职责分工。

任务角色	任务内容
组长：	任务：
组员1：	任务：
组员2：	任务：
组员3：	任务：
组员4：	任务：
组员5：	任务：

任务筹划

（一）内容筹划

畜禽场绿化的意义，畜禽场绿化带的种类及设置，畜禽场绿化的植物选择，畜禽场环境绿化方案的制订。

（二）流程筹划

①根据实际情况，分析环境绿化的必要性。

②了解畜禽场绿化带的种类及设置。

③根据需要，选择合适的畜禽场绿化植物。

④制订畜禽场环境绿化方案。

任务实施

步骤一：

步骤二：

步骤三：

步骤四：

任务检测

请扫码答题

任务评价

工作任务完成过程评价

班级：_____ 姓名：_____ 学号：_____

项目	评分标准	自我评价	小组评价	教师评价
畜禽场环境绿化（35分）	畜禽场环境绿化的目的及意义（10分）			
	畜禽场环境绿化的种类（10分）			
	畜禽场环境绿化植物选择（15分）			
任务完成过程（40分）	能够根据工作任务分析并制订工作思路（10分）			
	查找资料、认真思考、积极动手动脑（10分）			
	团队协作良好，交流合作默契，互帮互助（10分）			
	小组分工明确，通过小组讨论与再学习较好地完成方案（10分）			
方案报告（15分）	能很好地展示实践成果（5分）			
	整体的效果（很好10分，较好7～9分，一般3～6分，较差为0～2分）			
思政素养表现（10分）	通过畜禽场环境绿化的学习，培养学生树立爱护环境、保护家园的意识（5分）			
	通过环境消杀的学习，强调人人都有保护环境、维护健康的责任（5分）			
合计				
自我评价与总结				
教师点评				

项目七 动物福利保护

项目导读

本项目主要介绍动物应激、动物行为和动物福利。通过学习，重点掌握动物应激的预防措施，饲养管理中畜禽的行为异常表现、畜禽管理中的动物福利问题，为畜禽场的健康生产、安全生产打好基础。

▍知识目标

动物应激的概念；常见的应激源；应激对动物的危害；应激的预防措施；动物行为的概念；温热环境对动物行为的影响；饲养管理过程中畜禽的行为异常的表现；动物福利的含义及意义；饲养管理过程中常见的福利问题。

▍技能目标

能采取有效的措施预防应激；能分析温热环境对动物行为的影响；能正确地辨析饲养管理过程中畜禽的行为异常的表现；能采取有效措施改善饲养管理过程中常见的动物福利问题。

▍素质目标

增强学生科技兴国的使命感，树立正确的辩证唯物主义观念；树立正确的价值观，培养学生的爱国情怀，树立保护关爱动物、珍爱生命、人与自然和谐共处的意识；培养学生分析问题、解决问题的能力。

任务一 应激监测预防

📖 任务 导入

某企业老板修建了一养鸡场,位于某机场附近,养鸡场前面有一条河流,河水发臭浑浊,附近还有一个垃圾填埋场。在某年夏季,养鸡场附近开发建设,施工作业,噪声大;因夏季蚊子多,鸡舍夜间用蚊烟驱蚊,雏鸡采用垫料平养,后来发现雏鸡采食量下降、精神萎靡、生长缓慢,部分雏鸡还出现了神经症状,表现为头颈僵硬等症状。

请分析该养鸡场产生该现象的原因、如何降低养鸡生产过程中的应激因素以及鸡场的选址存在什么问题,为该养鸡场出具一份应激的监测与预防方案。

📖 任务 工单

班级:_____ 姓名:_____ 学号:_____

任务名称	养鸡场应激的预防方案
任务描述	根据实际情况,填写本任务的内容、目的、流程和方法。 任务内容:以上述养鸡场应激问题为例,结合专业知识,简单拟一份应激的监测与预防方案。 任务目的:通过本次任务学习,学会分析应激源,了解应激对动物的影响,能够制订预防和控制应激的措施。 任务流程:查阅资料信息,分组调查研究,小组讨论分析,拟订方案报告。 任务方法:查阅资料、调查研究、拟定方案。
获取信息	要完成任务,需要掌握相关的知识。请收集资料,回答以下问题。 1. 常见的应激源。 2. 应激的发展阶段与生物学反应。 3. 应激对动物的影响。 4. 应激的监测与预防。

(续表)

制订计划	
任务实施	按照预先制订的工作计划，完成本任务，并记录任务实施过程。 | 序号	完成的任务	遇到的问题	解决办法 | |---|---|---|---| | | | | | | | | | | | | | | |

任务准备

一、知识准备

（一）应激的概念

应激（stress），意指"紧张""压力""应力"，最早由加拿大病理生理学家Hans Selye于1936年提出。他指出应激是机体受到内外环境因素的刺激或处于紧张状态时出现的一系列非特异性的应答反应，引起动物发生应激反应的一切因素称为应激源。任何对动物机体或情绪的刺激，只要达到一定的强度，都可以成为应激源。当这种应激反应真正威胁到动物的健康时，动物就会觉得不适。根据动物是否感到不适可将应激反应分为良性应激和劣性应激两类。

如果应激有利于机体在紧急状态下的战斗或逃避，称为良性应激。如猪有玩耍时的奔跑行为和交配行为，是对动物的有益应激。如果应激源过于强烈，可以引起病理变化，甚至死亡，称为劣性应激。劣性应激是引发一种或多种疾病发生的原因。

（二）动物生产中常见的应激源

1. 物理因素

过冷、过热、强辐射、低气压、强噪声、贼风、湿度过大等都会对动物生产产生应激反应。家畜家禽是恒温动物，一般汗腺不发达，如兔、鸡等全身没有汗腺。热应激是动物处于极端高温的环境中机体对热环境所做出的非特异性的生理反应总和。在高温环境下，几乎所有规模化猪场都发生母猪采食量下降，临产期、围产期母猪死亡及仔猪死亡，母猪发情率降低，返情率提高20%～30%，窝产仔数、仔猪初生重、成活率也受到不同程度的影响，经济损失达到20%以上；奶牛产奶量和乳脂率下降，高产奶牛则更为严重；肉鸡会发生猝死，蛋鸡产蛋减少，蛋重减轻，蛋体变小，蛋壳变薄，蛋鸭影响最大，可导致停产。有资料表明，低温影响猪的生长发育，若舍内温度在 10 ℃ 以下时，就会引起猪的应激反应，尤其仔猪会冻死，低温伴有通风不良或贼风侵袭，湿度过大，会进一步加重猪的应激反应。

2. 化学因素

畜禽舍中的氨、硫化氢、二氧化碳等有害有毒气体浓度过高时，对动物产生刺激并损伤呼吸道黏膜，使动物的抵抗力降低，易引发呼吸道疾病；另外接触和食入各种化学毒物或药剂等也可引起动物应激。

3. 生物学因素

任何疾病都是应激因素，除引起特殊的组织器官损伤外，都会引起患病机体的严重应激反应。毒力强的致病因子可使动物精神沉郁、采食量下降、生长减慢，母畜流产或死胎，或发病死亡。预防接种时防疫方法不当，免疫过于频繁，程序紊乱，操作粗暴，疫苗过量或疫苗污染等也可引起应激反应或过敏，不但会使免疫的效果降低，生产性能下降，甚至还可能暴发疫病。

4. 营养因素

主要指饲料中营养不平衡、营养不良或营养过剩、急剧变更日粮和饲养水平、饮水不足和水质不清洁都会对动物产生不利的影响。在饲养管理中，饲喂次数、饲喂时间、饲喂量、突然更换饲料、水温过低都会造成应激。

5. 饲养管理

在饲养管理过程中，饲养管理方式急剧变更，如更换饲养员、去势、断奶、断尾、打号、断喙、接种疫苗、注射药物、保定、转群、抓捕、驱赶、缺乏运动、饲养密度过大、料槽宽度不足、组群过大等均可引起动物应激。

拥挤应激是由于动物的饲养密度过大、活动空间受到限制而造成的。拥挤应激会促使某些潜在的疾病发生，从而造成动物的采食量下降、相互咬斗甚至死亡。有研究表明，发生拥挤应激时，动物耗氧量是正常的 10 倍左右，产热是正常的 5 倍左右，同时会导致多种酶类发生变性，磷酸肌酸和 ATP 水平下降，糖酵解加强，乳酸大量蓄积，不仅可发生 PSE 肉（苍白、柔软和渗水肉），而且还会引起猪背肌坏死以及乳酸中毒等。

断奶仔猪应激综合征，指仔猪断奶以后受到包括断奶本身、隔圈、饲料改变、环境改变等诸多应激因素的影响，导致机体免疫力下降，引起仔猪断奶后出现采食量下降，烦躁不安，发生腹泻、水肿、内毒素休克等应激反应。

6. 外伤因素

包括去势、打耳号、烧烙、断尾、创伤和骨折、消毒、兽医治疗等。

7. 心理因素

包括争斗、神经紧张、惊吓、饲养员的粗暴对待及其他能引起心理恐惧和紧张的因素。混群应激是把互相不熟悉的同类动物放在一起，由于动物对新环境及新的伙伴不适应而产生的应激，混群应激会使动物产生排斥心理，从而相互咬斗，造成抵抗力下降，最终影响动物的生产性能。如当不同窝的猪合群后，为了争夺领导地位会立即发生争斗，形成有序的等级制度，攻击性强的猪成为领导。这些猪在一起这种关系会一直维持下去，一旦有其他猪进来，又会发生新一轮的争斗，这种争斗常常会引起动物受伤、采食量下降。

8. 运输因素

在装卸和运输过程中，许多超强刺激同时作用于动物，会降低动物的防御机制导致发烧，会使动物在运输过程中呼吸和心跳加速，体温上升，如果动物的呼吸频率超过 80 次/min，体温超过 39.7 ℃，表明出现了严重的运输应激。长距离运输时容易造成脱水、失重，甚至死亡、当路况较差、密度过大、拥挤、通风不良、温度过高时，应激更严重。肉鸡表现为生理机能失调，轻则降低体重，重则可引起大批量死亡；运输应激会使奶牛十分拘谨和恐惧，精神紧张不安，车船行进变速或拐弯时，奶牛呈现出特殊的躯体平衡姿势，肌肉紧张，严重时发生肌肉震颤和排尿频繁，行进过程中，食量减少或改变习惯，反刍规律也被搅乱，大多会饮食废止，长途运输后奶牛表现疲乏和衰弱。

9. 屠宰应激

生猪在屠宰前如果得不到良好的休息，遭遇使用棍棒暴力驱赶，屠宰电麻时间过长就会产生 PSE 肉（肉质松软、色泽苍白并有渗出性液体的肉）或者 DFD 肉（干燥、坚硬、色暗的肉）和背长肌坏死的应激异常肉。

（三）应激的发展阶段

动物受到强烈的应激原刺激后，通过神经内分泌和紊乱的代谢调节，力图使机体的生命活动恢复到一个新的相对稳定的正常功能状态。它包括 3 个阶段。

1. 惊恐反应或动员阶段

动物受到应激源的刺激后机体的早期反应。从生理生化角度，又可将该阶段划分为休克相和反休克相，前者表现为体温和血压下降，血液浓稠，神经系统受到抑制，肌肉紧张度降低，进而发生组织降解，出现低血氯、高血钾、胃肠急性溃疡，机体抵抗力低于正常水平。休克相持续几分钟至 24 h，即进入反休克相，机体防御系统动员、重组而加强，血压上升，血钠和血氯增加，血钾减少，血糖升高、血液黏度增加，分解代谢加强，胸腺、脾脏和淋巴系统萎缩，嗜酸性粒细胞和淋巴细胞减少，肾上腺皮质肥大、肾上腺皮质激素分泌增加，机体总抵抗力提高，甚至高于正常水平。

2. 适应或抵抗阶段

如果应激源未能起到主导作用，机体克服了应激源的有害作用因而得以适应，则第一阶段的症状逐渐消失，新陈代谢趋于正常，同化作用又占优势，血液变稀，血液白细胞和肾上腺皮质激素分泌量趋于正常，机体的全身性非特异性抵抗力提高到正常水平以上。

3. 衰竭阶段

如果应激源的刺激强度超过机体防御系统的补偿能力，或者刺激作用得以延续，动物又表现为与惊恐反应相似的症状，其反应程度急剧增强，出现各种营养不良，肾上腺皮质肥大，激素不足，异化作用又重新占主导地位，体重急剧下降，继而贮备耗竭，新陈代谢出现不可逆变化，适应性被破坏，最终导致动物死亡。

（四）应激的一般生物学反应

动物遭遇到应激源后，首先由中枢神经系统识别刺激，然后组织发起一系列的生物学反应进行防御，包括行为反应、植物性神经系统反应、神经内分泌系统反应及免疫系统的反应。

1. 行为反应

包括逃避或回避行为、认知和注意力的改变、警觉的增加、选择性记忆的强化以及取食和繁殖的抑制。行为变化的作用在于暂时停止与应激源刺激无关的行为，而集中应对当前的应激原以重新建立内环境的稳态，因而，行为变化的实质是对应激的一种行为适应。

行为反应是动物最经济的躲避应激的方式，但在现代规模化生产条件下，动物几乎失去了行为调整功能作用，这也是当前集约化生产中广泛存在应激的一个原因，是动物福利关注的焦点。

2. 植物性神经系统的反应

去甲肾上腺素和肾上腺素可增加觉醒、提高心率，并通过增加肝糖原异生、脂肪及蛋白质的分解作用给机体提供能量，以应对应激环境，这种能量上的适应性变化被称为外周适应。

目前关于植物性神经反应的研究较少，一方面，植物性神经系统只特异性地作用于心血管、胃肠道、外分泌腺及肾上腺髓质等几种功能系统，且作用时间短，在讨论长期应激时往往被忽略；另一方面，通过植物性神经反应来衡量应激反应实操性差。

3. 神经内分泌系统反应

在应激反应中研究最多也最深入。神经内分泌系统所分泌的激素对机体的影响是长期的、广泛的，是应激改变机体生物学功能的主要通路。绝大多数研究以下丘脑—垂体—肾上腺皮质（HPA）轴为主。糖皮质激素的增加一直被当成应激的指标。催乳素、生长激素也是应激反应的敏感指标。促甲状腺激素（TSH）、促卵泡素（FSH）、促黄体素（LH）也直接或间接受应激的影响。应激诱导的垂体激素的变化会影响动物代谢、生长、繁殖、免疫以及行为。

4. 免疫系统反应

过去普遍认为应激时动物免疫系统的变化主要受下丘脑—垂体—肾上腺皮质（HPA）轴的调节，HPA轴活化使免疫力受到抑制，但事实上免疫系统本身是应激的一个主要防御系统，应激时中枢神经系统可以直接调节免疫系统。目前，在很多研究中都将机体免疫力作为评价应激的指标之一。

（五）应激对动物的影响

应激反应对动物的影响是多方面的，如血压和心率增加，呼吸频率加强，某些系统如消化系统、生殖系统活动受到抑制，糖的异生作用和利用性增强，脂肪分解加速，机体警觉性升高等等，应激反应是机体在超阈值强度应激源作用下，体内重建稳态的一个过程。应激对动物有不利的一面，但是低度应激下平缓进入适应阶段后，甚至可以提高动物的生产力和抵抗力，应激反应对动物的不利影响归纳如下。

1. 破坏机体的防御系统，使之丧失疾病的抵抗力

此时机体免疫力下降，因而对某些传染病和寄生虫病易感染性增加，降低预防接种的效果，往往造成传染病和流行病的流行。

2. 降低动物生产性能

在应激状态，机体不得不动员大量能量对付应激原的刺激，使机体分解代谢增强，合成代谢降低，糖皮质激素的分泌增加，导致动物生长停滞，饲料转化率降低，运输过程及待宰期间体重的明显降低，死亡率增加。

3. 使动物的性机能紊乱

应激可使促卵泡激素（FSH）、促黄体素（IH）、催乳激素（LTH）等分泌减少，幼年动物性腺发育不全，成年动物性腺萎缩，性欲减退，精子和卵子发育不良，并可影响受精卵着床及胎儿发育，造成早期吸收、流产、胎儿畸形或死胎。

4. 异常肉

动物由于应激引发的异常肉，是屠宰检疫工作中最常见的异常肉，是动物机体在应激源的强烈刺激下产生的一种非特异性防御反应。异常肉常表现为组织色泽变淡、肉质松软、水分渗出及局部性坏死等，严重的还会使肉失去食用价值。常见的异常肉有 PSE 肉和猝死肉（突毙）。

PSE 肉是指苍白、松软、有渗出液的肉。PSE 肉在猪肉中最常见，后来在鸡、兔、狗以及其他野生动物组织中也有发现。PSE 肉的发生与其品种、个体、遗传等方面关系密切。同时，在饲养过程中，如有抓捕、长途运输、驱赶、热辐射、拥挤、斗架、强行灌食、电击致昏以及环境突然变坏等应激刺激，均有可能产生 PSE 肉，尤其以电击致昏较为明显。产生 PSE 肉的动物，生前表现正常，不显现任何临床症状，只是在屠宰解体后在负重较大的肌肉上有所表现。主要发现于后肢的半腱肌、半膜肌和股二头肌。其次在背长肌、前肢的臂三头肌、三角肌等出现左右对称、色泽变淡、质地柔软及汁液渗出的变化。严重时色泽呈灰白色，灰暗无光泽，切面散在大量灰白色小点。组织学检查发现，肌纤维发生不同程度的变性，肌纤维收缩变粗呈结节状和波纹状，肌间水肿。pH 值为 $5.5 \sim 6.0$。病变越严重，其 pH 值越低，其他器官均无明显的变化。

猝死（突毙）肉是指动物在经长途运输、转群、拥挤、环境突然改变、急剧吆喝驱赶以及接种和交配等情况下，发生突然死亡的动物胴体肉。

思政导学

随着养殖业的集约化发展，应激已成为目前现代集约化养殖业不可避免的问题，畜禽应激综合征发生率不断上升。为保障畜禽健康，要树立保护关爱动物、珍爱生命、人与自然和谐共处的意识；强调选址布局、绿化环保的重要性，树立可持续发展的理念。

(六)应激的监测

动物对相同应激源的反应不同,抗应激个体能耐受较强烈和较长时间的应激源作用,在应激初期反应不强烈,只是在应激反应后期才易于判断,其生产力受应激的影响相对较轻且恢复较快,恢复程度也较高;而应激敏感个体则反应较强,生产力和健康受影响较大,恢复较差。因此,应激的监测不仅在于判断应激发生与否,更重要的是用来判断动物的敏感性,对于改善饲养管理特别是培育抗应激畜群,具有十分重要的意义。

1. 观察法

通过观察动物的临床症状和行为表现可以判断动物的应激敏感性。短时间的强烈应激(急性应激)下,动物表现为紧张、惊慌不安、眼睛睁大、目光锐利、心率加快、呼吸急促、肌肉震颤、少尿或无尿,有时频繁排粪尿、体温升高、皮肤有红斑或发绀,严重时出现休克或死亡。低强度或可变强度的应激源长时间作用(慢性应激)下,动物表现出体重减轻、消瘦、被毛蓬乱、无光泽、生产力下降或停产、饲料报酬率降低、繁殖机能障碍、免疫力下降、精神抑郁、行动迟缓等症状,应激敏感的动物表现更强烈。观察法监测动物应激难以量化,且受较多影响因素的干扰,一般仅作为其他监测方法的参考。

2. 生理生化指标

(1)血液指标

血液中乳酸脱氧酶(LDH)活性显著减低,肌酸激酶(CK)活性上升1～2倍等;嗜酸性粒细胞减少,嗜中性粒细胞增多。

(2)激素

肾上腺重量增加,皮质与髓质的比值变大,肾上腺胆固醇浓度下降,血液皮质酮浓度升高;血液中促肾上腺皮质激素(ACTH)和类固醇皮质激素增加;血液中胰高血糖素上升。

3. 其他检测方法

(1)氟烷检测

简单易行,结果可靠。用面罩使猪吸入氟烷占3%～5%、氧气占91%的混合气体,猪在吸入1 min左右后失去知觉,2～3 min内应激敏感猪出现尾根抖动和由后肢向前肢的渐进性肌肉痉挛和强直,皮肤出现红斑。抗应激敏感猪3 min内无反应,表现安睡,肌肉松弛。适用于5～12周龄的猪。

(2)血液红细胞-巴比妥酸反应增强

取一定量的红细胞悬浮液,加过氧化氢,温育后加三氯醋酸,离心过滤,取滤液加巴比妥酸,应激敏感猪产生的巴比妥酸反应物质比抗应激敏感猪的多。因为应激敏感猪红细胞中存在一种异常抗氧化剂,可以将此作为应激的指标进行测定。

(3)体细胞中热休克蛋白(HSP)增加

通过测定生物细胞膜中的HSP含量,可判定该生物是否发生应激或应激反应的程度。应激原对生物体细胞膜的功能、细胞代谢、细胞骨架结构及蛋白与核酸的合成等,都会造成有害影响。当应激原作用时,生物体细胞膜受到伤害,HSP含量均会增加。

（4）免疫休克

当给血液中天然抗 Ac 抗体不完备的猪静脉注射 50% 的红细胞混合悬浮液时，应激敏感猪就会发生轻度输血后休克，注射后一般 3～8 min 会自然恢复。

50% 抗原刺激物悬浮液的适宜剂量为：3 周龄至 3 月龄的猪 1.5～2.5 mL，3～6 月龄的猪 4.5～5.5 mL，6 月龄以上的猪 9.5～10.0 mL。测定性成熟的猪群（特别是成年猪），可用免疫休克法。

（七）应激的预防

应激原是多种多样的、不同质的，动物的功能异常是多方面的，它发生在动物的不同生理时期，具有不同的生理状态。因此，实际中应注重畜牧生产的全过程，进行综合性预防。可从以下几方面消除或减少应激的危害。

1. 培育抗应激品种

动物对应激的敏感程度与基因有关，通过育种方法选育抗应激品种，淘汰应激敏感动物，建立抗应激种群是解决动物应激的根本方法，同时应激敏感性测试是控制和消除应激敏感基因，提高群体抗应激能力的有效措施。人们很早就采用品种杂交的方法选育抗应激品种或畜群。例如，欧洲牛高产但不耐热，印度牛耐热但生产力低，两者的杂交后代耐热力和生产力均分别比亲本大大提高，从而育成了许多适应热带地区气候的抗热应激奶牛品种（如澳大利亚乳用瘤牛）。

2. 树立动物福利观念，改善饲养管理方法

树立动物福利观念就是呵护动物习性，创造适宜的圈舍环境，供给全价营养。在日常的饲养管理中，饲养员不能殴打、虐待、恐吓动物，要温和地对待动物，要有足够的耐心，充分利用动物习性和条件反射能力加以诱导训练，建立人畜亲和关系，尽快让动物的日常生活行为恢复规律性。尽量减少转群、并圈舍，尽量不更换饲养员。

对现代饲养管理措施中一些可能引起应激反应的技术措施，在可能条件下，应作适当的调整，为动物创造良好的生存环境，关注动物饲养过程、购销、运输和屠宰的全过程护理。

3. 调整饲料配方，添加抗应激添加剂

常用的抗应激添加剂为应激预防剂（多为安定止痛剂和镇静剂）、促适应剂（柠檬酸、维生素制剂、缓解酸中毒和维持酸碱平衡的物质等）和应激缓解剂（杆菌肽锌等）。对于热应激可以在日粮或饮水中添加碳酸氢钠、氯化铵、氯化钾等有利于维持电解质和酸碱平衡的物质，也可以在日粮中补充维生素 C 和维生素 E 来抵抗热应激。在仔猪日粮中添加维生素 E 和微量元素硒减轻断奶应激。

4. 对严重应激反应动物的治疗

全身反应型：应进行退热和抗菌消炎的治疗，主要是肌肉注射安痛定、地塞米松、磷酸钠、抗菌素等药物，每天 2 次，连续 3 d，必要时注射 5% 的碳酸氢钠注射液。

局部肿胀型：肿胀部位用热毛巾进行热敷 10～15 d，肿胀可转小或消失。

流产型：出现流产症状时，应用黄体酮等保胎药物进行肌肉注射，早期有一定效果。

过敏型：对于严重反应的猪、牛，可肌肉注射 0.1% 盐酸肾上腺素、地塞米松或

磷酸钠等并结合对症治疗。对已休克的猪除迅速注射上述药物外，还要迅速针刺耳尖、尾根和蹄头，放血少许。将去甲肾上腺素 2 mg，加入 1.0% 葡萄糖注射液中静滴。

二、人员准备

人员分组，每组 6 人，明确职责分工。

任务角色	任务内容
组长：	任务：
组员1：	任务：
组员2：	任务：
组员3：	任务：
组员4：	任务：
组员5：	任务：

（一）内容筹划

动物生产中常见的应激源，应激的发展阶段与生物学反应，应激对动物的危害；应激的监测与预防。

（二）流程筹划

①了解动物生产中常见的应激源。
②熟悉动物应激的发展阶段与生物学反应。
③了解应激对动物的危害。
④根据实际情况，拟定应激监测和预防方案。

步骤一：

步骤二：

步骤三：

步骤四：

任务检测

请扫码答题

任务评价

工作任务完成过程评价

班级：＿＿＿＿＿＿＿＿＿＿　姓名：＿＿＿＿＿＿＿＿＿＿　学号：＿＿＿＿＿＿＿＿＿＿

项目	评分标准	自我评价	小组评价	教师评价
畜禽场应激的控制（35分）	应激源确定（10分）			
	应激对动物的危害（10分）			
	应激的预防措施（15分）			
任务完成过程（40分）	能够根据工作任务分析并制订工作思路（10分）			
	查找资料、认真思考、积极动手动脑（10分）			
	团队协作良好，交流合作默契，互帮互助（10分）			
	小组分工明确，通过小组讨论与再学习较好地完成方案（10分）			
方案报告（15分）	能很好地展示实践成果（5分）			
	整体的效果（很好10分，较好7~9分，一般为3~6分，较差为0~2分）			
思政素养表现（10分）	通过对应激的学习，树立保护关爱动物、珍爱生命、人与自然和谐共处的意识（5分）			
	通过对应激预防的学习，强调选址布局、绿化环保的重要性（5分）			
合计				
自我评价与总结				
教师点评				

任务二　动物行为认识

任务导入

某商品猪场，常年存栏基础母猪约 500 头。猪场分娩舍采用电热板给仔猪保温。某天，天气骤变、温度下降，舍内气温比较低。由于半夜突然停电，饲养员未及时给仔猪采取其他保温措施，第二天早晨，饲养员发现，几窝新生的仔猪四肢蜷缩在腹下堆挤在母猪腹部，身上有明显踩踏的痕迹，并出现持续性肌肉震颤。随后，猪场检修电路后正常通电，仔猪全部跑到电热板上，由四肢贴近躯体的姿势改变为舒展姿势。该猪场的商品猪采用群养，每栏面积约 25 m²，饲养育肥猪约 30 头。舍内地面为水泥地面，围栏采用钢材焊接而成。围栏内除了食槽和饮水器之外无其他附属设备。随着养殖时间的增长，饲养人员发现，育肥猪互相啃咬尾巴的情况越来越多，甚至有的猪尾巴都被咬出血。后来，猪场人员在仔猪哺乳期采取了断尾措施，但咬尾的现象还是会发生。

请分析该猪场仔猪行为有什么变化，发生变化的原因是什么？商品猪只之间为什么会出现互相咬尾巴的现象？生产中应该采取哪些措施来预防咬尾现象的发生？为该养猪场出具一份分析报告。

任务工单

班级：_____　姓名：_____　学号：_____

任务名称	猪的行为变化分析报告
任务描述	根据实际情况，填写本任务的内容、目的、流程和方法。 任务内容：以上述猪的行为为例，结合专业知识，简单阐述温热环境变化、饲养管理与动物行为的关系，为该猪场出具一份猪的行为变化分析报告。 任务目的：通过本次任务学习，认识动物的行为并判断该行为的目的，帮助我们更好地为畜牧生产服务。 任务流程：查阅资料信息，分组调查研究，小组讨论分析，拟订分析报告。 任务方法：查阅资料、分析讨论。
获取信息	要完成任务，需要掌握相关的知识。请收集资料，回答以下问题。 1. 动物行为的概念及分类。 2. 温热环境下的动物行为。

（续表）

获取信息	3. 饲养管理下畜禽的异常行为表现。 4. 拟订猪的行为变化分析报告。
制订计划	
任务实施	按照预先制订的工作计划，完成本任务，并记录任务实施过程。 | 序号	完成的任务	遇到的问题	解决办法 | |---|---|---|---| | | | | | | | | | | | | | | | | | | | |

任务准备

一、知识准备

（一）动物行为的概念及分类

动物行为是动物的动作和动作的变化、动物对环境的反应以及对环境适应性的总称。行为受遗传和环境的影响，在长期进化中通过自然选择形成，是动物适应环境的重要方式。行为方式多样，十分复杂。了解动物行为可以帮助人类认识和保护动物，更好地为人类生活服务。

动物的行为种类很多，根据诱导因素不同分为性行为、对抗行为、争斗行为等；根据行为功能分为觅食行为、迁徙行为、领域行为、繁殖行为、进攻行为、社群行为等；根据行为来源分为定型行为、趋同行为、趋异行为等等；按获得途径划分为先天性行为和获得性行为。各种行为都是动物对复杂环境的适应性表现。

行为帮助动物更好地生存繁衍。生存行为是基本和本能的行为，它们与生命的延续息息相关，如觅食交配、互动等。觅食行为是为了获得营养和能量，它是一个非常重要的生存行为，不同种类的动物觅食的方式也是千差万别的，可以进行不同程度的训练。交配行为则是为了物种的繁衍，各种动物的交配方式多种多样，从简单的直接受精到复杂的胚胎发育等，都是动物进化的一部分。最后是互动行为，动物之间的关系甚至可以表现为互相作用。例如，社交行为和互相拥抱。这些行为可以使群体成员之间的关系更紧密，也可以促进物种数的增加和提高生存成功的机率。

思政导学

动物行为的形成和发展是一个漫长的进化过程。动物行为不仅可以通过改变个体和种群的成活率来影响一个物种的数量，还可以影响整个生态系统的技术构造和功能。因此，对动物行为进行深入研究并找出规律和原因，我们不仅可以探讨生命的奥秘，还能为保护动物和保护自然生态环境提供有力的支持和科学依据。

（二）温热环境与动物行为

温热环境是指由气温、气湿、气流和太阳辐射等因素综合形成的空气环境。任何物种都有其适合生存的最佳环境。温热环境直接影响畜禽的热调节。家畜和家禽都是恒温动物，产热量和散热量务求相等，才能维持体温恒定。畜禽的体温调节是经常进行的，它包括物理调节和化学调节两部分。产热量的大小依赖于化学调节，而散热量的大小依赖于物理调节。当动物体温处于等热区时，产热量相对稳定，只需物理调节就可保持体温恒定。当动物体温处于等热区外时，需要动用化学调节。从物理调节的作用机制可知，影响动物与环境热交换的任何一个因素都可能引起畜禽的体温调节行为。

行为在动物的体温调节中起着重要的作用，在生产管理中应该给予动物进行行为性热调节的机会。

1. 改变体态

维持行为是畜禽自身调整进行的个体行为，它包括肉体舒适和精神舒适两个方面，由采食、饮水、休息、排泄、护身、舒适、探究和游戏等8项行为系统组成。

当环境温度发生变化时，变化最为明显的是护身行为中的姿势。姿势是判定畜禽温热要求的重要指标。根据环境温度变化身体姿态的表现形式较简单。畜禽在趴卧、站立和行走时，根据环境温度变化尽可能扩大或缩小身体体表与热交换速度高的环境介质的接触面积。当遇到风雪天气时，放牧的牛低头把背腰拱起，尽力夹紧后肢，封住腹股沟部。在雪地中站立时，常用三蹄着地，剩余的一只蹄只是蹄尖接触地面。仔猪能根据环境温度变化调整趴卧的姿态，天气寒冷时会缩小体表与空气和地面的接触面。在较热的环境下猪常寻找潮湿的地方并采取侧卧姿态，用身体侧面着地，将体表与湿地的接触面积增大，从而增加散热量。温度较低时，鸡竖起羽毛缩颈蹲伏，用翅膀尽量包裹住体侧；而在炎热的季节里，鸡伸颈举头将翅膀离开身体并垂下。

2. 趋向或躲避热源

（1）趋向热源

在动物自由活动的条件下，如环境的实感温度较低，动物趋向热源。在低温寒冷的环境中，猪会紧紧地挤在一起，将同伴作为热源，这一点新生的小猪表现尤为明显。羔羊通常会积极寻找隐蔽处栖身，但未剪毛的成年绵羊不一定躲避在避风处，除非是遇到较为恶劣的天气。风雪交加时，牛也能主动寻找可避风雪的处所。若舍内鸡只数量不多，鸡舍封闭不严，鸡在寒冷天气时，往往会拥挤在一起，如墙角处。

（2）躲避热源

在实感温度较高的环境中，动物则躲避热源，并栖身于热交换速度较高的环境中，进行散热。猪在炎热的环境中，可通过淋浴或在水中打滚来有效降低体表温度；绵羊在夏季气温高时喜欢栖身于没有阳光直射的阴凉、避风处，但这种趋向性因被毛覆盖程度和环境温度变化略有不同。此外，在炎热的白天，热带牛和亚热带牛经常成群隐蔽在树荫下，如有水塘，喜欢将肢体下部浸在水中；如果没有遮阴处可以利用，牛通常将采食活动转移至傍晚和清晨，甚至夜间进行。夏季时，放养的鸡一般喜欢蹲伏在没有阳光直射的树荫下或遮阴处。

（三）饲养管理与畜禽行为

在自然选择中生存下来的现代动物的行为，并非自由无序，而是为了适应环境因素的变化，有序地维持着自身的稳恒性，保证物种的延续。

1. 行为需要

行为需要是指动物为了生存或适应环境所必须采取的行为方式，如动物的体温调节行为、采食行为等等。行为反应是动物用来回避不良刺激、传递信息及玩耍的必要手段，还借此表明自身的存在、存在的状态及紧张程度等。但是，现代化的集约化养殖方式把许多具有生物学意义的行为都限制了。例如，集约化养猪的单栏饲养母猪限制了母猪社会行为的表达，笼养蛋鸡也是如此。另一方面，在现代化饲养管理中由于规律地饲喂和休息，一些自然行为在集约化养殖系统中相应减少了，这种减少并不意味着行为缺损，但过度减少或出现反常行为，则说明此时动物无法适应环境。

2. 行为异常

（1）规避行为

规避行为是指以固定模式或频率反复出现且无明显生物学功能的行为。规避行为具有3个基本特征：形式上完全一致、以同样方式重复表现、不伴随冲动和动机的完成。

规避行为与动物的生存环境密切相关，当动物所处环境刺激单调，其行为表达受挫或发生行为表达冲突时往往易表现规癖行为，即无聊。规避行为是由于动物无法适应环境，最终导致行为表达失常。在现代集约化养殖系统中，大多畜禽在整个饲养过程中被圈养在有限的圈舍环境中，这些圈舍一般由金属或混凝土建造，空间狭小，刺激贫乏，环境单调，动物在与此环境的相互作用过程中缺乏有效的信息反馈，致使动物无法做出有效的行为反应，因而产生厌倦感。当环境刺激源太少而又无法满足动物对刺激的需求时，动物产生心理反应，增强表达行为，又因动机无法得到释放导致心理痛苦。为了缓解心理压力，动物通过表现规癖行为来达到增加感官刺激的目的。

畜禽常见的规癖行为类型有行走规癖、摇摆及晃动、刨地及踢栏、吞气症、擦拭、无食咀嚼、卷舌、舔舐、啃栏及啃槽等。

①行走规癖。行走规癖是指动物沿一定的路线反复地走来走去，行进中动物对行走路线很少做出改变。在集约化养殖条件下，当动物在笼养环境下试图逃脱的企图受挫或其他目标无法达到时，动物很容易出现行走规癖。

②无食咀嚼行为。无食咀嚼行为是指动物在嘴里没有任何食物的情况下，表现出上下颚反复咬合或长时间进行咀嚼，即空嚼。饲养在限位栏内的母猪常表现无食咀嚼的规癖行为，有时会持续几个小时，能发出明显的咬牙声，嘴边常形成大量的唾沫液，主要是由环境或管理原因造成的，母猪由于限制饲喂而吃不饱，在采食动机的驱使下表现出无食咀嚼。

③卷舌行为。卷舌行为是一种多发于牛上的规避行为，是指动物头部向前伸平，舌头伸出口外，舌表面保持平直或卷缩，或将舌头伸出再卷回，如此反复不断。牛发生卷舌行为时，口中没有食物存在，还伴有吞咽空气的动作（吞气症）。幼年时期哺乳不足、遗传等可能导致卷舌行为发生，一些微量元素的缺乏、日粮中粗饲料比例小等都会导致卷舌行为的发生。

④擦拭行为。擦拭行为是指动物将身体的某一部位在坚硬的物体上反复蹭，但不是为了减轻身体的局部不适而表达的行为。如限位栏内的母猪经常有力地沿着面前的栏杆下部左右反复擦拭上吻部。

⑤啃栏啃槽行为。啃栏啃槽行为是指动物将栏杆、系链等咬在口中反复啃咬或啃咬食槽。如饲养在限位栏内的母猪，因身体运动被过度限制，常会发生啃咬栏杆、啃槽等行为。拴系饲养的牛会有啃栏、啃系链的行为。

（2）异常行为

异常行为是指在行为类别、模式和表现程度上与正常行为有明显差别的行为。一般认为，集约化养殖的人工选择、限制环境和刺激匮乏使动物产生的压力无法释放，导致动物的行为发生了改变，这是产生异常行为的主要原因。

异常行为的特点是无目的性或是对自身或是对其他个体有害。如争斗增多，个体间相互伤残现象加剧，如咬尾、咬耳，笼养鸡的啄肛、啄羽等，对动物不利。找出异常的行为学原因，采取有效的对策，可以对异常行为进行矫正。

畜禽常见的异常行为有口吻部行为异常（如自残、相食症、舔毛、扯毛、啄癖、按摩肛门、拱腹、互吮、咬栏）、基本动作和姿态异常（犬坐、异常趴卧和站立）、母性行为异常（拒乳、弃幼、杀幼、食仔、食羔、食蛋）、性行为异常（安静发情、阳痿、同性爬跨、爬跨失向）、采食行为异常（吞食垫草、土或粪便）、行为反应异常（反应迟钝、过度活跃、歇斯底里、过度蛮横）等。

①猪的异常行为。猪的异常行为主要表现在相食症（咬尾、咬耳）、母猪食仔和犬坐等方面。

在集约化养猪环境下，因饲养密度大、养殖环境单调或食槽面积过小、营养不均衡等因素的影响，猪的相食症即咬尾、咬耳行为发生较多，主要发生在生长猪阶段，哺乳仔猪和种猪的咬尾、咬耳的情况较少。在实际生产中，为了避免猪咬尾行为的发生，常将哺乳期的仔猪进行断尾，但有时即便断尾，咬尾的现象也同样会发生，不能解决根本问题。

食仔通常是动物社会行为的一种现象，又称为同类相残。它是猪的异常行为，多发生在初产母猪。母猪食仔的原因包括饮水不足、缺乏调教、营养不足、母猪早配、食胎盘癖、恶癖性食仔及护仔性食仔等。应激因素也会引起母猪食仔，母猪在产前突然调换猪舍，分娩时舍内的光线太强，多人围观并大声喧哗，或者周围突然发出异常的声响，舍内出现其他异味等，都可引起母猪惊吓而不知所措，咬死或吃掉仔猪。遗传因素也会导致母猪发生食仔行为，如某些品种食仔母猪的数量要多于其他品种。突然将母猪转移到一个陌生环境，也会增加母猪的食仔癖。

在集约化生产环境中，母猪的犬坐行为非常常见，主要是由于身体活动受到限制所引起的。另外，不使用垫草和地面过硬的宽松圈舍也能引起犬坐。犬坐行为可能引起母猪的泌尿生殖系统感染，影响母猪的繁殖性能，严重时可引发败血症，甚至导致死亡。

②牛的异常行为。牛的异常行为主要表现在舔毛和互吮、安静发情、慕雄狂等方面。

舔毛和互吮行为多发生于过度拥挤环境中的犊牛身上，表现为吸吮同伴身体的许多部位，如嘴、耳、脐部、包皮、乳房等，群养牛表现最为普遍，有时相互吸吮。被舔入消化道的毛会形成毛球，妨碍消化，甚至造成消化道梗阻。泌乳母牛及育成母牛还会表现吮奶，吸吮其他牛的奶或吸吮自己的奶。除饲养密度大能引起犊牛的互吮和舔毛行为外，有人认为，早期断奶与该行为也有关系。

安静发情是指母畜外部没有发情表现，而卵巢上却有卵泡在发育成熟和排卵，以高产奶牛最为常见。与安静发情相反，慕雄狂母牛表现出强烈的发情行为，前蹄刨地、鸣叫，经常爬跨其他母牛，但拒绝其他母牛爬跨。据研究，卵巢囊肿是引起慕雄狂现象的原因，高产奶牛的发生率比肉牛高。

③家禽的异常行为。啄癖是家禽常见的异常行为，鸡的啄癖最常见，从1日龄到成鸡都有表现，啄癖主要常见于笼养蛋鸡，高密度饲养的平养鸡也有发生。

鸡的啄羽没有特殊部位的选择，颈、胸、背、尾及翅膀等部位均可，被啄食的鸡背部、颈部和翅膀的大部分羽毛残缺、稀疏、凌乱，很多部位皮肤裸露，有时甚至被啄破出血。啄蛋癖的鸡不仅啄食自己的蛋，也会啄食其他鸡的蛋。这种行为会影响其他的鸡，造成全群啄蛋，后果非常严重。啄肛是啄癖中最严重的表现形式，易造成死亡和严重的损失。

啄癖会造成种鸡的提前淘汰，给养殖业造成严重的损失，生产中往往采用断喙的办法来消除啄癖，但不能从根本上消除啄癖。

3. 行为缺失

行为缺失是指在集约化管理条件下由于畜禽被约束，有些必要行为无法表达，是被剥夺的结果。而一些非必要行为的不表达并不表示行为缺失，因为畜禽的功能并不因此而受到影响。如畜禽无法通过行为调节来适应变化的环境以维持体内平衡时，这类行为的缺失就叫作"行为剥夺"。

由于自然选择的结果，动物的行为及其功能与其所生存的环境密切相关，故行为被剥夺不仅使动物无法正常表达其必要行为，而且会影响其对环境的适应能力。在限制饲养管理条件下，因畜禽不能自由地表达行为，实现动机的目的受挫，进而会感到紧张、沮丧，甚至痛苦，导致畜禽免疫功能降低，抵抗力下降，发病率上升。由于行为受限，为了缓解压力，动物会产生诸多异常行为，以此来增加感觉输入和缓解动机。

二、人员准备

人员分组，每组6人，明确职责分工。

任务角色	任务内容
组长：	任务：
组员1：	任务：
组员2：	任务：
组员3：	任务：
组员4：	任务：
组员5：	任务：

任务 筹划

（一）内容筹划

动物行为的概念、类型，温热环境下动物的行为变化，集约化饲养管理中动物的行为的异常表现。

（二）流程筹划

①根据动物的表现，分析动物行为发生了怎样的变化。
②利用电脑，查阅温热环境、饲养管理和动物行为的相关资料。
③分析动物行为发生变化的原因，简单撰写分析报告。

 **任务实施**

步骤一：

步骤二：

步骤三：

步骤四：

任务检测

请扫码答题

任务评价

工作任务完成过程评价

班级：_____　姓名：_____　学号：_____

项目	评分标准	自我评价	小组评价	教师评价
动物的行为 （35分）	行为变化的描述（10分）			
	行为变化的原因（10分）			
	避免一些行为变化发生的措施（15分）			
任务完成 过程 （40分）	能够根据工作任务分析并制订工作思路（10分）			
	查找资料、认真思考、积极动手动脑（10分）			
	团队协作良好，交流合作默契，互帮互助（10分）			
	小组分工明确，通过小组讨论与再学习较好地完成方案（10分）			
方案报告 （15分）	能很好地展示实践成果（5分）			
	整体的效果（很好10分，较好7～9分，一般为3～6分，较差为0～2分）			

（续表）

项目	评分标准	自我评价	小组评价	教师评价
思政素养表现（10分）	通过对动物行为的学习，增强保护动物和保护自然生态环境的意识（10分）			
合计				
自我评价与总结				
教师点评				

任务三　动物福利管理

任务导入

某集约化养殖场，存栏基础母猪600头，为了节约土地资源，提高生产效率，采用单体限位栏饲养母猪，母猪在限位栏内无法进行活动，甚至起卧都比较困难，结果导致种母猪体质下降，肢蹄病严重，利用年限缩短，甚至有的母猪在生产3～4胎后就因站不起来、配不上种、难产、死胎增多而不得不提前淘汰。

分析此案例涉及了动物福利问题，什么是动物福利？目前畜禽生产中存在哪些动物福利的问题？请为该集约化猪场出具一份动物福利分析报告。

任务工单

班级：_____　姓名：_____　学号：_____

任务名称	集约化猪场动物福利问题分析报告
任务描述	根据实际情况，填写本任务的内容、目的、流程和方法。 任务内容：以上述猪场福利问题为例，结合专业知识，为该集约化猪场出具一份动物福利分析报告。 任务目的：通过本次任务学习，认识动物福利，理解动物福利对畜牧生产的意义，在畜禽生产中能够重视动物福利问题。 任务流程：查阅资料信息，分组调查研究，小组讨论分析，拟订分析报告。 任务方法：查阅资料、调查研究。
获取信息	要完成任务，需要掌握相关的知识。请收集资料，回答以下问题。 1. 动物福利的含义和目的。

(续表)

获取信息	2. 动物行为与动物福利。 3. 动物福利与畜牧生产。 4. 出具动物福利分析报告。
制订计划	
任务实施	按照预先制订的工作计划，完成本任务，并记录任务实施过程。 | 序号	完成的任务	遇到的问题	解决办法
---	---	---	---

任务准备

一、知识准备

（一）动物福利的含义和目的

动物福利就是从满足动物的基本生理、心理需要的角度，科学合理地饲养动物和对待动物，保障动物的健康和快乐，减少动物的痛苦，使动物和人类和谐共处。动物福利概念由 5 个基本要素组成：生理福利，即无饥渴之忧虑；环境福利，也就是要让动物有适当的居所；卫生福利，主要是减少动物的伤病；行为福利，应保证动物表达天性的自由；心理福利，即减少动物恐惧和焦虑的心情。

重视动物福利问题，不是不进行动物利用，而是不反对开发、利用动物资源，不反对动物生产，因为合理地开发和利用动物资源有利于提高人类的福利。但反对虐待动物，特别是在开发、利用动物过程中使动物承受不必要的痛苦。改善动物福利，有助于畜牧生产水平的提高，可最大限度地提高生产力水平。重视动物福利，改进生产中不利于动物生存的生产方式。

随着集约化养殖模式的普遍应用，动物福利问题逐渐凸显，突出表现在必需行为被剥夺、高饲养密度、环境刺激匮乏、漏缝地板、规程化管理、畜禽整体健康状况下降、高度机械化和环境污染等方面。

（二）动物行为与动物福利

动物福利是动物行为表达的条件，而动物的行为是用来判断动物福利好坏的手段之一。通过动物行为了解动物的适应性和畜禽品种生存所需要的条件，可以为动物福利学提供客观依据。

畜禽行为之所以能够成为判断动物福利状况的指标，主要取决于行为与生理之间的关系，因为畜禽的许多行为表现与生理变化有关。畜禽生理方面的变化与动物直接感受有直接的关系，特别是在应激状态下，动物的感受是痛苦的。此时的行为变化与动物的生理反应存在直接关系，行为表现可一定程度地代表动物此时的"痛苦"。当然，即使存在着这种关系，当动物感受痛苦时，这种痛苦的生理反应也未必一定能表现出来或被看出。疾病和损伤所导致的痛苦比较容易鉴别，而动物心理上的痛苦却难以察觉，只能借助行为表现来判断，这就确定了动物行为学在动物福利研究中的重要地位。通过观察畜禽的行为，可以判断畜禽的处境和心理状态。现代生产管理限制了畜禽的许多具有生物学意义的行为，比如当某一动物被限制在一个狭小的空间时，动物的一些正常行为不能正常地表达。即使动物没有表现出疾病症状或出现身体受损的情况，出现异常行为和规癖行为，也表明客观条件不能满足动物的心理和生理需求，如笼养限制了家禽社会行为的表达、减少了家禽的感觉输入。

（三）动物福利与畜牧生产

动物福利的基本原则是既保证动物康乐，又保证动物生产。动物福利是动物保护的体现形式，现代畜牧生产追求高额利润，不可避免地损害了动物福利，两者存在相互对立的因素。

随着我国养殖业的快速发展，畜牧生产方式由传统的粗放式经营向现代的集约化经营的转变，高饲养密度、限位饲养、漏缝地板、自动饮水、定时投料、规程化管理、追求高投入、高产出、高生产效率等，规模化程度越来越高，生产水平提高，经济效益提升但忽视动物的基本福利的行为越来越多。动物养殖的集约化程度越来越高，限位饲养已是普遍的现象，动物被饲养在狭小空间内，限制了动物的活动自由。同时在养殖过程中大量使用抗生素和促生长添加剂，严重影响了畜禽的健康。

1. 高密度饲养对福利的影响

饲养密度又称单位面积载畜率，高密度饲养是现代集约化生产的主要特征之一。密度过高直接影响生产效益，同时会影响动物健康，抵抗力降低，发病增多，日增重下降，死亡率升高。

笼养蛋鸡的高密度饲养问题尤为突出，在这样的养殖环境下，蛋鸡的活动空间非常狭小，不能自由地表达各种行为，生存环境差导致了诸多问题，如突出的有害啄癖。饲养密度对家禽生产性能也会产生不良影响，一般来说，增加每只蛋鸡的面积会提高产蛋量和体重增加量，并降低死亡率。有研究表明，高密度饲养与低产蛋率、高死亡率有密切关系。增加饲养密度，生产力一般都会下降，争抢啄食的现象也会增多。此外，密度过大还能导致舍内有害气体和微粒数量的增加，会损害家禽的健康和福利状况。

过高的饲养密度不仅影响猪舍的环境质量，还会破坏猪的自然生活和生产规律，使猪的定点排粪行为发生紊乱，圈舍内卫生条件变差，增加猪与粪尿接触的机会，从而影响猪的生产性能和健康状况。过大的密度还会增加猪的争斗，导致身体受伤、体重降低、采食和饮水减少。

2. 限位饲养方式对福利的影响

限位也是集约化生产的一大特征，目的是增加饲养密度，提高畜禽舍利用率，降低生产成本。限位包括栓系和单笼限位，多见于母猪饲养、泌乳奶牛和肥育阶段的肉牛。

在集约化养猪生产中，妊娠期和哺乳期的母猪均采用限位栏饲养。虽然使用限位栏便于对新生仔猪进行护理和保温，可减少母猪踩压仔猪的危险，降低仔猪发病率和死亡率。但由于空间狭小，母猪始终朝着一个方向无法自由活动，起卧都受到严重的限制，运动量减少，从而导致母猪分娩时间延长、难产、消化不良，断奶后母猪发情效果差，肌肉萎缩，骨质疏松，母猪肢蹄性疾病增加等。单体限位栏忽视了猪的福利，母猪没有机会表达挖掘、探究和做窝等正常行为，使母猪的福利水平低下，母猪的利用年限缩短，生产水平下降。圈栏内除必要的饲养设施外，没有让猪表达其天性行为的设施设备，造成猪的生活环境十分单调，使猪的喜用吻突摆弄物体、拱土等行为受到限制，而表现出啃栏、犬坐、咬尾、咬耳和拱腹等有害的异常行为。虽然有的养猪场在栏里放一些橡皮球、铁链等物以满足猪的生理需求，但效果并不理想。

舍饲拴系饲养的牛，一牛一床采用颈枷拴住奶牛，限制了动物的活动，大多数必需的行为都被剥夺，动物的健康受到威胁。牛栏的狭窄，使奶牛休息时间减少，腐蹄病的发病率上升。当奶牛处于不舒适的牛圈或狭窄的牛栏时，躺卧时间和蹄损伤之间存在着明显的负相关，躺卧时间越短，蹄受损率越高。奶牛的乳房炎发病率与运动场的脏污程度密切相关，乳房炎发病率与有无卧栏及卧栏类型是有联系的。

3. 漏缝地板对动物福利的影响

漏缝地板是集约化合饲经常应用的工艺，该工艺利用了动物的行为习性，大大方便了管理，减少管理人员对排泄物的清理力度。常见于仔猪保育、育肥猪、奶牛生产等。但弊端是对动物的肢蹄影响严重，导致肢蹄病的经常发生，如蹄部溃疡、瘸腿症等。若过窄，漏粪效果不好；过宽则易导致蹄部损伤。

集约化奶牛生产中，漏缝地板已广泛应用。漏缝地板多为水泥材料或金属材料制成，对奶的肢蹄影响严重，导致肢蹄病发病率提高。尤其是拴系式饲养奶牛舍内的混凝土地面蹄脚发病率高于软地面。奶牛倾向于躺卧在柔软的垫料上，柔软的垫料可以减轻肩关节皮的磨损和疼痛。柔软干燥的地面有利于奶牛的肢蹄健康，过硬的地面容易造成肢蹄损伤，泥地面容易引起腐蹄病。

现在多数规模化猪场都采用全部或局部漏缝地板，可避免猪体与粪便的接触，减轻工人劳动强度。但水泥漏缝地板表面湿滑，常导致猪只摔倒。金属漏缝地板会导致母猪乳头受损，蹄及肘部损伤。睡在混凝土或缝漏地板上的猪会在臀部和肩部产生压痛感，使母猪哺乳时频繁地改变体位，增加了母猪压死仔猪的机会。

4. 运输对动物福利的影响

运输关系着动物健康、幸福感、生产性能指标，并最终影响畜禽产品品质。在运输过程中，动物的福利问题主要与应激相关。运输车辆环境恶劣，卫生差。在运输过程中，NH_3、H_2S 等有害气体会对动物产生刺激，浓度过高，会损坏呼吸道黏膜，使抗病力下降，呼吸系统发病。再加上运输途中冷热温差，南北气候差异等生活环境的改变，容易使猪染病或者产生应激综合征。此外，在运输过程中，微生物如病毒细菌等滋生、感染、蚊虫叮咬等会严重危害动物健康，直接影响畜禽产品品质。

肉鸡出栏时有 10.3% 出现胸积水，74% 出现胸瘀血，4% 的鸡断翅和 5.7% 的鸡翅瘀血，直接影响了肉鸡胴体品质的等级。屠宰前运输过程中的装卸造成伤痛、恐惧和饥渴等，混群时间过长会导致动物的慢性应激。胴体出现黑干肉（DFD）肉质；因急性致死或应激表现严重的个体，胴体多出现白肌肉（PSE）肉质。DFD 肉和 PSE 肉是商业等级最低的肉品，牛羊在运输方面损失率在 3.4% 左右。

5. 屠宰前福利对肉品质的影响

动物屠宰福利是动物福利中一个重要组成部分。在屠宰过程中，如果不注重动物福利，会很大程度上给动物造成应激和身体上的伤害，进而影响肉质。

屠宰开始前，动物在屠宰场依然要面临福利问题。运到屠宰场的动物有时候需要等待很时间才能被卸载和屠宰，如果等待时间过长，极度的饥饿、恐惧等会加剧转运过程的应激反应，而且由于动物个体间的互不相识，极易产生争斗，加剧动物的应激，导致身体受损而影响胴体品质。畜禽在运输时，由于多种因素的影响，容易产生过度紧张而引起疲劳，破坏了正常的生理机能，肌肉组织内的毛细血管充满血液。因此，当动物卸载后立刻屠宰，将严重影响肉产品质，最好有 2~3 h 的休息时间，使动物从运输应激中得到恢复。

野蛮卸载在生猪屠宰过程中比较常见，轻则拳打脚踢，重则棍棒相加，这进一步加剧动物的应激，影响肉品质。

为保证动物福利，通常在屠宰前将动物击晕，用电快速击晕是常用的方法。此外，有些人受利益驱使，在屠宰过程中对动物强行灌服大量的水增加肉中水分来牟取暴利。更有甚者，肉品生产企业用锤子击晕肉牛后迅速打开胸腔，趁心脏还在跳动，利用水泵注水到牛的毛细血管，并使其胀裂。这种虐待动物的极端方法，一方面使动物承受了巨大痛苦，另一方面也极大地降低了肉产品的品质。

此外，圈舍环境、饲料与营养、断喙、去势等都会涉及动物福利问题，会对畜禽的健康和福利状况产生不同程度的影响，在生产中要加以重视。

思政导学

动物福利在我国自古就有，只是在近代被我们慢慢忽略了。在新时代的背景下如何再次发展我们的动物福利思想，不止与生产相关，也与我们国家的进出口贸易,经济发展息息相关。通过对动物福利的学习,使学生增强保护动物的意识,让学生理解"人与自然和谐共生"的深远意义。

二、人员准备

人员分组,每组6人,明确职责分工。

任务角色	任务内容
组长:	任务:
组员1:	任务:
组员2:	任务:
组员3:	任务:
组员4:	任务:
组员5:	任务:

(一)内容筹划

动物福利含义和目的,动物行为与动物福利,动物福利与畜牧生产,动物福利分析报告。

(二)流程筹划

①掌握动物福利的含义和目的。
②根据动物行为,判断是否涉及动物福利问题。
③熟悉保障动物福利对畜牧生产的意义。
④根据实际情况,分析畜禽生产中涉及的动物福利问题。

步骤一:

步骤二:

步骤三:

步骤四:

任务检测

请扫码答题

任务评价

工作任务完成过程评价

班级：_____ 姓名：_____ 学号：_____

项目	评分标准	自我评价	小组评价	教师评价
动物福利（35分）	动物福利问题确定（10分）			
	动物福利问题对畜禽的危害（10分）			
	动物福利问题的重视（15分）			
任务完成过程（40分）	能够根据工作任务分析并制订工作思路（10分）			
	查找资料、认真思考、积极动手动脑（10分）			
	团队协作良好，交流合作默契，互帮互助（10分）			
	小组分工明确，通过小组讨论与再学习较好地完成方案（10分）			
方案报告（15分）	能很好地展示实践成果（5分）			
	整体的效果（很好10分，较好7～9分，一般为3～6分，较差为0～2分）			
思政素养表现（10分）	通过对动物福利的学习，树立保护关爱动物的意识（10分）			
合计				
自我评价与总结				
教师点评				

参考文献

鲍玉林，2014. 家畜环境卫生与牧场设计［M］. 北京：中国农业出版社.

董滢，周庆安，2024. 动物营养与饲料加工［M］. 北京：中国农业大学出版社.

郝立明，韩露，2023. 畜禽规模养殖场场址的选择及总体布局研究［J］. 吉林畜牧兽医（6）：137-138.

黄峰，史金才，冯文谦，等，2021. 猪场清粪工艺模式的综合比较分析［J］. 农业环境科学学报，40（11）：2330-2333.

江晓明，张衍林，张兴广，2014. 湿帘风机降温系统在蛋鸡舍中的配置［J］. 中国家禽，36（8）：54-56.

李桂秋，2011. 畜牧场环境绿化的作用及绿化带的设置［J］. 养殖技术顾问,6：266.

李如治，2013. 家畜环境卫生学［M］. 北京：中国农业出版社.

李瑞婷，宋国华，2022. 畜禽粪污资源化利用的现状及问题探讨［J］. 家畜生态学报，43（7）：83-86.

李义，2019. 养殖场环境控制与污染治理技术［M］. 北京：中国农业出版社.

李震钟，1993. 家畜环境卫生学附牧场设计［M］. 北京：农业出版社.

李震钟，2005. 畜牧场生产工艺与畜舍设.［M］. 北京：中国农业出版社.

刘云国，2010. 养殖畜禽动物福利解读［M］. 北京：金盾出版社.

尚玉昌，2014. 动物行为学［M］. 北京：北京大学出版社.

王家廉，2013. 畜禽养殖污染防治技术政策与实用技术［C］// 中国环境保护产业协会，中国环境保护产业协会水污染治理委员会. 农村生活污水及畜禽养殖业水污染防治技术高级研修班论文集. 天津：中国环境保护产业协会水污染治理委员会：5-11.

吴洪涛，2013. 规模养殖中的动物应激及其防控措施［J］. 中国畜牧兽医文摘，29（4）：72.

徐雷捷，陈绪春，2023. 病死畜禽无害化处理存在的问题、解决对策及技术探讨［J］. 中国动物保健，25（1）：96-97.

俞美子，赵希彦，2011. 畜牧场规划与设计［M］. 北京：化学工业出版社.

张玲清，田宗祥，2023. 畜禽环境卫生与控制技术［M］. 北京：中国农业大学出版社.

赵希彦，郑翠芝，2020. 畜禽环境卫生［M］.2版. 北京：化学工业出版社.

郑翠之，2012. 畜禽场设计与畜禽舍环境控制［M］. 北京：中国农业出版社.